Basic Electronics

개|정|판

기초전자공학

김종훈 · 박욱동 공저

도서출판 그린

머 리 말

기초전자공학은 전기, 전자, 정보통신공학과의 교육과정에서 전자공학의 기본적인 이론을 공부하는 과목의 하나이다. 이 책은 대학 및 전문대학의 전공 학생들에게 전자공학의 기초를 쉽게 이해할 수 있도록 하였다. 또한 수학적 기초가 부족한 학생들도 어려움 없이 공부할 수 있도록 기술하였다.

이 책은 크게 두 부분으로 구성되어 있다. 먼저 제1장 기초개념부터 제4장 회로해석법까지는 직류에 대해 다룬다. 다음으로 제5장 정현파 전압에서 제11장 교류전력과 에너지까지는 교류에 대해 다룬다.

이 책의 주요한 특징은 다음과 같다. 첫째, 각 절의 끝에 중요한 내용을 간단히 요약하고, 예제를 통해 쉽게 이해하도록 하였다. 둘째, 수학적 기초가 부족한 학생들을 위해 가능한 상세하게 이론과 문제풀이를 정리하였다. 셋째, 각 장의 연습문제를 통해 중요한 이론을 이해할 수 있도록, 다양한 수준의 문제를 해답과 함께 나타내었다.

끝으로 이 책을 출판하는 데 도움을 주신 도서출판 그린의 윤덕우 사장님과 편집을 위해 수고해 주신 우일미디어의 관계자 여러분들께 감사드린다. 이 책이 전기, 전자, 정보통신공학의 전공 학생뿐만 아니라, 비전공자를 위한 자습서로도 많이 활용되기를 기대한다.

2008년 3월

저자 씀

목 차

제1장 기초개념

제2장 저항의 연결

제3장 회로망 정리

제4장 회로해석법

제5장 정현파 전압

제6장 복소수와 페이저

제7장 인덕터

제8장 커패시터

제11장 교류전력과 에너지

제 1 장
기초개념

1.1 전자공학의 역사

표 1-1은 전기 및 자기 관련분야에서 과학자들의 중요한 업적을 연대순으로 요약한 것이다.

기원전 600년경 그리이스의 철학자 탈레스는 모피로 호박(amber)을 문지르다가, 그 호박이 가벼운 물체를 끌어당기는 힘이 있다는 것을 관찰하였다. 그 후 모든 물질은 마찰에 의해 이러한 성질을 갖고 있다는 것과, 그 성질은 본질적으로 물체가 전기를 띠기 때문이라는 사실이 많은 과학자들의 실험적 연구에 의해 밝혀졌다. 이러한 연유로 그리이스어의 호박(elektron)이 전기(electricity)의 어원이 되었다.

표 1-1 전기·자기 관련 분야의 주요 개척자

인 명	연 대	업 적
Thales	BC 600	문헌상 최초로 마찰전기 발견
W. Gilbert	1600	자기학의 창시자
C. A. Coulomb	1785	두 전하사이에 작용하는 힘을 정량적으로 측정
A. Volta	1799	볼타전지 발명
H. C. Oersted	1820	전류가 흐르는 도선 주위에 자기장이 형성되는 것을 발견
A. M. Ampere	1822	전류와 자기장의 관계를 실험적으로 입증
G. S. Ohm	1826	옴의 법칙 발견
M. Faraday	1831	전자유도법칙 발견
J. C. Maxwell	1873	전자기파의 이론확립
H. R. Hertz	1888	전자파의 존재를 실험적으로 증명
G. Marconi	1895	무선전신 발명
J. J. Thomson	1897	전자의 존재를 실험적으로 확인
K. F. Braun	1897	최초의 전자관 발명
Fleming	1904	2극 진공관 발명
Eckert & Mauckly	1946	최초의 전자계산기(ENIAC) 개발
W. Brattain 등	1948	트랜지스터 발명
Kilby	1959	IC(integrated circuit) 개념착상
M. E. Hoff	1969	최초의 마이크로프로세서개발

1785년 Coulomb은 두 정전하 사이에 존재하는 힘을 정량적으로 측정하는 데 성공하였고, Volta는 전지를 발명하는 등 전기에 관한 과학자들의 연구 업적은 많았으나, 그 때까지는 전기와 자기의 연관성을 밝히지는 못했다.

1820년 Oersted는 전기에 관한 실험을 하던 중 우연히 도선에 흐르는 전류를 변화시키면, 도선 주위에 있는 자침(나침반의 바늘)이 움직인다는 사실을 발견하였다. 이것은 바로 전류가 흐르는 도선 주위에 자침을 움직일 수 있는 자기장이 형성되므로, 전기와 자기가 밀접한 관련이 있음을 나타내는 것이다. 1822년 Ampere는 전류와 자기장의 관계를 실험적으로 입증함으로써, 자기장의 근원이 바로 전류임을 알게 되었다.

1831년 영국의 Faraday는 자기장이 시간에 따라 변하면 회로에 기전력이 유도된다는 사실을 확인하였다. 1873년 Maxwell은 Faraday의 전자유도법칙으로부터 전자파 파동방정식을 유도하였다. 1888년 독일의 Hertz는 전자파의 존재를 확인함으로써 맥스웰 방정식을 실험적으로 증명하였다. 그 후 1895년 Marconi는 Hertz에 의해 발견된 전자파와 자신이 고안한 공중선을 결합하여 무선전신을 발명하였다.

1904년 Fleming은 전자를 방출하는 필라멘트와 이로부터 짧은 거리만큼 떨어진 금속판으로 구성되어, 전체가 진공 내에 봉입된 2극 진공관을 발명하였다. 1906년 DeForest는 Fleming의 2극 진공관의 양극과 음극 사이에 제3의 전극(그리드)을 삽입시켜, 양극과 음극 사이의 전하의 흐름을 제어하는 3극 진공관을 발명하였다.

1948년 Bell 연구소의 Bardeen, Brattain 및 Shockley 등에 의해 트랜지스터가 발명되었다. 이 트랜지스터는 증폭현상을 갖는 소자로, 전자공학을 비약적으로 발전시키는데 크게 기여하였다. 이 후 Bardeen, Brattain 및 Shockley는 트랜지스터의 발명과 반도체 이해에 대한 공헌으로, 1956년 노벨 물리학상을 받았다.

1956년경 모든 회로소자를 하나의 반도체결정 기판에 구성하고자 하는 시도가 있었다. 1959년 Kilby는 게르마늄이나 실리콘 등으로 만든 하나의 반도체 칩 위에 저항, 커패시터, 다이오드, 트랜지스터 등의 여러 개의 반도체 소자를 집적시킬 수 있다는 것에 주목하였다. 이것이 바로 오늘날의 집적회로(IC)의 시초가 되었고, Kilby는 이 업적으로

2000년 노벨 물리학상을 받았다. 1969년 인텔사에서는 고밀도 집적회로를 이용한 최초의 마이크로프로세서를 개발하였다.

1965년 페어차일드사의 Moore는 <일렉트로닉스>지에 "반도체 집적회로의 집적도는 약 18개월마다 2배로 증가할 것이다"는 무어의 법칙(Moore's law)을 기고하였다. 이 법칙은 현재까지 거의 40년간 실증되고 있으며, 앞으로도 일정 기간동안 유효할 것으로 기대된다.

요 약

1. 기원전 600년경 그리이스의 철학자 Thales는 모피로 호박(amber)을 문지르다가, 그 호박이 가벼운 물체를 끌어당기는 현상을 관찰하였다.
2. 전기(electricity)의 어원은 그리이스어로 호박(elektron)이다.

1.2 과학적 표기법과 단위

물리량에서는 아주 큰 수나 아주 작은 수를 취급하는 경우가 흔히 있으며, 이러한 수들을 일반적인 방법으로 반복하여 나타내는 일은 매우 번거로운 일이다. 이러한 수들을 쉽게 나타내면서도 비교적 정확한 계산을 할 수 있는 과학적 표기법이 제안되었다. 이 과학적 표기법에서는 어떤 값을 숫자와 10의 누승과의 곱으로 표시한다. 예를 들면, 2,700,000은 2.7×10^6으로, 0.000005는 5×10^{-6}으로 나타낸다.

예제 1.1

다음 수들을 과학적 표기법으로 표시하라.

(a) 520,000 A　　(b) 390 m　　(c) −0.00614 s

[풀이]

(a) 5.2×10^{5} A　　(b) 3.9×10^{2} m　　(c) -6.14×10^{-3} s

예제 1.2

과학적 표기법으로 표현된 다음 수들을 십진수로 표시하라.

(a) 5.37×10^{-4}　　(b) 9.39×10^{6}　　(c) -2.47×10^{-3}

[풀이]

(a) 0.000537　　(b) 9,390,000　　(c) −0.00247

과학분야에서 보편적으로 사용되고 있는 단위계는 1960년 국제 도량형 총회에서 결의된 국제단위계 SI(International System of Units)이다. 이 국제단위계는 길이 [m], 질량 [kg], 시간 [s], 전류 [A]를 기본단위로 한 MKSA 단위계를 말한다. 그 외의 다른 단위들은 이들 기본단위의 조합으로 표시할 수 있다. 그러나 이들 중 자주 사용되는 것들은 새로운 이름이 부여되어 있다. 예를 들면, 전하의 단위인 [A · s]는 쿨롱 [C], 힘의 단위인 [kg · m/s^2]은 뉴톤 [N]으로 불리고 있다.

표 1-2는 여러 가지 전기적인 물리량의 측정 결과를 기록하기 위해 사용되는 기본 전기단위이다. 물리량이 매우 크거나 작은 경우는 단위 앞에 표 1-3에서와 같은 10의 누승에 해당하는 접두어를 붙여 사용한다.

▌표 1-2▐ 전기적인 물리량의 명칭과 단위

구 분	명 칭	기 호	단 위(Unit)	기 호
전류	current	I	Ampere	A
전압	voltage	V	Volt	V
저항	resistance	R	Ohm	Ω
컨덕턴스	conductance	G	Mho or Siemens	℧ or S
에너지	energy	W	Joule or watt second	J or Ws
전력	power	P	Watt	W
전하	electrical charge	Q	Coulomb	C
커패시턴스	capacitance	C	Farad	F
인덕턴스	inductance	L	Henry	H
시간	time	t	Second	s
주파수	frequency	f	Hertz	Hz

▌표 1-3▐ 10의 누승의 접두어

배수	접두어	약자	배수	접두어	약자
10^{12}	tera	T	10^{-2}	centi	c
10^{9}	giga	G	10^{-3}	milli	m
10^{6}	mega	M	10^{-6}	micro	μ
10^{3}	kilo	k	10^{-9}	nano	n
10^{2}	hecto	h	10^{-12}	pico	p
10^{1}	deka	da	10^{-15}	femto	f
10^{-1}	deci	d	10^{-18}	atto	a

예제 1.3

10의 지수가 3의 배수 형태가 되도록 바꾸어 표현하라.

(a) 1,720 kHz = ______ $\times 10^{6}$ Hz (b) 2,200 pF = ________ $\times 10^{-6}$ F

(c) 0.056 A = _______ $\times 10^{-3}$ A (d) 330,000 Ω = _______ $\times 10^{3}$ Ω

[풀이]

(a) 1.72 (b) 0.0022 (c) 56 (d) 330

예제 1.4

좌변의 단위를 우변의 단위로 변환하라.

(a) 1,720 kΩ = ________ MΩ (b) 22,000 pF = __________ μF

(c) 1,350 μA = ________ mA (d) 33,000 MHz = _________ GHz

[풀이]

(a) 1.72 (b) 0.022 (c) 1.35 (d) 33

요 약

1. 과학적 표기법에서는 수를 1과 10 사이의 유효숫자와 10의 누승의 곱으로 표시한다. 이 때 10의 지수는 양수, 음수 또는 0이 될 수 있다.
2. 물리량의 크기는 수치와 단위가 모두 포함되어야 한다.
3. 국제단위계에서 길이에 대한 표준단위는 미터 [m]이고, 질량과 시간의 단위는 각각 킬로그램 [kg]과 초 [s]이다.

1.3 도체, 반도체, 절연체

물질을 전기가 잘 통하는 정도에 따라 도체, 반도체, 절연체로 구분할 수 있다. 은이나 구리 같은 금속은 전자에 대한 핵의 구속력이 아주 미약하여 상온에서도 많은 자유전자를 갖고 있다. 그러므로 전하는 외부의 약한 전기력에 의해서도 쉽게 이동할 수 있다. 이와 같은 물질을 도체라 하며, 대략 10^{-8} Ω·m 정도의 저항률을 갖는다. 표 1-4는 300° K에서 측정된 금속의 저항률을 나타낸 것이다.

표 1-4 금속의 저항률

도 체	저항률(×10^{-8} Ω·m)
Ag	1.6
Cu	1.7
Al	2.8
Fe	12

유리나 운모 등의 물질은 전자에 대한 핵의 구속력이 매우 크므로, 전자는 외부의 전기력에 의해 쉽게 핵의 구속으로부터 벗어날 수 없다. 이와 같이 전자가 쉽게 이동하기 어려운 물질을 부도체 또는 절연체라 하며, 대략 10^{10} Ω·m 정도의 저항률을 갖는다.

일반적으로 반도체는 도체인 금속과 절연체의 중간 정도의 저항률을 갖는 물질을 말한다. Si이나 Ge과 같은 물질의 경우, 낮은 온도에서는 자유전자가 거의 존재하지 않으나, 온도를 약간 높이면 자유전자가 발생된다. 이와 같은 물질을 반도체라 하며, 실리콘의 경우 약 6.4×10^2 Ω·m, 게르마늄의 경우 약 0.5 Ω·m 정도의 저항률을 갖는다.

이와 같은 세 가지 형태의 물질에 대한 에너지대를 비교해 보면 그림 1-1과 같다. 절연체의 경우에는 그림 1-1(a)와 같이 가전대와 전도대 사이의 에너지갭이 너무 크기 때문에, 대부분의 전자가 전도대로 뛰어 오를 수 있을 만큼의 충분한 에너지를 얻지 못한다. 그러나 구리와 같은 도체에서는 그림 1-1(c)와 같이 가전대와 전도대가 서로 겹쳐져 있으므로, 외부 에너지의 작용이 없어도 전도전자가 존재한다. 반도체는 그림 1-1(b)에서와 같이 절연체보다 에너지갭이 낮으므로, 외부의 조건에 따라 전기전도에 기여하는 전자가 존재할 수 있다.

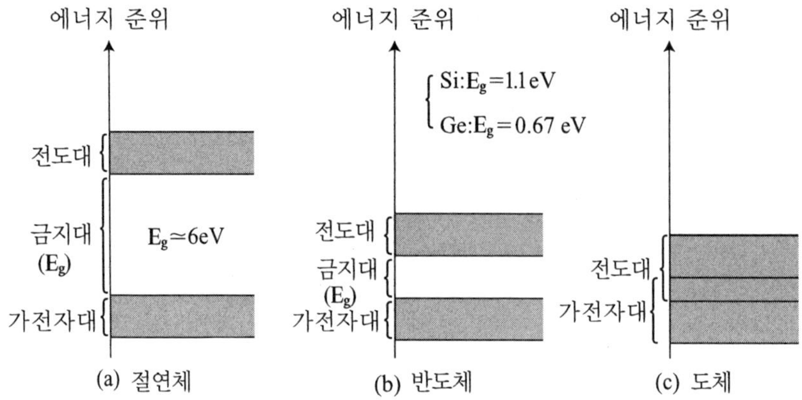

| 그림 1-1 | 물질의 형태에 따른 에너지대의 구조

요 약

1. 핵의 구속으로부터 벗어나서 자유로이 움직일 수 있는 전자를 자유전자 또는 전도전자라고 한다.
2. 물질을 전기가 잘 통하는 정도에 따라 도체, 절연체, 반도체로 구분할 수 있다.

1.4 쿨롱의 법칙

물체가 띨 수 있는 전기의 가장 기본적인 양을 전하라고 한다. 전하는 Q(또는 q)로 표시하며, 단위는 프랑스의 물리학자 Coulomb의 이름으로부터 쿨롱 [C]을 사용한다. 전하에는 양성자 및 양이온이 갖고 있는 양전하와, 전자 및 음이온이 갖고 있는 음전하가 있다. 전자 1개의 전하량은 -1.60×10^{-19} C이고, -1 C의 전하량은 6.25×10^{18}개의 전자가 갖는 전하량과 같다.

> 전자 1개의 전하량 : -1.60×10^{-19} C

예제 1.5

−5 C의 전하는 몇 개의 전자가 갖는 전하량인가?

[풀이]

$$전자의\ 수 = \frac{-5\ \mathrm{C}}{-1.60\times10^{-19}\ \mathrm{C}} = 3.13\times10^{19}개$$

전하 사이에는 그림 1–2에 나타낸 것과 같이 동일한 종류의 전하 사이에는 척력이 작용하고, 다른 종류의 전하 사이에는 인력이 작용한다.

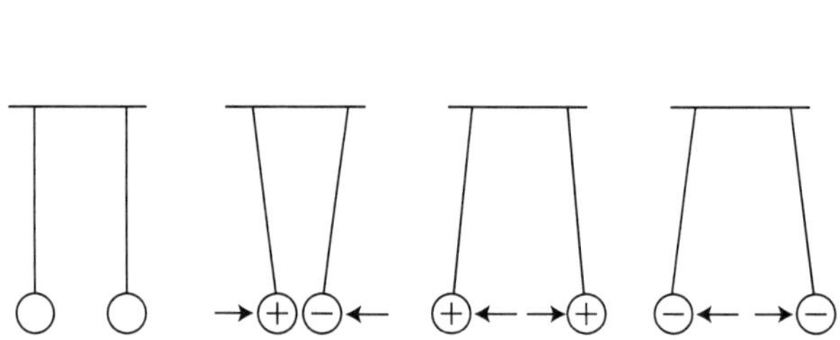

(a) 대전되지 않은 입자 (b) 서로 다른 극성의 전하
(c) 양으로 대전된 전하 (d) 음으로 대전된 전하

┃그림 1-2┃ 전하 사이에 작용하는 힘

진공 또는 자유공간 내에서 전하 사이의 거리에 비해 두 전하의 크기를 충분히 작게 하였을 때, 두 전하 사이에 작용하는 힘에 대해 다음과 같은 결론을 얻을 수 있다.

① 같은 종류의 전하 사이에는 반발력이 작용하고, 다른 종류의 전하 사이에는 인력이 작용한다.
② 두 전하 사이에 작용하는 힘의 크기는 각각의 전하가 갖는 전하의 곱에 비례한다.
③ 두 전하 사이에 작용하는 힘의 크기는 전하 사이의 거리의 제곱에 반비례한다.
④ 두 전하 사이에 작용하는 힘의 방향은 두 전하를 연결한 직선에 따른다.

이와 같은 내용을 식으로 나타내면 다음과 같다.

$$F \propto \frac{Q_1 Q_2}{r^2} \qquad (1-1)$$

여기서 Q_1, Q_2는 전하량, r은 전하 사이의 거리, F는 전하 사이에 작용하는 힘을 나타낸다. 이 관계를 쿨롱의 법칙이라고 하며 비례상수 K를 사용하여 표시하면 다음과 같다.

$$F = K\frac{Q_1 Q_2}{r^2} \quad [\mathrm{N}] \qquad (1-2)$$

비례상수 K는 전하 Q, 거리 r, 힘 F에 대하여 사용되는 단위와 전하 사이에 존재하는 매질로 정해진다. 지금 전하 사이의 매질을 진공이라고 하면, K는 다음 식과 같다.

$$K = \frac{1}{4\pi\varepsilon_o} \fallingdotseq 9\times10^9 \qquad (1-3)$$

여기서 ε_o는 진공의 유전율이며, 자유공간에서 $\varepsilon_o = 8.854\times10^{-12}$ F/m로 주어진다. 식 (1–3)을 식 (1–2)에 대입하면, 두 전하 사이에 작용하는 힘 F는 다음 식과 같다.

$$F = \frac{Q_1 Q_2}{4\pi\varepsilon_o r^2} \fallingdotseq 9\times10^9 \frac{Q_1 Q_2}{r^2} \text{ [N]} \qquad (1-4)$$

예제 1.6

$Q_A = 4\times10^{-6}$ C, $Q_B = 2\times10^{-6}$ C의 두 전하가 진공 중에서 2 m 떨어져 있을 때, 두 전하 사이에 작용하는 힘 F를 구하라.

[풀이]

$$F = 9\times10^9 \frac{Q_A Q_B}{r^2} = 9\times10^9 \frac{(4\times10^{-6}\text{ C})(2\times10^{-6}\text{ C})}{(2\text{ m})^2} = 1.8\times10^{-2}\text{ N}$$

요 약

1. 물체가 띨 수 있는 전기의 가장 기본적인 양을 전하라고 하고, 전자 1개가 갖는 전하량을 전하의 최소 기준단위로 한다.
2. 전자 1개가 갖는 전하량은 -1.602×10^{-19} C이다.
3. 같은 종류의 전하 사이에는 척력이 작용하고, 다른 종류의 전하 사이에는 인력이 작용한다.

1.5 전압, 전류, 저항

1. 전압

전위는 전기적인 일을 할 수 있는 능력을 표시한다. 전위가 서로 다른 두 점 사이에는 전위차가 존재한다고 하며, 이 전위차를 전압이라 한다. 전위차 즉, 전압의 단위는 전지를 발명한 Volta의 이름으로부터 볼트 [V]를 사용한다. 1 C의 전하가 두 점 사이를 이동할 때 얻거나 잃는 에너지가 1 J일 때의 전압을 1 V라고 한다. Q [C]의 전하가 전위차가 일정한 두 점 사이를 이동할 때 잃거나 얻는 에너지를 W [J]라 하면, 두 점 사이의 전압은 다음과 같이 정의된다.

$$V = \frac{W}{Q} \text{ [V]} \qquad (1-5a)$$

그러므로 에너지는

$$W = VQ \text{ [J]} \qquad (1-5b)$$

이다.

그리고 미소전하 dq [C]이 이동할 때 발생하는 에너지가 dw [J]라면, 두 점 사이의 전압은 다음과 같이 정의된다.

$$v = \frac{dw}{dq} \text{ [V]} \qquad (1-6a)$$

그러므로 에너지는

$$w = \int v\,dq \text{ [J]} \qquad (1-6b)$$

이다.

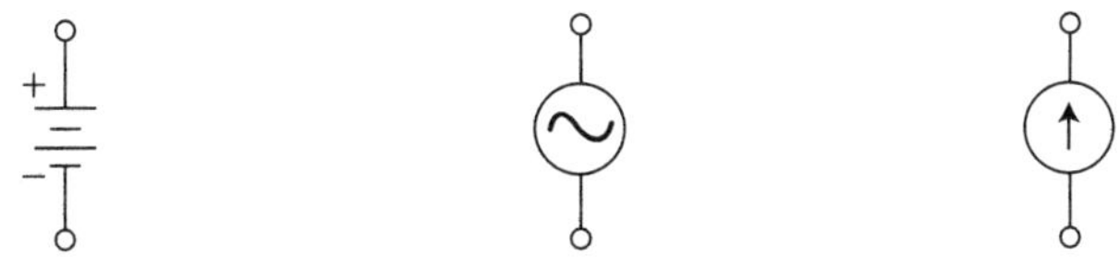

(a) 직류 전압원　　(b) 교류 전압원　　(c) 직류 전류원

❙그림 1-3❙ 전압원과 전류원의 기호

예제 1.7

5 V의 전위차가 있을 때 20 μC의 전하를 옮기는 데 필요한 에너지는 얼마인가?

[풀이]

$W = VQ = (5\ \mathrm{V})(20 \times 10^{-6}\ \mathrm{C}) = 10^{-4}\ \mathrm{J}$

예제 1.8

5 C의 전하량이 이동하는 데 필요한 일은 10 J이었다. 이 때의 전위차를 구하라.

[풀이]

$V = \frac{W}{Q} = \frac{10\ \mathrm{J}}{5\ \mathrm{C}} = 2\ \mathrm{V}$

2. 전류

전위차가 있는 두 점을 도선으로 연결하면 전위가 높은 쪽에서 낮은 쪽으로 전하가 이

동한다. 이와 같은 전하의 흐름을 전류라 한다. 구리와 같은 도체 양단에 전위차를 주면, 도체 내의 자유전자는 쉽게 이동한다. 예를 들어, 그림 1-4와 같이 구리도선 양단에 전위차(전압)를 인가하면 자유전자는 –극에서의 척력과 +극에서의 인력을 받아, 건전지의 –단자에서 출발하여 구리도선을 지나 건전지의 +단자까지 이동하게 된다. 이 때 이동하는 자유전자가 전자전류를 형성하고, 관습적인 전류의 방향은 자유전자가 이동하는 방향과 반대이다. 관습적인 전류의 방향은 양전하가 이동하는 방향과 일치한다. 이 때 흐르는 전류의 양은 인가한 전위차(전압)의 크기에 따라서 달라진다. 즉, 인가한 전압이 증가하면 인력과 척력도 증가하여 전류가 증가하게 되고, 인가한 전압이 감소하면 전류도 감소하게 된다.

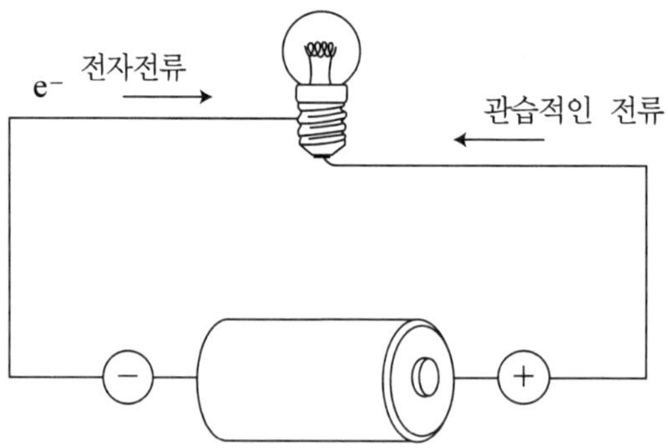

▎그림 1-4▎ 도선에서의 자유전자의 이동

전하가 이동하는 비율을 전류로 표시하고, 단위는 암페어 [A]를 사용한다. 보통 6.25×10^{18}개의 전하가 이동할 때 1 C의 전하량이 이동한다고 말한다. 1 A는 1 C의 전하가 1 s 동안 이동할 때의 전류이다. 따라서 t [s] 동안에 Q [C]의 전하가 일정한 비율로 이동하였다면, 이 때 전류는 다음과 같이 표시된다.

$$I=\frac{Q}{t}\ [\text{A}] \qquad (1-7a)$$

그리고 전하 Q는

$$Q = It \text{ [C]} \tag{1-7b}$$

이다.

그리고 이동하는 전하의 비율이 시간에 따라 변화한다면, 전류 i는 전하 q의 시간적 변화율로 정의된다.

$$i = \frac{dq}{dt} \text{ [A]} \tag{1-8a}$$

그리고 전하 q는

$$q = \int i dt \text{ [C]} \tag{1-8b}$$

이다.

예제 1.9

어떤 도선에 8 C의 전하가 2 s 동안 흘렀다면 그 도선에 흐르는 전류는 얼마인가?

[풀이]

$$I = \frac{Q}{t} = \frac{8\ \text{C}}{2\ \text{s}} = 4\ \text{A}$$

예제 1.10

한 지점에서 10 s 동안에 20 A의 전류가 흘렀다. 그 지점을 통과한 전하량을 구하라.

[풀이]

$Q = It = (20\ A)(10\ s) = 200\ C$

3. 직류와 교류

전류는 크게 직류(DC)와 교류(AC)로 구분할 수 있다. 그림 1-5와 같이 크기와 극성(방향)이 모두 일정한 전압에 의해 한 방향으로만 흐르는 전류를 직류라 한다. 그림 1-6과 같이 크기와 극성(방향)이 모두 주기적으로 변화하는 전압에 의해, 전류의 크기와 방향이 모두 주기적으로 변화하는 전류를 교류라 한다.

주기적인 교류에서 파형이 1 s 동안에 반복되는 사이클의 수를 1 c/s 또는 1 Hz라고 한다. 여기서 주파수의 단위인 [Hz]는 1888년 전자파의 존재를 실증한 Hertz의 이름을 딴 것이다. 우리나라에서 사용하는 교류 전력선의 주파수는 1 s 동안 60 사이클이 반복되는 60 Hz이다.

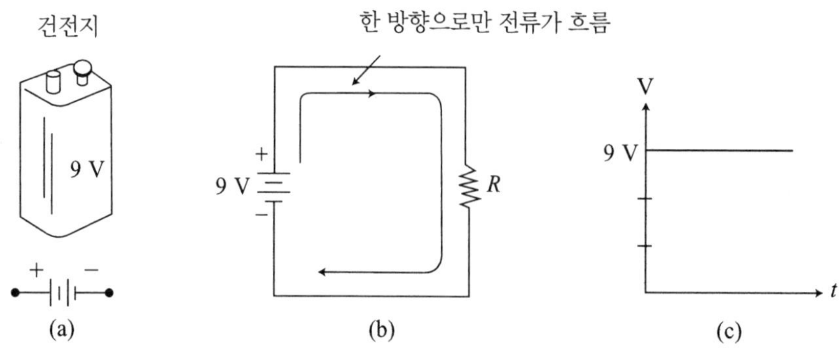

그림 1-5 직류

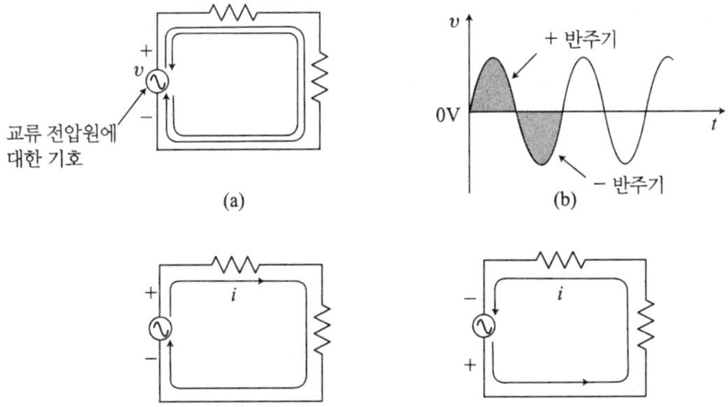

(c) + 반주기에 대한 전류　　(d) − 반주기에 대한 전류

❙그림 1-6❙ 교류

4. 저항

회로에 흐르는 전류를 제한하는 소자를 저항이라 하고, 그림 1-7과 같은 기호로 나타낸다. 저항은 크게 저항값을 변화시킬 수 없는 고정저항과, 저항값을 변화시킬 수 있는 가변저항으로 분류할 수 있다. 그리고 저항은 수 Ω에서부터 수천 MΩ까지의 저항값을 갖고, 정격전력은 1/10 W에서 수백 W까지의 값을 갖는다.

한편 두 단자 사이의 저항이 0 Ω인 경우를 단락(short)되었다고 하며, 두 단자 사이의 저항이 ∞인 경우를 개방(open)되었다고 한다.

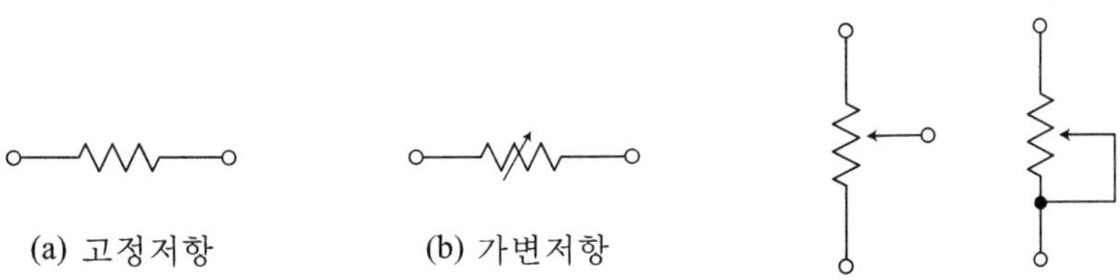

(a) 고정저항　　(b) 가변저항　　(c) 전위차계(Potentiometer)

❙그림 1-7❙ 저항의 기호

도체의 저항은 물질의 종류와 구조에 따라 달라진다. 그림 1-8과 같이 길이 l [m], 단면적 S [m^2]인 원통형 도체의 저항 R [Ω]은 그 길이 l에 비례하고 단면적 S에 반비례한다.

$$R = \rho \frac{l}{S} \tag{1-9a}$$

여기서 저항률은

$$\rho = R \frac{S}{l} \tag{1-9b}$$

와 같이 정의되며, 전류의 흐름을 방해하는 정도를 나타낸다.

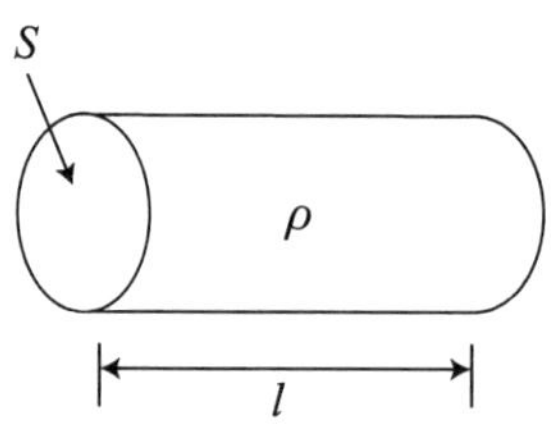

▌그림 1-8▌ 원통형 도체의 저항

저항 R의 역수는 컨덕턴스 G라 하고 단위는 지멘스 [S]이다. 또한 저항률 ρ의 역수 1/ ρ은 도전율 즉, 전류를 잘 흐르게 하는 정도를 나타내고, σ로 표시하며 단위는[(Ω m)$^{-1}$] 또는 [S/m]이다.

$$\sigma = \frac{l}{RS} \tag{1-10a}$$

$$= G \frac{l}{S} \tag{1-10b}$$

예제 1.11

길이 1 m이고 직경이 0.5 mm인 원통형 구리 도선의 저항을 계산하라.
(단, 구리의 저항률 $\rho = 1.72 \times 10^{-8}\ \Omega \cdot \text{m}$)

[풀이]

$$R = \rho \frac{l}{S} = \rho \frac{l}{\pi r^2}$$
$$= (1.72 \times 10^{-8}\ \Omega \cdot \text{m}) \left(\frac{1\,\text{m}}{\pi (0.25 \times 10^{-3}\,\text{m})^2} \right)$$
$$= 8.76 \times 10^{-2}\ \Omega$$

예제 1.12

예제 1.11의 결과를 이용하여 구리 도선의 컨덕턴스 G를 구하라.

[풀이]

$$G = \frac{1}{R} = \frac{1}{8.76 \times 10^{-2}\ \Omega} = 11.4\ \text{S}$$

요 약

1. 전위가 서로 다른 두 점 사이에 존재하는 전위차를 전압이라 한다.
2. 전하의 흐름을 전류라 한다.
3. 크기와 극성(방향)이 모두 일정한 전류를 직류(DC)라 하고, 크기와 극성(방향)이 주기적으로 +와 −로 변화하는 전류를 교류(AC)라 한다.
4. 회로에 흐르는 전류를 제한하는 소자를 저항이라 한다.

1.6 일과 전력

1. 일과 에너지

운동을 방해하려는 힘의 작용에 대항하여 그 운동을 성취하는 것을 일이라 하고, 일을 할 수 있는 능력을 에너지라 한다.

회로에 가해진 전압을 V라고 하면, 전하 Q [C]가 t초 동안에 이동하였을 때 한 일 W는

$$W = VQ = VIt \text{ [J]} \tag{1-11}$$

과 같이 표시된다.

저항을 통해 전류가 흐르면 열이 발생하고, 이 때 단위시간에 발생하는 열량은 I^2R에 비례한다. 이것을 Joule의 법칙이라 하고, 이 때 발생한 열을 주울열이라 한다. 저항 R [Ω]에 전류 I [A]가 t [s] 동안 흐를 때 발생하는 열량 H는 다음 식과 같다.

$$H = I^2Rt \text{ [J]} \fallingdotseq 0.24I^2Rt \text{ [cal]} \tag{1-12}$$

예제 1.13

1 kΩ의 저항에 0.5 A의 전류가 1분간 흐를 때, 이 저항에서 발생하는 열량은 몇 cal인가?

[풀이]

$H = 0.24I^2Rt = 0.24(0.5\text{ A})^2(1{,}000\ \Omega)(60\text{ s}) = 3{,}600\text{ cal}$

2. 전력

Q [C]의 전하가 t초 동안에 이동하였다면, 매초 VQ/t [J/s]의 일을 한 것이 된다. 이

와 같이 단위시간당 한 일의 양을 전력(electric power)이라 한다. 전력의 단위는 [J/s]를 사용하기도 하지만, 주로 와트 [W]를 사용한다. 전력을 P라 하면,

$$P=\frac{W}{t}=\frac{VQ}{t}=\frac{VIt}{t}=VI\ [\mathrm{W}] \tag{1-13}$$

이다. 따라서 일 W는

$$W=Pt=VIt\ [\mathrm{J}] \tag{1-14}$$

이다. 그리고 시간에 따라 이동하는 전하량이 일정하지 않을 경우의 순시전력 p는 다음과 같이 나타낼 수 있다.

$$p=\frac{dw}{dt}=\frac{dw}{dq}\cdot\frac{dq}{dt}=vi\ [\mathrm{W}] \tag{1-15a}$$

그리고 일 w는

$$w=\int_0^t p\,dt=\int_0^t vi\,dt\ [\mathrm{J}] \tag{1-15b}$$

이다.

예제 1.14

10 V의 전원이 연결된 저항에 2 A의 전류가 흐른다면 소비전력은 얼마인가?

[풀이]

$P=VI=(10\ \mathrm{V})(2\ \mathrm{A})=20\ \mathrm{W}$

예제 1.15

2 s 동안 80 J의 에너지를 사용하였다면 전력은 얼마인가?

[풀이]

$P = \frac{W}{t} = \frac{80\text{ J}}{2\text{ s}} = 40\text{ W}$

요 약

1. 일을 할 수 있는 능력을 에너지라 한다.
2. 저항을 통해 전류가 흐를 때 단위시간에 발생하는 열량은 I^2R에 비례한다.
3. 단위시간당 한 일의 양을 전력이라 한다.

1.7 저항의 색띠(color code)

고정저항의 저항값을 표시하는 방법으로는 저항값과 허용오차를 직접 표시하는 방법과 색띠(color code)를 이용하여 표시하는 방법이 있다. 색띠 표시법에는 범용 색띠 표시법과 정밀 색띠 표시법이 있다.

범용 색띠 표시법은 그림 1-9(a)와 같이 4개의 색띠로 구성되며, ±5% 또는 그 이상의 허용오차를 갖는 저항에 사용된다. 또한 정밀 색띠 표시법은 그림 1-9(b)와 같이 5개의 색띠로 구성되며, ±2% 또는 그 이하의 허용오차를 갖는 저항에 사용된다. 이 때 사용되는 색은 표 1-5와 같이 흑색에서 백색까지 10단계로 구분되며, 흑색은 0에 대응하고 백색은 9에 대응한다.

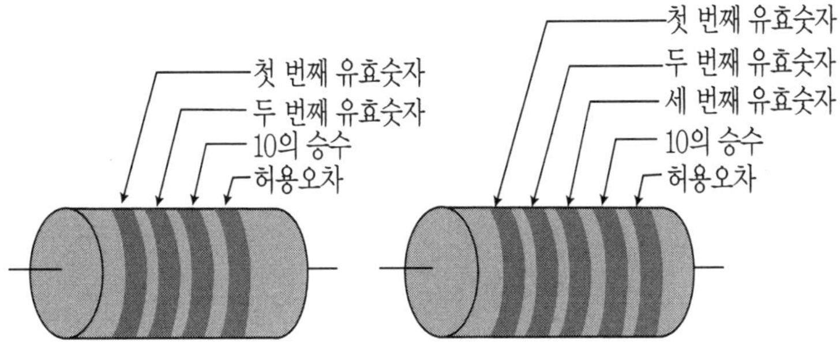

❙그림 1-9❙ (a) 범용 색띠 표시법 (b) 정밀 색띠 표시법

❙표 1-5❙ 색띠(color code)

색깔(color)	숫자(digit)	승수(multiplier)	허용오차	
			범용 색띠	정밀 색띠
흑색(black)	0	10^0	–	–
갈색(brown)	1	10^1	–	±1%
적색(red)	2	10^2	–	±2%
등색(orange)	3	10^3	–	–
황색(yellow)	4	10^4	–	–
녹색(green)	5	10^5	–	±0.5%
청색(blue)	6	10^6	–	±0.25%
자색(violet)	7	10^7	–	±0.1%
회색(gray)	8	10^8	–	–
백색(white)	9	10^9	–	–
금색(gold)	–	10^{-1}	±5%	–
은색(silver)	–	10^{-2}	±10%	–
무색(none)	–	–	±20%	–

범용 색띠 표시법은 그림 1-9(a)에 나타낸 바와 같이 왼쪽부터 오른쪽의 순으로 읽으며, 첫 번째 색띠와 두 번째 색띠는 저항의 유효숫자를 표시한다. 그리고 세 번째 색띠는

10의 누승을, 네 번째 색띠는 허용오차를 나타낸다. 만약, 네 번째 색띠가 금색이면 ±5%, 은색이면 ±10%, 무색이면 ±20%의 오차를 나타낸다.

정밀 색띠 표시법은 그림 1-9(b)에 나타낸 바와 같이 5개의 색띠로 구성되며, 첫 번째부터 세 번째 색띠는 유효숫자를 표시한다. 그리고 네 번째 색띠는 10의 누승을, 다섯 번째 색띠는 허용오차를 나타낸다. 만약, 다섯 번째 색띠가 적색이면 ±2%, 갈색이면 ±1%, 녹색이면 ±0.5%, 청색이면 ±0.25%, 자색이면 ±0.1%의 오차를 나타낸다.

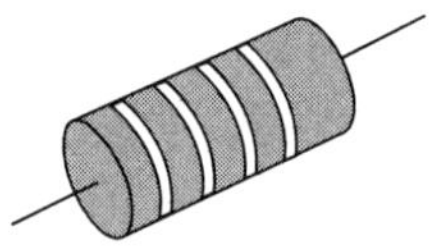

등색/ 녹색/ 흑색/은색
(a)

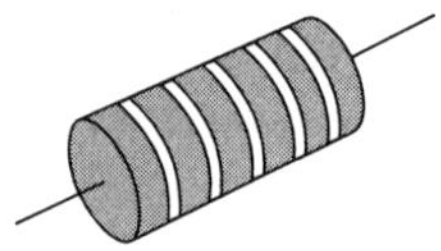

적색/ 적색/ 녹색/금색/청색
(b)

▌그림 1-10▐ 저항의 색띠의 예

예제 1.16

그림 1-10(a)에서 저항값은 얼마인가?

[풀이]

첫 번째 색띠 : 등색 3

두 번째 색띠 : 녹색 5

세 번째 색띠 : 흑색 10^0

네 번째 색띠 : 은색 ±10%

$$35 \times 10^0\ \Omega \pm 10\% = 35\ \Omega \pm 10\%$$

예제 1.17

그림 1−10(b)에서 저항값은 얼마인가?

[풀이]

첫 번째 색띠 : 적색 2

두 번째 색띠 : 적색 2

세 번째 색띠 : 녹색 5

네 번째 색띠 : 금색 10^{-1}

다섯 번째 색띠 : 청색 ± 0.25%

$$225 \times 10^{-1}\ \Omega \pm 0.25\% = 22.5\ \Omega \pm 0.25\%$$

요 약

1. 고정저항의 저항값은 저항값과 오차를 직접 표시하거나 색띠를 이용하여 표시한다.
2. 색띠 표시법에서는 흑색에서 백색까지 10단계로 구분하여 나타낸다.

1.8 전압, 전류, 저항측정

이 절에서는 전압, 전류 그리고 저항을 측정하는 방법에 대하여 간단히 설명하고자 한다. 그림 1−11(a)는 측정하는 방법을 설명하기 위한 회로도를 나타낸 것이고, 그림 1−11(b)는 이들 회로를 브레드 보드 위에 구성한 것이다. 참고로 그림 1−12는 소자의 리드선과 점퍼선을 연결할 수 있는 많은 작은 소켓들로 구성된 브레드 보드의 앞면과, 이들 작은 소켓들이 전기적으로 어떻게 접속되어 있는지를 보여주는 뒷면을 나타낸 그림이다.

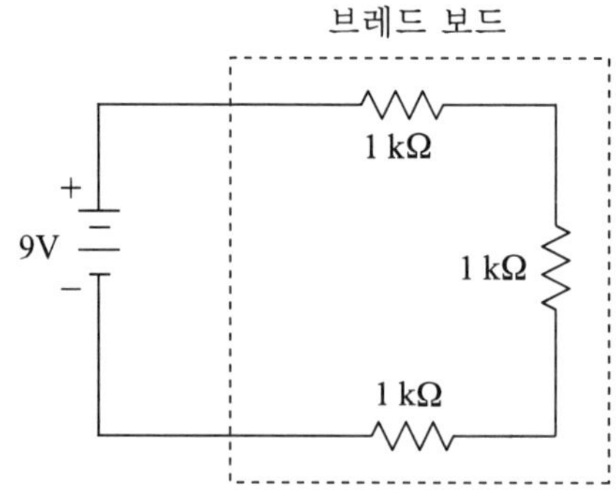

(a)

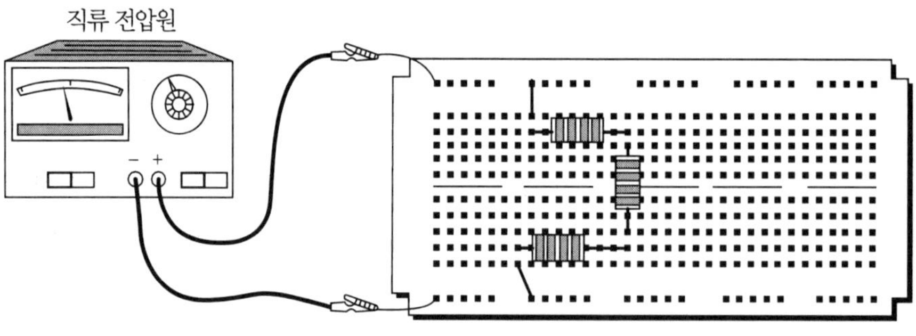

(b)

▎그림 1-11▎ 브레드 보드 위에 구성된 회로

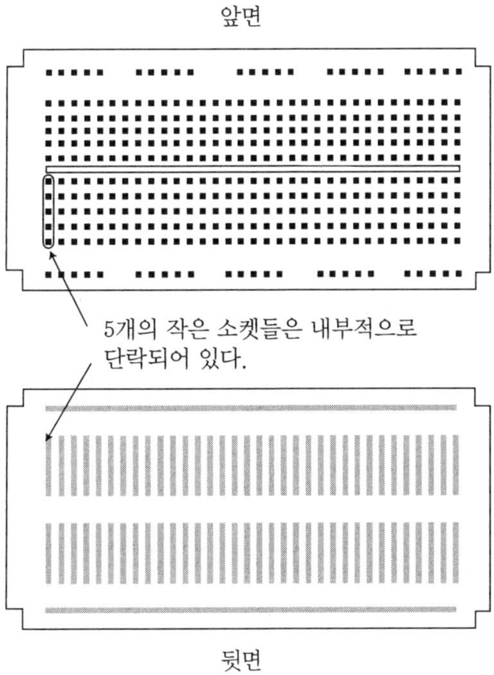

▌그림 1-12▌ 전형적인 브레드 보드의 앞면과 뒷면

1. 전압측정법

전압을 측정하기 위해서는 그림 1-13에 나타낸 바와 같이 회로에 전원을 연결하고, 전압을 측정하고자 하는 부품과 병렬로 전압계를 접속한다. 이 때 전압원의 +단자와 가까운 쪽에 전압계의 +단자를 연결하고, 전압원의 –단자와 가까운 쪽에 전압계의 –단자를 연결한다. 만약 측정하고자 하는 전압을 모르는 경우, 높은 측정범위부터 낮은 범위로 변화시키면서 측정한다. 참고로 이상적인 전압계의 내부저항은 무한대이다.

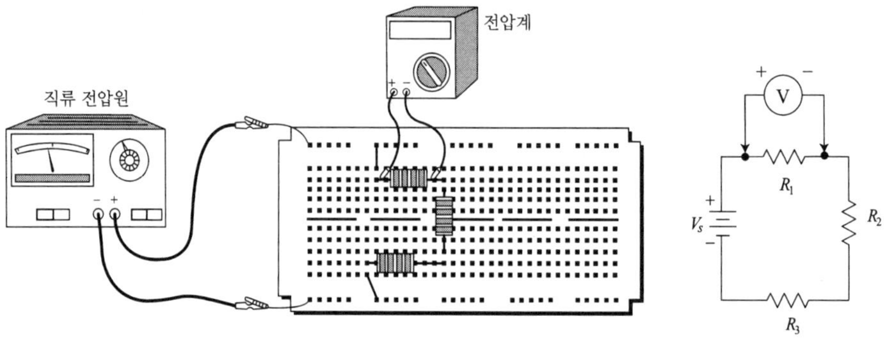

▌그림 1-13▌ 전압을 측정하는 방법

2. 전류측정법

전류를 측정하기 위해서는 그림 1-14에 나타낸 바와 같이 전류가 흐르는 회로의 일부분을 개방하고, 개방된 회로 사이에 전류계를 직렬로 연결한다. 이 때 전류계의 극성은 전류가 흘러 들어가는 쪽을 +단자, 흘러나오는 쪽을 −단자에 각각 연결한다. 만약 측정하고자 하는 전류를 모르는 경우에는 높은 측정범위부터 낮은 범위로 변화시키면서 측정한다. 참고로 이상적인 전류계의 내부저항은 0 Ω이다.

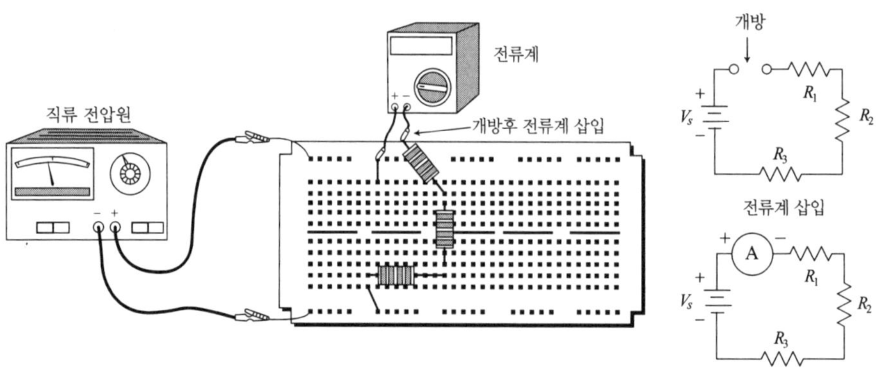

▌그림 1-14▌ 전류를 측정하는 방법

3. 저항측정법

그림 1-15에 나타낸 바와 같이 먼저 회로에서 전원을 제거하거나 저항을 분리한다. 그리고 저항 양단에 저항계를 병렬로 접속하여 측정한다. 이 때 저항계의 극성은 고려하지 않아도 된다.

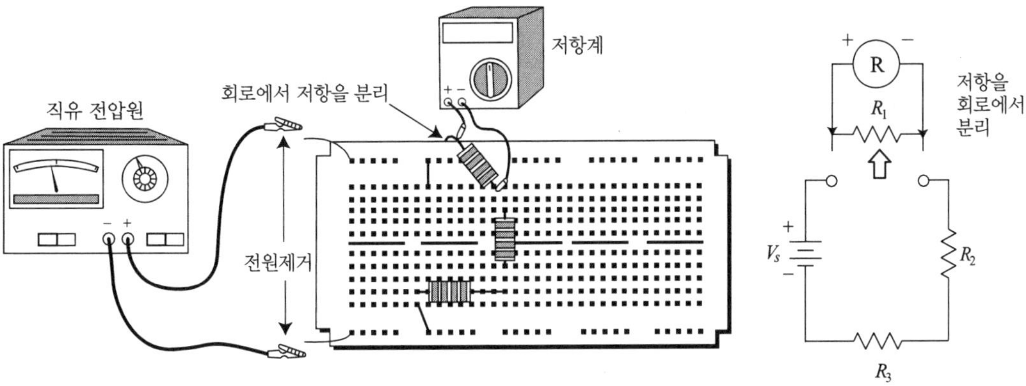

❙그림 1-15❙ 저항을 측정하는 방법

요 약

1. 전압을 측정하기 위해서는 전압계를 측정하고자 하는 부품과 병렬로 접속한다.
2. 전류를 측정하기 위해서는 전류계를 개방된 회로 사이에 직렬로 연결한다.

연습문제

1. 모피로 호박을 문질렀을 때 그 호박이 가벼운 물체를 끌어 당기는 현상을 관찰할 수 있다. 이러한 현상이 일어나는 근본적인 원인은 무엇인가?

[답] 물체가 전기를 띠기 때문

2. 전기(electricity)의 어원은 무엇인가?

[답] elektron(호박)

3. 다음 수들을 과학적 표기법으로 표시하라.

(a) 0.007 (b) 2000 (c) −0.032

[답] (a) 7×10^{-3} (b) 2×10^{3} (c) -3.2×10^{-2}

4. 다음 빈칸에 알맞는 단위를 넣어라.

(a) 75 μA = 0.075 ______ (b) 0.22 MΩ = 220 _____

(c) 8.3 GHz = 8,300 ______ (d) 0.033 V = 33 _____

[답] (a) mA (b) kΩ (c) MHz (d) mV

5. 좌변의 단위를 우변의 단위로 변환하라.

(a) 1,720 MV = _________ kV (b) 22,000 mA = ________ A

(c) 1,350 GHz = ________ MHz (d) 33,000 ns = ________ μs

[답] (a) 1,720,000 (b) 22 (c) 1,350,000 (d) 33

6. 전자에 대한 핵의 구속력이 아주 미약하여 상온에서도 많은 자유전자를 갖고 있으며, 외부의 전기력에 의하여 쉽게 전하의 이동이 가능한 물질을 무엇이라 하는가?

[답] 도체

7. Si 또는 Ge과 같은 물질을 무엇이라 하는가?

[답] 반도체

8. $-3.2\ \mu C$은 몇 개의 전자가 갖는 전하량에 해당하는가?

[답] 2×10^{13} 개

9. $Q_A = 2 \times 10^{-6}$ C, $Q_B = 5 \times 10^{-6}$ C의 두 전하가 진공 중에서 3 m 떨어져 있을 때, 두 전하 사이에 작용하는 힘 F를 구하라.

[답] 0.01 N

10. 15 C의 전하가 2.5 V의 전위차에 의해 이동된다면 소모되는 에너지를 구하라.

[답] 37.5 J

11. 매 20 ms마다 임의의 도체면을 통과하는 전하량은 0.5 C이다. 이 때 흐르는 전류를 구하라.

[답] 25 A

12. 저항률이 2.8×10^{-8} Ω·m인 알루미늄의 도전율을 구하라.

[답] $3.6 \times 10^{7}(\Omega \cdot \mathrm{m})^{-1}$

13. 단면적이 2 cm^2이고 길이가 0.5 cm인 게르마늄의 저항을 구하라.
(단, 게르마늄의 저항률 $\rho = 0.5$ Ω·m)

[답] 12.5 Ω

14. 50 Ω의 저항에 2 A의 전류가 흐른다면 1분 동안에 전하가 이동하는 데 하는 일을 구하라.

[답] 12 kJ

15. 50 W의 전력을 5 s 동안 사용하였다면 소모된 에너지는 얼마인가?

[답] 250 J

16. 30 W의 소비전력을 갖는 전구가 100 V 전원에 연결되었다면 몇 A의 전류가 흐르는가?

[답] 0.3 A

17. 저항의 색띠가 적색, 적색, 등색, 금색으로 표시되어 있다면 저항값과 오차는 각각 얼마인가?

[답] 22 kΩ ± 5%

18. 저항의 색띠가 황색, 자색, 흑색, 흑색, 녹색으로 표시되어 있다면, 저항값과 오차는 각각 얼마인가?

[답] 470 Ω ± 0.5%

제 2 장
저항의 연결

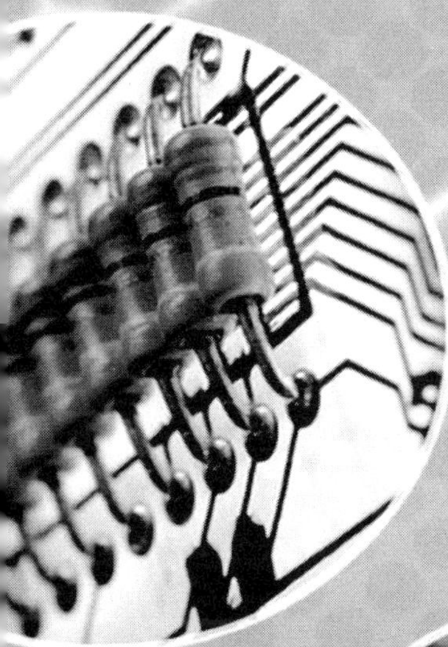
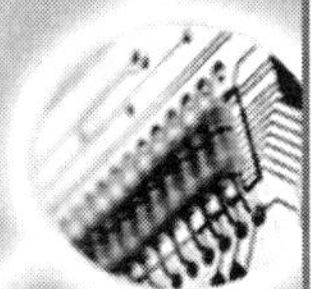

2.1 옴의 법칙

1826년 Ohm은 도체에 흐르는 전류는 그 도체의 양단에 가해진 전압에 비례하고, 도체의 저항에 반비례한다는 관계를 밝혔는데, 이것을 옴의 법칙이라 한다.

그림 2-1과 같이 도체 양단의 전압을 V [V]라 하고 도체의 저항을 R [Ω]이라 하면 전류는 다음 식과 같다.

$$I = \frac{V}{R} \text{ [A]} \qquad (2-1a)$$

그리고 저항 R 양단에 나타나는 전압강하는

$$V = IR \text{ [V]} \qquad (2-1b)$$

이다. 여기서 R은 비례 상수로서 전기저항 또는 간단히 저항이라 한다. 이 저항은 전류의 흐름을 방해하는 성분으로 단위는 옴[Ω]을 사용한다. 1 V의 전압을 인가했을 때 1 A의 전류가 흐르는 물체의 저항을 1 Ω이라 한다.

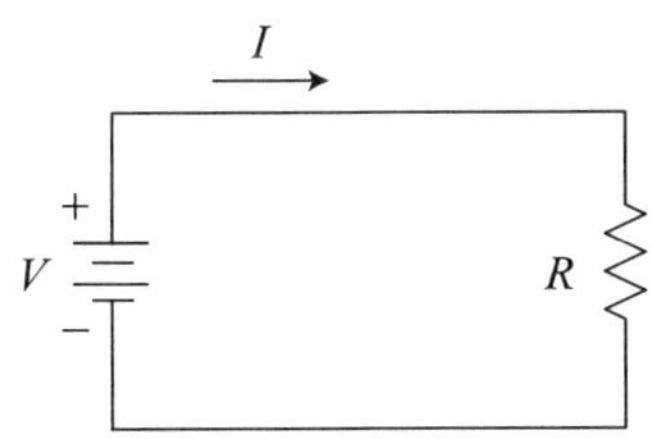

그림 2-1

이 옴의 법칙을 식 (1-13)에 적용하면 전력은

$$P = IV = I^2R = \frac{V^2}{R} \ [\text{W}] \qquad (2-2)$$

가 된다.

예제 2.1

저항 양단에 1.5 V의 전압을 인가했을 때 30 mA의 전류가 흐른다. 이 때 저항과 컨덕턴스를 구하라.

[풀이]

$$R = \frac{V}{I} = \frac{1.5\ \text{V}}{30\ \text{mA}} = 50\ \Omega$$

$$G = \frac{1}{R} = \frac{1}{50\ \Omega} = 0.02\ \text{S}$$

예제 2.2

4.7 kΩ의 저항을 통해 10 mA의 전류가 흐른다. 이 때 전력을 구하라.

[풀이]

$$P = I^2R = (10\ \text{mA})^2(4.7\ \text{k}\Omega) = 0.47\ \text{W}$$

요 약

1. 옴의 법칙에 의하면 도체에 흐르는 전류는 그 도체의 양단에 가해진 전압에 비례하고 도체의 저항에 반비례한다.
2. 저항의 단위는 옴[Ω]을 사용한다.

2.2 키르히호프의 전류법칙

1847년 독일의 물리학자 Kirchhoff에 의해 제안된 키르히호프의 법칙은 전류법칙과 전압법칙으로 구분된다.

키르히호프의 전류법칙에 따르면 회로 내에서 임의의 한 점으로 흘러 들어오고 흘러 나가는 전류의 대수적인 합은 항상 0이다. 다시 말하면 회로 내에서 임의의 한 점을 통해서 흘러 들어온 전류의 합은 흘러 나가는 전류의 합과 같다. 이 법칙을 적용할 때 유의할 점은 접합점으로 유입하는 전류와 유출하는 전류의 부호를 반대로 하는 것이다.

그림 2-2의 회로에 키르히호프의 전류법칙을 적용시켜 보자. A점으로 흘러 들어오는 전류는 I_T이고, 흘러 나가는 전류는 I_1, I_2, I_3이다. 따라서 흘러 들어오는 전류를 +, 흘러 나가는 전류를 −로 가정하고 전류방정식을 세우면

$$I_T - I_1 - I_2 - I_3 = 0 \quad (2-3a)$$

$$I_T = I_1 + I_2 + I_3 \quad (2-3b)$$

이다.

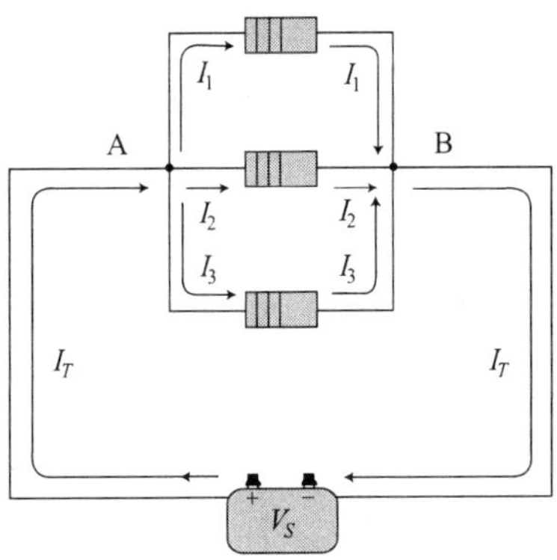

▌그림 2-2▐ 키르히호프의 전류법칙 적용 예

만약 그림 2-2의 B점에서 키르히호프의 전류방정식을 세우면, 식 (2-3a)의 부호와는 반대 부호를 갖게 된다. 즉 B점으로 흘러 들어오는 전류는 I_1, I_2, I_3이고, B점에서 흘러 나가는 전류는 I_T이므로

$$- I_T + I_1 + I_2 + I_3 = 0 \qquad (2-4)$$

이다. 이 식을 정리하면 A점에서의 식 (2-3b)와 같게 된다.

예제 2.3

회로 내의 어떤 접합점에 2 mA의 I_1과 3 mA의 I_2가 흘러 들어온다. 이 때 접합점에서 흘러 나가는 전류 I_3는 얼마인가?

[풀이]

키르히호프의 전류법칙을 적용하면

$I_3 = I_1 + I_2 = 2\ \text{mA} + 3\ \text{mA} = 5\ \text{mA}$

예제 2.4

그림 2-3에서 저항 R_2를 통해 흐르는 전류 I_2는 얼마인가?

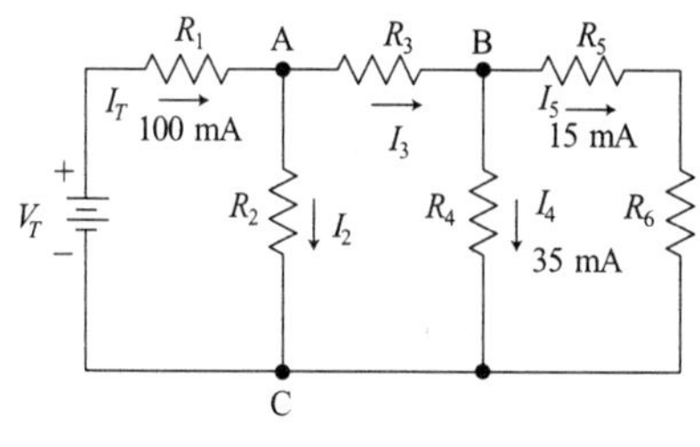

▌그림 2-3▐

[풀이]

A점에서 키르히호프의 전류법칙을 적용하면

$$I_T = I_2 + I_3$$

B점에서 $I_3 = I_4 + I_5 = 35\ \text{mA} + 15\ \text{mA} = 50\ \text{mA}$

I_2를 구하면

$$I_2 = I_T - I_3 = 100\ \text{mA} - 50\ \text{mA} = 50\ \text{mA}$$

요 약

1. 키르히호프의 법칙은 직렬회로와 병렬회로에 관계없이 모든 전기회로에 적용되며 전류법칙과 전압법칙으로 구분된다.
2. 키르히호프의 전류법칙에 의하면 회로 내에서 임의의 한 점으로 흘러 들어오고 흘러 나가는 전류의 대수적인 합은 항상 0이다.

2.3 키르히호프의 전압법칙

키르히호프의 전압법칙에 의하면 임의의 폐회로를 일주하면서 취한 전압상승의 합은 전압강하의 합과 같다. 이 법칙을 적용할 때 폐회로를 따라 일주하는 방향은 임의로 선택할 수 있다. 예를 들어 그림 2-4에 있어서 시계방향으로 일주하면서 키르히호프의 전압법칙을 적용하면 다음과 같다.

$$-V_T + V_1 + V_2 + V_3 = 0 \qquad (2-5a)$$

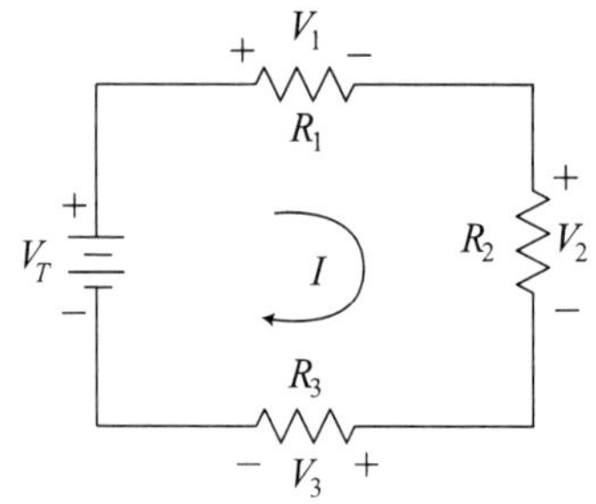

| 그림 2-4 | 키르히호프의 전압법칙

또한 위의 식 (2-5a)를 정리하면 다음과 같다.

$$V_T = V_1 + V_2 + V_3 \qquad (2-5b)$$

식 (2-5b)에서 좌변은 시계방향으로의 전압상승을, 우변은 전압강하를 나타낸다.

예제 2.5

직렬로 연결된 3개의 저항 R_1, R_2, R_3 양단의 전압강하가 각각 4.5 V, 2.4 V, 1.8 V이다. 인가전압의 크기는 얼마인가?

[풀이]

인가전압을 V_T, 각 저항에서의 전압강하를 V_1, V_2, V_3라 하면 키르히호프의 전압법칙에 의해

$V_T = V_1 + V_2 + V_3 = 4.5\ \text{V} + 2.4\ \text{V} + 1.8\ \text{V} = 8.7\ \text{V}$

예제 2.6

그림 2-5에서 전원전압 V_T는 얼마인가?

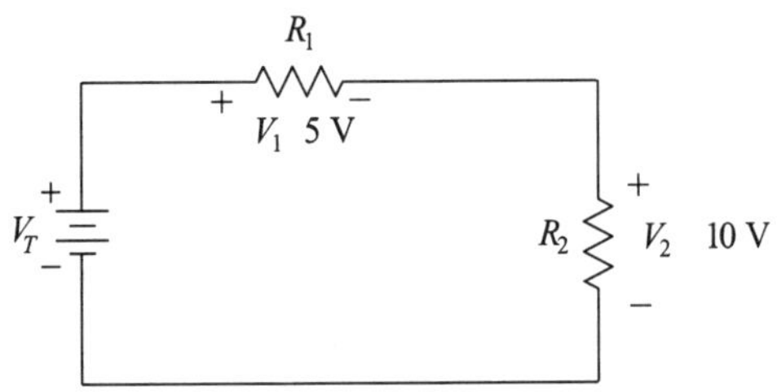

❙그림 2-5❙

[풀이]

키르히호프의 전압법칙을 적용하면

$$V_T = V_1 + V_2 = 5\ \text{V} + 10\ \text{V} = 15\ \text{V}$$

요 약

1. 키르히호프의 전압법칙에 의하면 임의의 폐회로를 일주하면서 취한 전압상승의 합은 전압강하의 합과 같다.
2. 키르히호프의 전압법칙을 적용할 때 폐회로를 따라 일주하는 방향은 임의로 선택할 수 있다.

2.4 저항의 직렬연결

그림 2-6과 같이 한 소자의 끝부분이 다른 소자의 첫 부분과 연속으로 접속되어, 전류가 흐를 수 있는 통로가 오직 하나 밖에 존재하지 않도록 연결된 것을 직렬연결이라 한다. 이 회로에서 전원으로부터 흘러 나오는 전류와 각 소자를 통해 흐르는 전류는 서

로 같다.

즉 전원으로부터 흘러 나오는 전류를 I_T, 직렬로 연결된 저항을 통해 흐르는 전류를 각각 I_1, I_2, I_3라 하면

$$I_T = I_1 = I_2 = I_3 \tag{2-6}$$

이다.

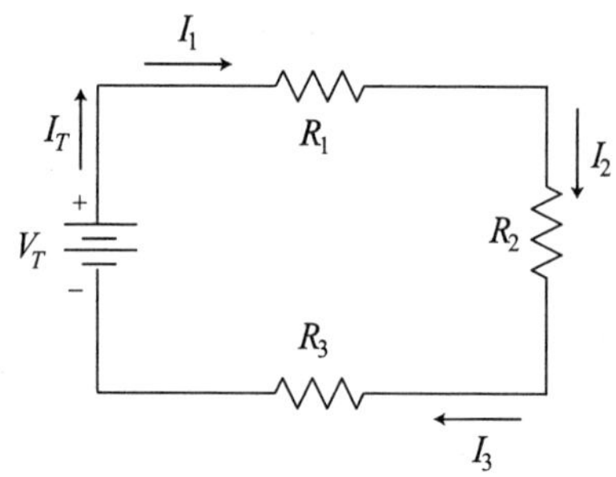

❙그림 2-6❙ 저항의 직렬연결

예제 2.7

그림 2-7에서 전류계 A_1과 A_2에 흐르는 전류는 얼마인가?

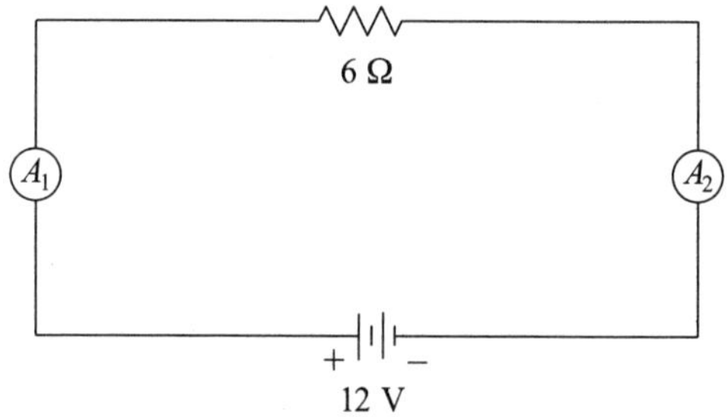

❙그림 2-7❙

[풀이]

$$I = \frac{V}{R} = \frac{12\text{ V}}{6\ \Omega} = 2\ \text{A}$$

1. 전압강하

저항 양단에 전압원을 인가하면 전류가 흐르게 되고, 전류가 저항을 통하여 흐르게 되면 그 저항 양단에 전위차가 나타난다. 이를 전압강하라 하며, 이 때 전압강하의 극성은 저항을 통해 흐르는 전류의 방향에 의해 결정된다.

관습적인 전류를 기준으로 했을 때 전압강하의 극성은 그림 2-8에 표시된 것과 같다. 즉 전류가 흘러 들어가는 단자가 +이고 전류가 흘러나오는 단자가 -이다.

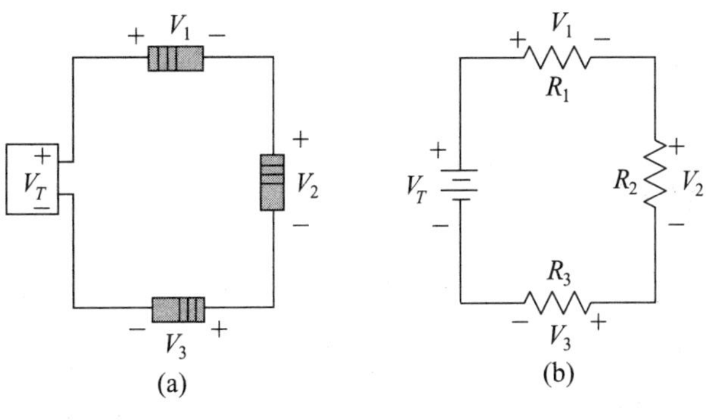

▌그림 2-8▌ 저항 양단의 전압강하의 극성

예제 2.8

그림 2-9에서 저항 R_3에서의 전압강하를 구하라.

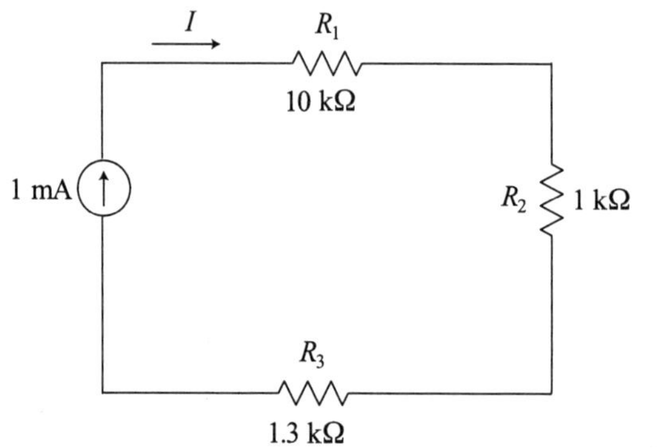

❙ 그림 2-9 ❙

[풀이]

R_3에서의 전압강하를 구하면

$V_3 = IR_3 = (1\ \text{mA})(1.3\ \text{k}\Omega) = 1.3\ \text{V}$

2. 전압원의 직렬연결

전원이 직렬로 연결되어 있을 때 전체전압은 각 전원의 전압을 대수적으로 합한 것과 같다. 전원의 극성이 반대이면 –부호를 붙여 계산한다.

예를 들어 그림 2–10(a)와 같이 전원의 극성이 모두 같은 방향이면, 단자 B에 대한 단자 A의 전압 V_{AB}는

$$V_{AB} = 1.5\ \text{V} + 1.5\ \text{V} + 1.5\ \text{V} = 4.5\ \text{V} \tag{2.7a}$$

이다. 그러나 그림 2–10(b)와 같이 가운데 전원의 방향이 다른 두 전원의 방향과 반대이면 –부호를 붙여 계산한다. 즉 두 단자 사이의 전압 V_{AB}는

$$V_{AB} = 1.5\ \text{V} - 1.5\ \text{V} + 1.5\ \text{V} = 1.5\ \text{V} \tag{2.7b}$$

이다.

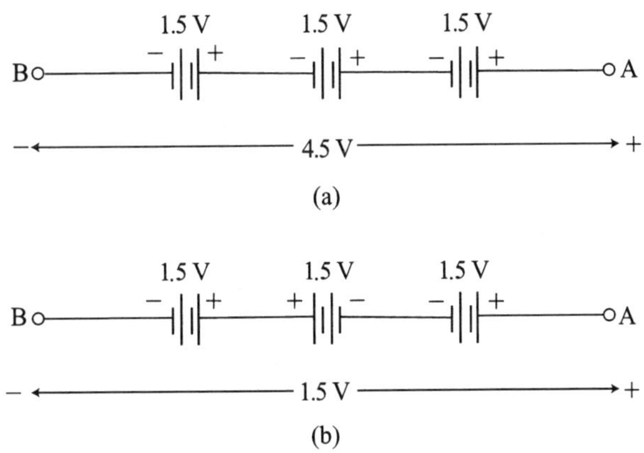

▌그림 2-10▌

예제 2.9

그림 2-11에서 인가된 전체전압 V_T는 얼마인가?

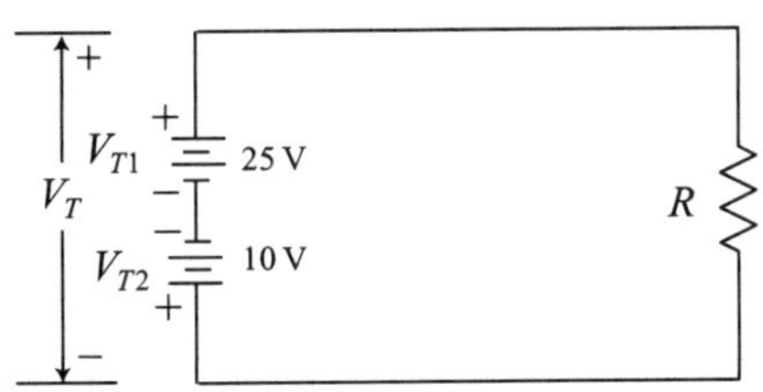

▌그림 2-11▌

[풀이]

$V_T = V_{T1} - V_{T2} = 25\,\mathrm{V} - 10\,\mathrm{V} = 15\,\mathrm{V}$

3. 합성 저항

여러 개의 저항이 직렬로 연결된 회로에서 인가전압을 V_T, 각 저항에서의 전압강하를 V_1, V_2 ⋯ V_n라고 할 때 키르히호프의 전압법칙을 적용하면

$$V_T = V_1 + V_2 + \cdots + V_n \tag{2-8a}$$

$$= IR_1 + IR_2 + \cdots + IR_n \tag{2-8b}$$

$$= I(R_1 + R_2 + \cdots + R_n) \tag{2-8c}$$

$$= IR_T \tag{2-8d}$$

이다. 따라서 직렬회로의 합성 저항은

$$R_T = R_1 + R_2 + \cdots + R_n \tag{2-9}$$

이다. 이 때 각 저항을 통하여 흐르는 전류는 다음과 같다.

$$I = \frac{V_T}{R_T} \tag{2-10}$$

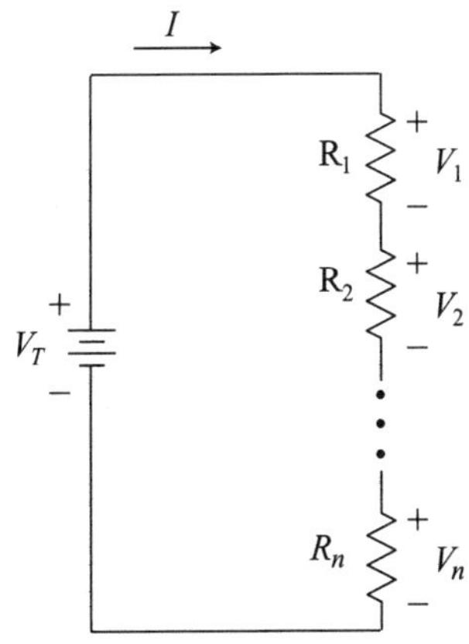

▌그림 2-12▌ 전압강하의 합은 전원전압과 같다.

예제 2.10

그림 2-13과 같이 5개의 저항이 직렬로 연결된 회로의 합성 저항 R_T는 얼마인가?

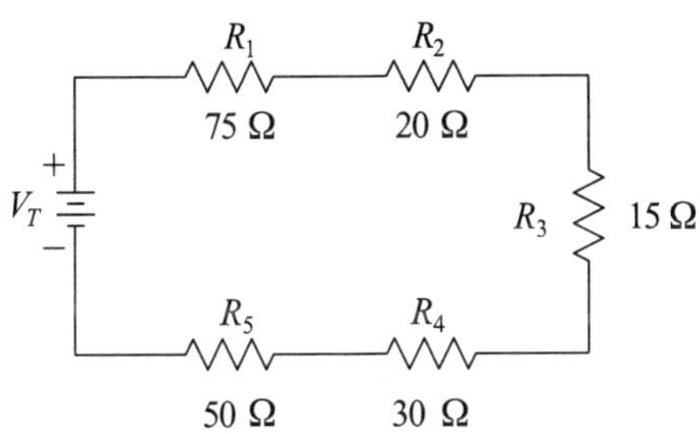

▌그림 2-13▌

[풀이]

$R_T = R_1 + R_2 + R_3 + R_4 + R_5 = 75\ \Omega + 20\ \Omega + 15\ \Omega + 30\ \Omega + 50\ \Omega = 190\ \Omega$

예제 2.11

그림 2-14의 회로에서 합성 저항 R_T와 저항을 통해 흐르는 전류 I는 얼마인가?

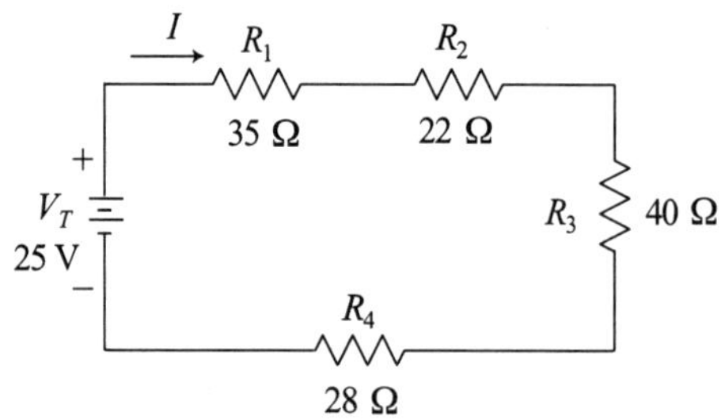

| 그림 2-14 |

[풀이]

$R_T = R_1 + R_2 + R_3 + R_4 = 35\ \Omega + 22\ \Omega + 40\ \Omega + 28\ \Omega = 125\ \Omega$

$I = \frac{V_T}{R_T} = \frac{25\ \text{V}}{125\ \Omega} = 0.2\ \text{A}$

요 약

1. 전류가 흐르는 통로가 오직 하나 밖에 존재하지 않도록 연결된 회로를 직렬회로라 부른다.

2. 직렬회로에서 각각의 소자를 통하여 흐르는 전류의 크기는 모두 동일하다.

3. 직렬회로에서의 전체 합성 저항은 각 저항의 합과 같다.

4. 전원이 직렬로 연결되어 있을 때 전체전압은 각 전원의 전압을 대수적으로 합한 것과 같다.

2.5 저항의 병렬연결

그림 2-15와 같이 2개 이상의 소자가 동일한 전압원에 연결되어 있고, 각각 서로 다른 전류 통로를 형성하도록 접속된 회로를 병렬회로라 한다. 이와 같은 병렬회로에서 각각의 전류 통로를 지로 또는 가지(branch)라 부른다. 따라서 병렬회로에서 각 지로전압의 크기는 모두 동일하다. 즉, 병렬연결된 저항 R_1, R_2 ⋯ R_n 양단의 전압을 각각 V_1, V_2 ⋯ V_n이라 하면

$$V_T = V_1 = V_2 \cdots = V_n$$

이다.

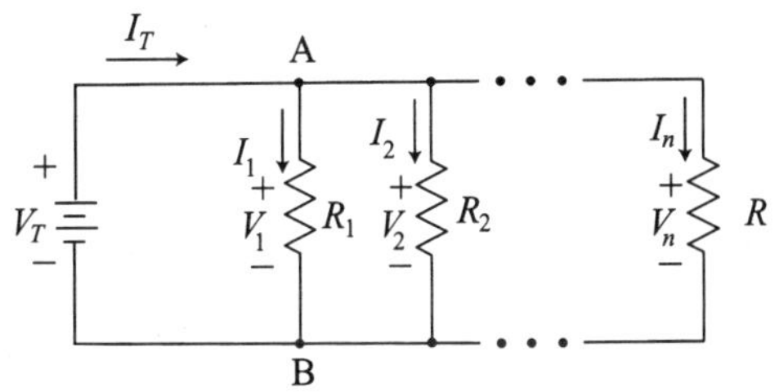

❙그림 2-15❙ 병렬연결된 저항

1. 지로전류

그림 2-15에서 저항 R_1, R_2 ⋯ R_n에 흐르는 지로전류를 각각 I_1, I_2 ⋯ I_n이라 하면

$$I_1 = \frac{V_T}{R_1}, \quad I_2 = \frac{V_T}{R_2}, \quad \cdots, \quad I_n = \frac{V_T}{R_n} \tag{2-11}$$

이 된다. A 점에서 키르히호프의 전류법칙을 적용하면

$$I_T = I_1 + I_2 + I_3 + \cdots + I_n \tag{2-12}$$

로 된다. 즉 병렬회로에서의 전체전류는 각 지로전류의 합과 같다.

예를 들어 그림 2-16(a)에서 저항 R_1을 통해 흐르는 지로전류 I_1은 3 mA이다. 그러므로 전압원에 의해 공급되는 전체전류는 3 mA이다. 그림 2-16(b)와 같이 저항 R_1과 병렬로 저항 R_2를 연결하면, 저항 R_1과 R_2를 통해서 흐르는 지로전류는 각각 3 mA이다. 이 경우 전압원에 의해 공급되는 전체전류는 6 mA로 증가된다. 또한 그림 2-16(c)에서 병렬로 저항 R_3를 추가하면 전체전류는 9 mA가 된다. 이와 같이 병렬지로의 수가 많아질수록 전원에서 공급되는 전체전류가 증가함을 알 수 있다.

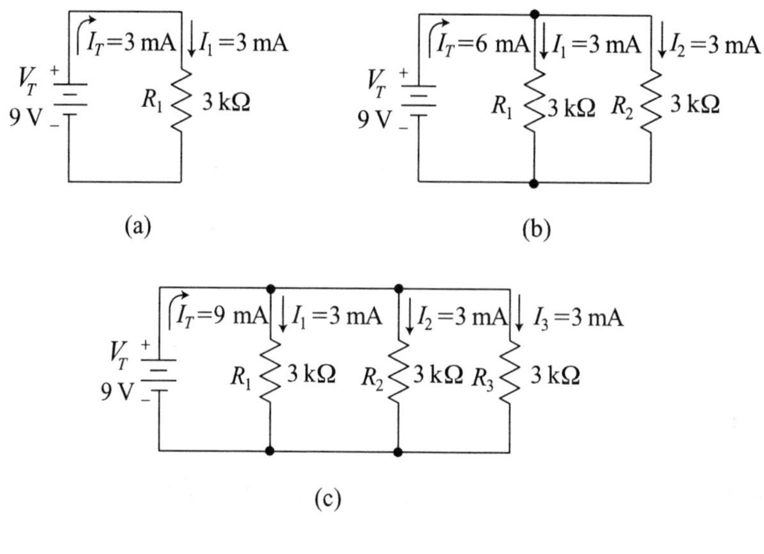

▌그림 2-16▌ 전체전류와 지로전류의 관계

예제 2.12

그림 2-17과 같은 병렬회로에서 각 저항을 통해 흐르는 전류를 구하라.

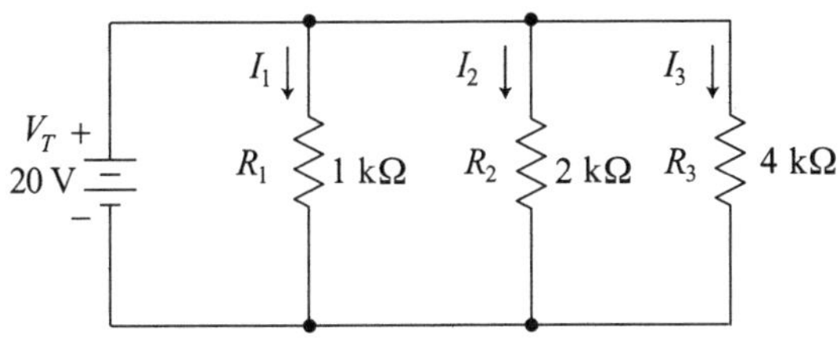

▌그림 2-17▐

[풀이]

$I_1 = V_T / R_1 = 20 \text{ V} / 1 \text{ k}\Omega = 20 \text{ mA}$

$I_2 = V_T / R_2 = 20 \text{ V} / 2 \text{ k}\Omega = 10 \text{ mA}$

$I_3 = V_T / R_3 = 20 \text{ V} / 4 \text{ k}\Omega = 5 \text{ mA}$

2. 합성 저항

식 (2-12)에 나타난 바와 같이 병렬회로에서의 전체전류 I_T는 각 지로전류의 합과 같다. 이 식에 식 (2-11)을 대입하고 병렬회로의 합성 저항을 R_T라 하면

$$\frac{V_T}{R_T} = \frac{V_T}{R_1} + \frac{V_T}{R_2} + \cdots + \frac{V_T}{R_n} \tag{2-13}$$

$$= V_T\left(\frac{1}{R_1} + \frac{1}{R_2} + \cdots + \frac{1}{R_n}\right) \tag{2-14}$$

이다. 양변을 V_T로 나누면

$$\frac{1}{R_T} = \frac{1}{R_1} + \frac{1}{R_2} + \cdots + \frac{1}{R_n} \tag{2-15}$$

로 된다. 따라서 병렬회로의 합성 저항 R_T는

$$R_T = \frac{1}{\frac{1}{R_1} + \frac{1}{R_2} + \cdots + \frac{1}{R_n}} \tag{2-16}$$

이다.

2개의 저항이 병렬로 연결된 경우의 합성 저항을 구하면 다음과 같다.

$$\frac{1}{R_T} = \frac{1}{R_1} + \frac{1}{R_2} \tag{2-17}$$

$$\frac{1}{R_T} = \frac{R_1 + R_2}{R_1 R_2} \tag{2-18}$$

$$R_T = \frac{R_1 R_2}{R_1 + R_2} \tag{2-19}$$

한편 저항의 역수인 컨덕턴스 G를 이용하여 식 (2-15)를 나타내면 병렬회로의 합성 컨덕턴스는 다음과 같다.

$$G_T = G_1 + G_2 + G_3 + \cdots + G_n \tag{2-20}$$

예제 2.13

그림 2-18에서 점 A, B 사이의 병렬 합성 저항 R_T는 얼마인가?

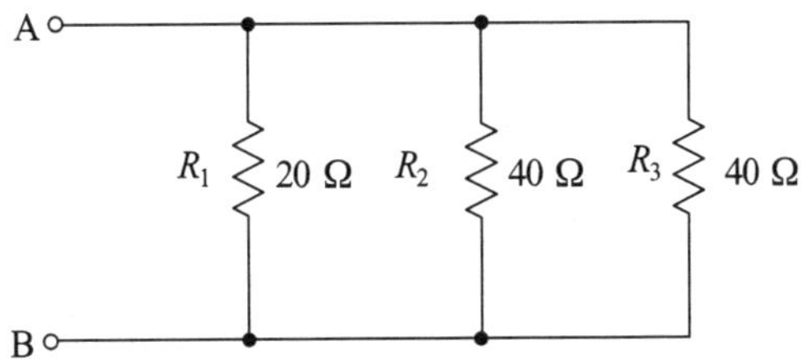

| 그림 2-18 |

[풀이]

$$\frac{1}{R_1}=\frac{1}{20\ \Omega}=0.05\ \text{S},\qquad \frac{1}{R_2}=\frac{1}{40\ \Omega}=0.025\ \text{S},\qquad \frac{1}{R_3}=\frac{1}{40\ \Omega}=0.025\ \text{S}$$

$$R_T=\frac{1}{0.05\ \text{S}+0.025\ \text{S}+0.025\ \text{S}}=10\ \Omega$$

요 약

1. 병렬회로에서 각 지로 양단의 전압은 모두 동일하다.
2. 병렬회로에서 전체전류는 각 지로전류의 합과 같다.

2.6 직·병렬회로의 해석

이 절에서는 직렬회로와 병렬회로의 조합으로 이루어진 직·병렬회로에 대해 배운다. 직·병렬회로의 해석에서는 옴의 법칙과 키르히호프의 법칙뿐만 아니라, 앞에서 배운 여러 가지 해석법을 이용하게 된다.

그림 2-19(a)에서 병렬로 연결된 저항 R_2와 R_3의 합성 저항을 R_{eq}라 하면, 저항 R_1과 합성 저항 R_{eq}는 직렬로 연결된다. 이를 등가회로로 나타내면 각각 그림 2-19(b) 및 (c)와 같다.

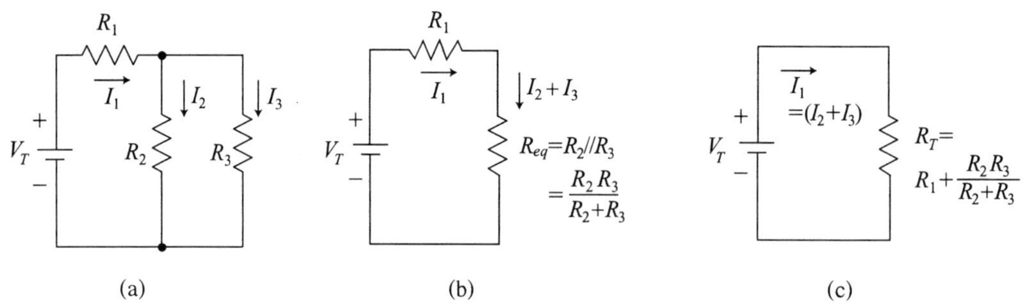

▌그림 2-19▌ 간단한 직·병렬회로

그림 2-20(a)는 또 다른 형태의 직·병렬회로를 나타낸 것이다. 이 회로에서 직렬로 연결된 저항 R_2와 R_3의 합성 저항을 R_{eq}라 하면, 저항 R_1과 합성 저항 R_{eq}는 병렬로 연결된다. 이를 등가회로로 나타내면 각각 그림 2-20(b) 및 (c)와 같다.

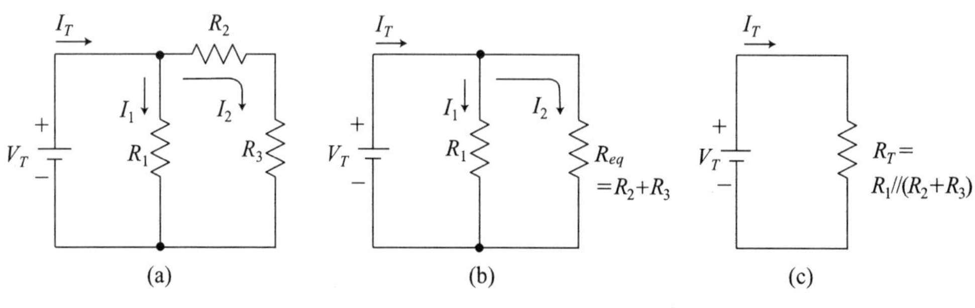

▌그림 2-20▌

예제 2.14

그림 2-21의 직·병렬회로에서 점 A에서 점 D까지의 직·병렬관계를 기술하라.

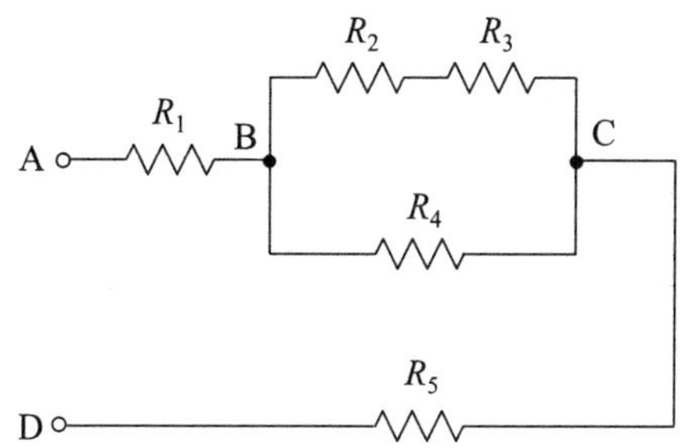

❙ 그림 2-21 ❙

[풀이]

먼저 B점과 C점 사이의 합성 저항 R_{BC}를 보면, 직렬 연결된 저항 R_2와 R_3는 저항 R_4와 병렬로 연결되어 있다. 그리고 이 합성 저항 R_{BC}는 저항 R_1 및 R_5와 직렬로 연결되어 있다.

1. 합성 저항

직·병렬회로의 전체 합성 저항을 구하는 방법은 먼저 회로의 일부분을 간단한 직렬회로와 병렬회로로 구분한다. 다음으로 구분된 각 직렬회로와 병렬회로의 합성 저항을 구한다. 이를 이용하여 직·병렬회로의 전체 합성 저항을 구한다.

예제 2.15

그림 2-22를 보고 다음 물음에 답하라.

(a) R_1과 R_2의 합성 저항 R_{AB}를 구하라.

(b) R_3, R_4, R_5의 합성 저항 R_{BC}를 구하라.

(c) 전체 합성 저항 R_T를 구하라.

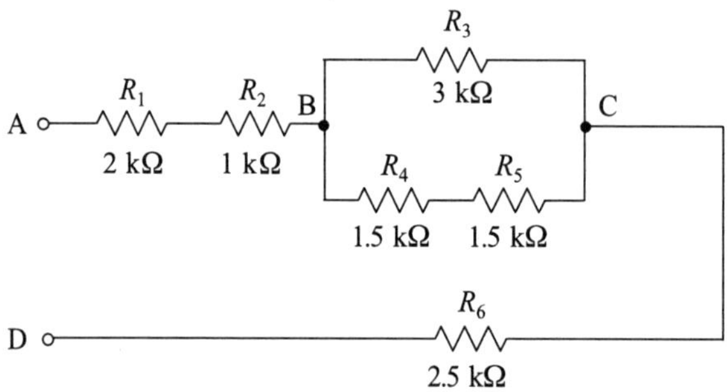

| 그림 2-22 |

[풀이]

(a) $R_{AB}=R_1+R_2=2\ \text{k}\Omega+1\ \text{k}\Omega=3\ \text{k}\Omega$

(b) $R_{BC}=R_3//(R_4+R_5)$

$=(3\ \text{k}\Omega)(3\ \text{k}\Omega)/(3\ \text{k}\Omega+3\ \text{k}\Omega)$

$=1.5\ \text{k}\Omega$

(c) $R_T=R_{AB}+R_{BC}+R_{CD}=3\ \text{k}\Omega+1.5\ \text{k}\Omega+2.5\ \text{k}\Omega$

$=7\ \text{k}\Omega$

2. 직·병렬회로의 전류

직병렬회로에서 인가된 전압 V_T와 전체 합성 저항 R_T를 알고 있다면, 전원에서 공급되는 전체전류 I_T는 다음과 같이 구할 수 있다.

$$I_T = \frac{V_T}{R_T} \tag{2-21}$$

그리고 각 지로전류는 키르히호프의 전류법칙 또는 옴의 법칙을 적용하면 쉽게 구할 수 있다.

예제 2.16

그림 2-23에서 전체 합성 저항 R_T와 전체전류 I_T를 구하라.

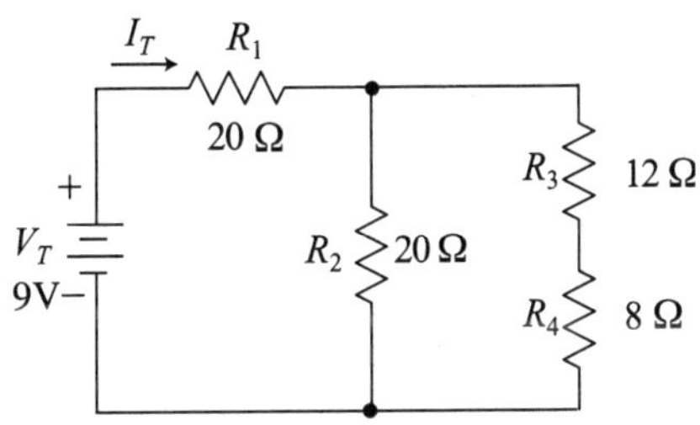

▌그림 2-23▐

[풀이]

$$R_T = R_1 + \frac{R_2(R_3+R_4)}{R_2+(R_3+R_4)} = 20\ \Omega + \frac{(20\ \Omega)(12\ \Omega+8\ \Omega)}{20\ \Omega+(12\ \Omega+8\ \Omega)} = 30\ \Omega$$

$$I_T = \frac{V_T}{R_T} = \frac{9\ \text{V}}{30\ \Omega} = 0.3\ \text{A}$$

2.7 전압분배기

저항이 직렬로 연결된 회로는 일종의 전압분배기이다. 2개의 저항이 직렬로 연결된 회로에 인가된 전압 V_T는 각 저항의 크기에 비례하는 전압 V_1과 V_2로 분배된다. 그림 2-24의 직렬회로에서 각 저항을 통해 흐르는 전류는 같다. 따라서 각 저항에서의 전압강하는 저항의 크기에 비례하고 전압강하의 합은 인가전압 V_T와 같다. 즉

$$V_1 = \left(\frac{R_1}{R_1 + R_2}\right) V_T \tag{2-22a}$$

$$V_2 = \left(\frac{R_2}{R_1 + R_2}\right) V_T \tag{2-22b}$$

$$V_T = V_1 + V_2 \tag{2-23}$$

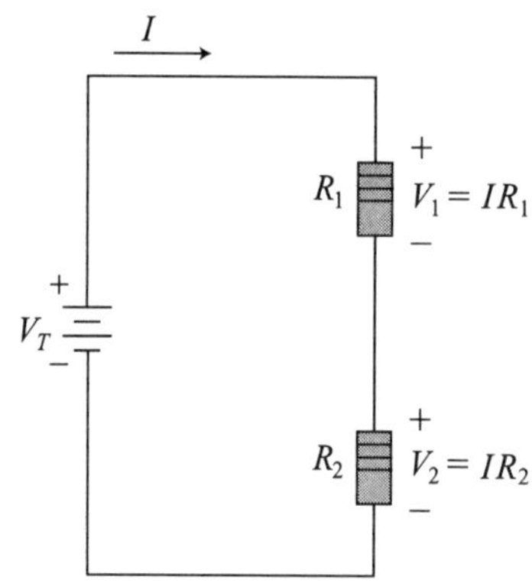

그림 2-24 2개의 저항을 갖는 전압분배기

예를 들어 그림 2-25에서 회로에 인가된 전압 V_T는 저항 R_1과 R_2에 의해 각각 $V_1 = 5$ V와 $V_2 = 10$ V로 분배된다.

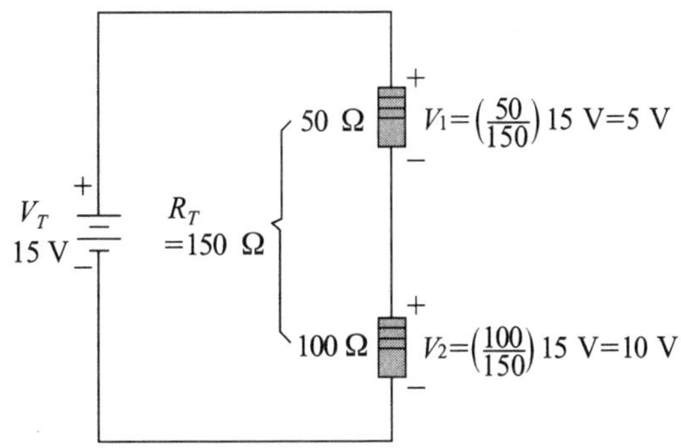

❙그림 2-25❙

예제 2.17

그림 2-26과 같은 전압분배기에서 R_1, R_2 양단의 전압강하 V_1, V_2를 구하라.

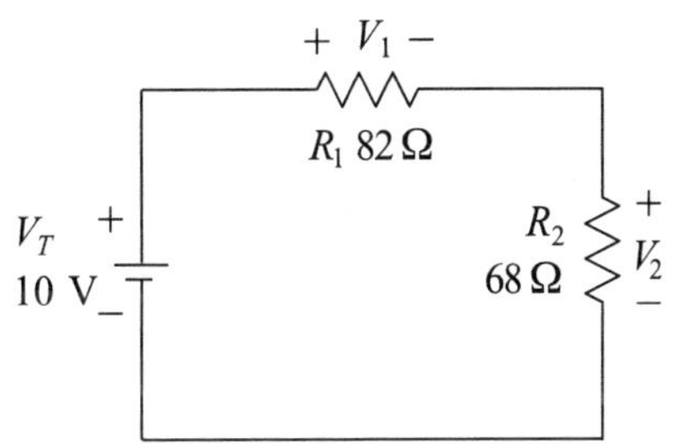

❙그림 2-26❙

[풀이]

그림 2-26에서 전체 합성 저항 R_T는

$$R_T=R_1+R_2=82\ \Omega+68\ \Omega=150\ \Omega$$

인가된 전압 $V_T=10$ V이므로, V_1과 V_2는

$V_1 = (R_1/R_T)\,V_T = (82\ \Omega/150\ \Omega)10\ \mathrm{V} = 5.47\ \mathrm{V}$

$V_2 = (R_2/R_T)\,V_T = (68\ \Omega/150\ \Omega)10\ \mathrm{V} = 4.53\ \mathrm{V}$

요 약

1. 저항이 직렬로 연결된 회로는 일종의 전압분배기이다.

2.8 전류분배기

병렬회로는 일종의 전류분배기이다. 2개의 저항이 병렬로 연결된 그림 2-27과 같은 회로에서 각 저항에서의 전압강하는 모두 같다. 즉

$$V_T = V_1 = V_2 \tag{2-24a}$$

$$I_T R_T = I_1 R_1 = I_2 R_2 \tag{2-24b}$$

이다. 따라서 저항 R_1과 R_2를 통해 흐르는 지로전류 I_1과 I_2는 각각 다음과 같다.

$$I_1 = \left(\frac{R_2}{R_1 + R_2}\right) I_T \tag{2-25a}$$

$$I_2 = \left(\frac{R_1}{R_1 + R_2}\right) I_T \tag{2-25b}$$

여기서 I_T는 전원으로부터 흘러 나오는 전체전류이고, R_T는 이 회로의 합성 저항이다.

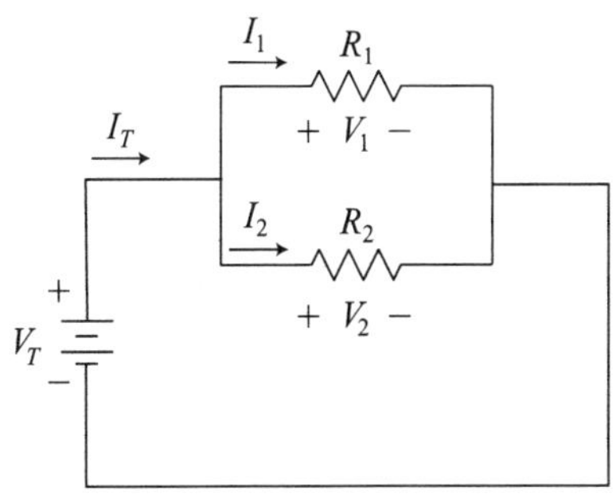

▌그림 2-27▌ 2개의 지로를 갖는 전류분배기

예제 2.18

그림 2-28과 같은 전류분배기에서 I_1과 I_2는 각각 얼마인가?

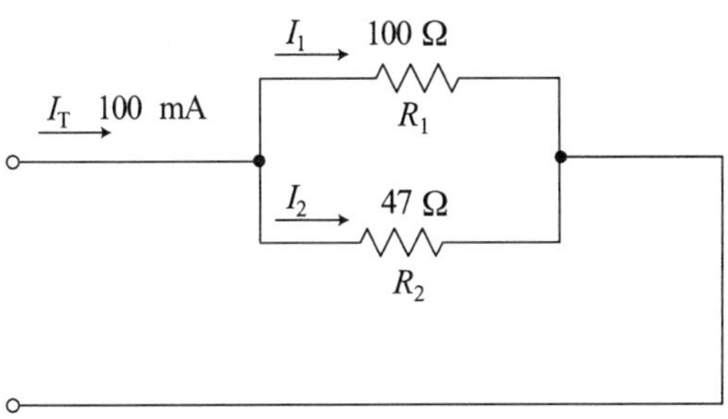

▌그림 2-28▌

[풀이]

$I_1 = [R_2/(R_1+R_2)]\ I_T = (47\ \Omega/147\ \Omega)(100\ \text{mA})$

$= 31.97\ \text{mA}$

$I_2 = [R_1/(R_1+R_2)]\,I_T = (100\ \Omega/147\ \Omega)(100\ \text{mA})$

$= 68.03\ \text{mA}$

요 약

1. 병렬회로는 일종의 전류분배기이다.

연습문제

1. 그림 2-29의 회로에 흐르는 전류는 얼마인가?

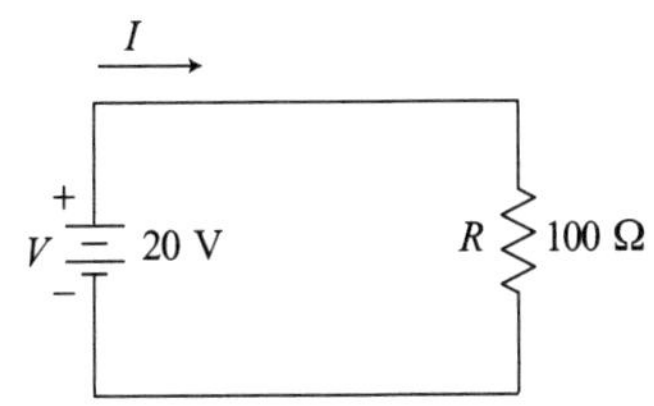

❙그림 2-29❙

[답] 0.2 A

2. 그림 2-30의 저항 양단에 나타나는 전압은 얼마인가?

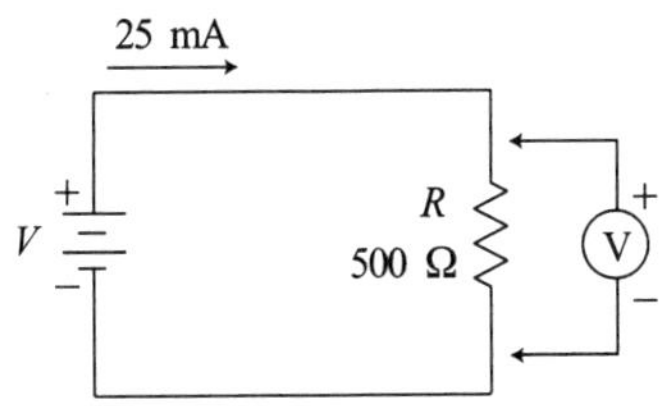

❙그림 2-30❙

[답] 12.5 V

3. 60 W의 전구에 120 V의 전압을 인가하였다. 이 때 흐르는 전류는 얼마인가?

[답] 0.5 A

4. 회로 내의 임의의 한 점에서 I_1과 I_2가 흘러 들어오는 전류라고 할 때, 흘러 나가는 전류 I_3는 6A이다. 만약 I_2의 크기가 2 A라면 I_1의 크기는 얼마인가?

[답] 4 A

5. 그림 2-31에서 전류계 A_1과 A_2를 통해 흐르는 전류는 얼마인가?

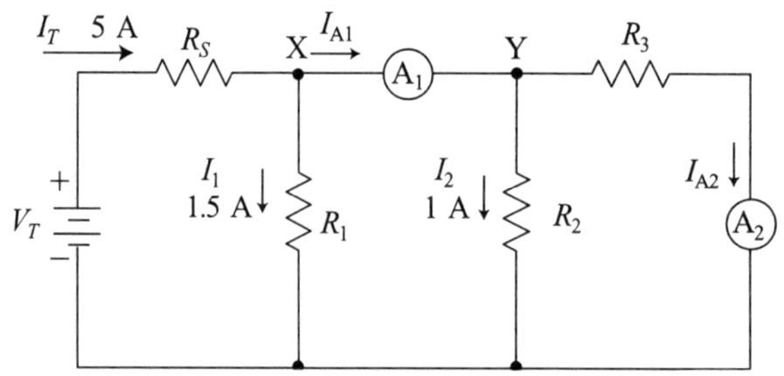

❙그림 2-31❙

[답] $I_{A1} = 3.5$ A, $I_{A2} = 2.5$ A

6. 3개의 저항 R_1, R_2, R_3는 10 V의 전원에 직렬로 연결되어 있다. 이 때 저항 R_1, R_2 양단의 전압강하가 각각 3.5 V와 4.5 V이다. 저항 R_3 양단의 전압강하는 얼마인가?

[답] 2 V

7. 그림 2−32에서 미지의 전압강하 V_4는 얼마인가?

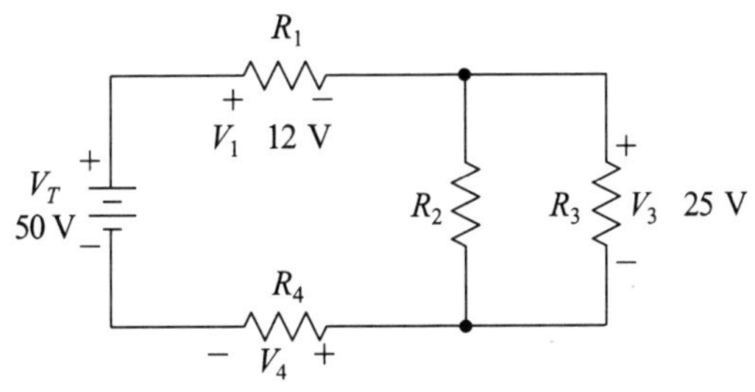

▍그림 2−32▍

[답] 13 V

8. 그림 2−33에서 미지의 저항 R_4는 얼마인가?

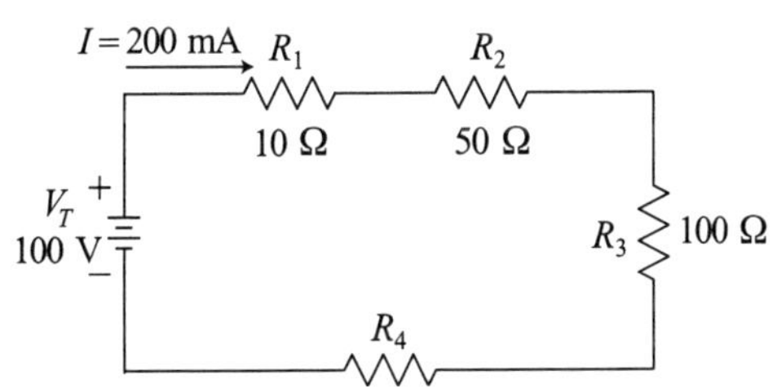

▍그림 2−33▍

[답] 340 Ω

9. 그림 2-34의 각 회로에서 인가된 전체전압은 얼마인가?

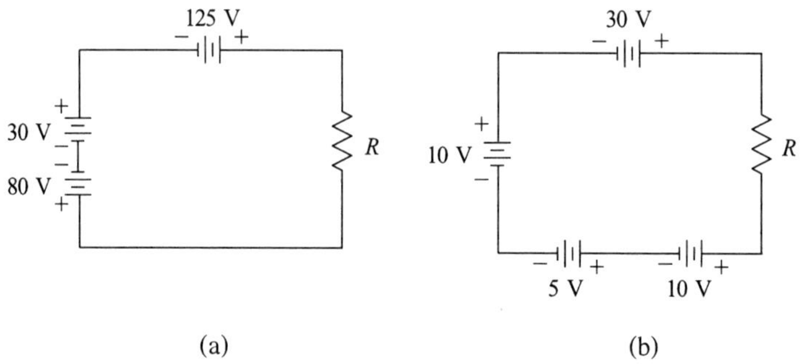

▌그림 2-34▐

[답] (a) 75 V
(b) 25 V

10. 그림 2-35에서 회로의 합성 저항 R_T와 회로에 흐르는 전류 I를 구하라.

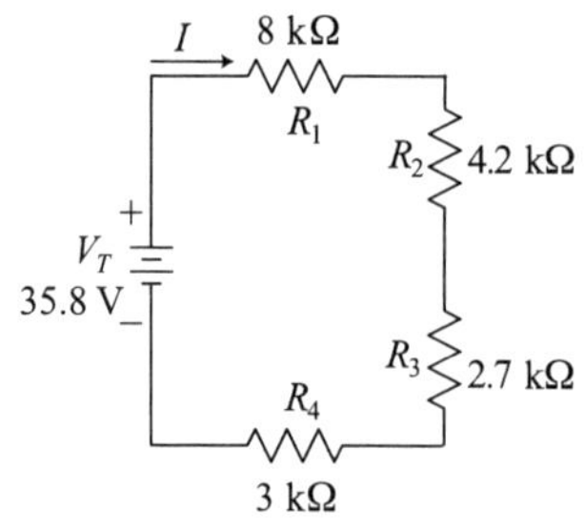

▌그림 2-35▐

[답] 2 mA

11. 그림 2-36에서 점 A, B 사이의 병렬 합성 저항 R_T를 구하라.

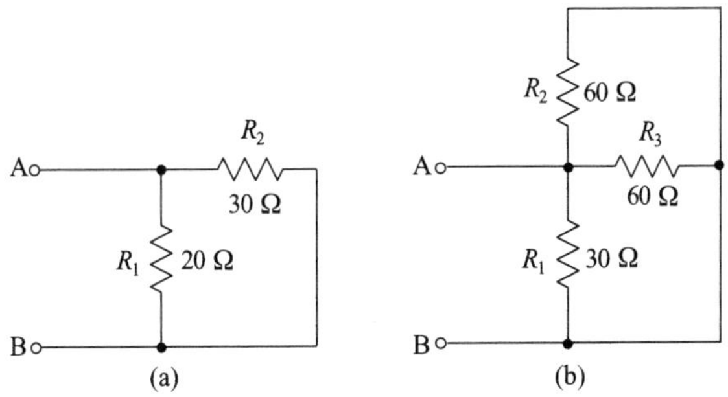

▌그림 2-36▐

[답] (a) 12 Ω

(b) 15 Ω

12. 그림 2-37과 같은 병렬회로에서 저항 R_2를 통해 흐르는 전류를 구하라.

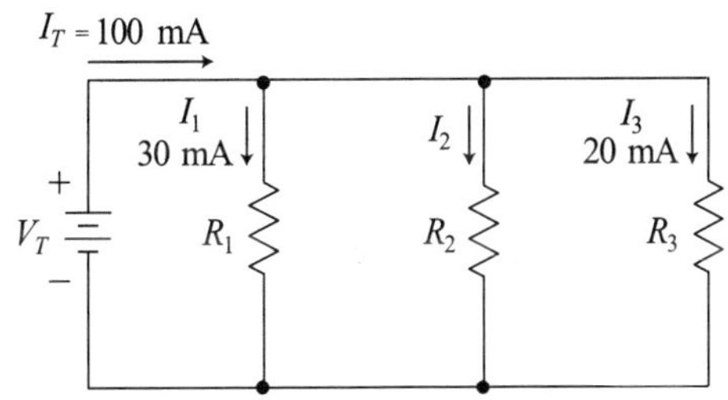

▌그림 2-37▐

[답] 50 mA

13. 그림 2–38과 같은 병렬회로에서 합성 컨덕턴스 G_T와 합성 저항 R_T는 각각 얼마인가?

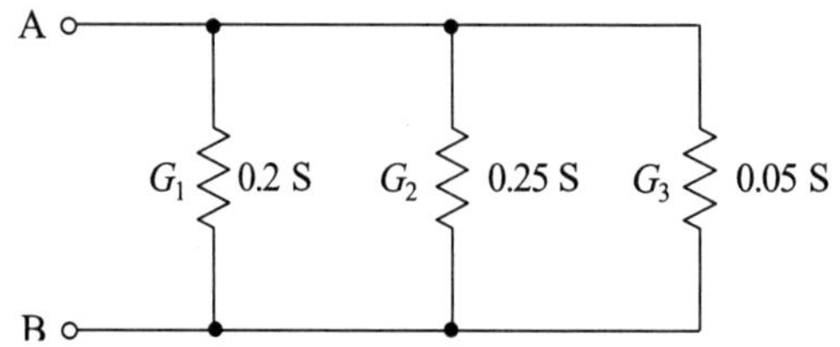

▌그림 2–38▐

[답] $G_T = 0.5$ S
$R_T = 2$ Ω

14. 그림 2–39의 회로에서 점 A와 점 B 사이의 전체 합성 저항 R_T를 구하라.

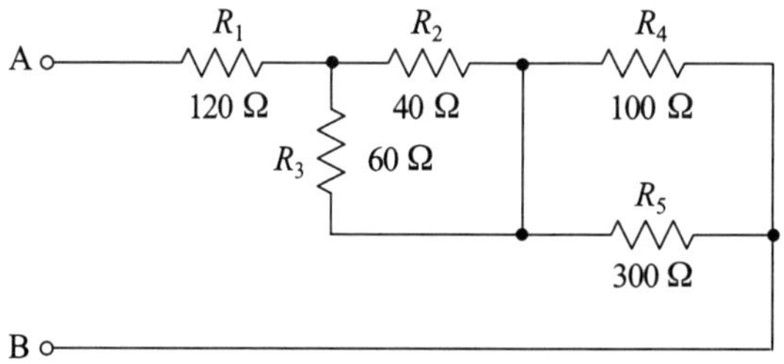

▌그림 2–39▐

[답] 219 Ω

15. 그림 2−40에서 전체 합성 저항 R_T를 구하라.

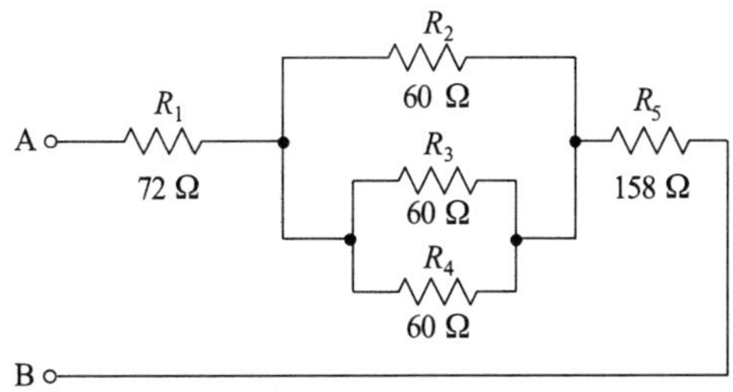

| 그림 2−40 |

[답] 250 Ω

16. 그림 2−40에 25 V의 전원을 인가하였을 때 흐르는 전체전류 I_T를 구하라.

[답] 0.1 A

17. 20 Ω, 30 Ω, 50 Ω의 저항 3개가 15 V의 전원과 직렬로 연결되어 있다. 각 저항에서의 전압강하를 구하라.

[답] $V_1 = 3$ V
$V_2 = 4.5$ V
$V_3 = 7.5$ V

18. 그림 2-41의 회로에서 각 저항을 통해 흐르는 전류를 구하라.

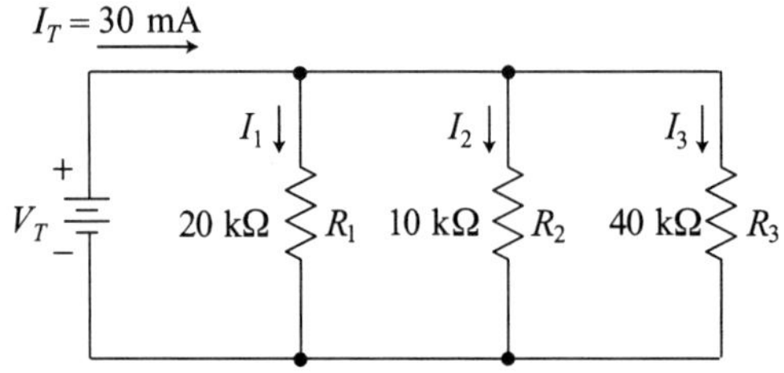

❙ 그림 2-41 ❙

[답] $I_1 = 8.57$ mA

$I_2 = 17.14$ mA

$I_3 = 4.29$ mA

제 3 장
회로망 정리

3.1 중첩의 원리

중첩의 원리는 모든 회로망 정리의 기본이 되며 회로망 해석에 널리 이용되고 있다. 여러 개의 전원을 포함하는 회로망에서 회로 내의 임의의 점에 흐르는 전류(또는 임의의 두 점 사이의 전압)는 각 전원이 개별적으로 작용할 때, 그 점에 흐르는 전류(또는 두 점 사이의 전압)를 합한 것과 같다.

이 때 각 전원을 개별적으로 작용시키는 방법은 한번에 하나의 전원을 선택하고, 그 전원을 제외한 나머지 다른 전원들을 모두 제거시키는 것이다. 전원을 제거시키는 방법은 전압원 또는 전류원을 그 내부저항으로 대체시키면 된다. 특히 이상적인 경우 전압원의 내부저항은 0 Ω이므로 단락시키고, 전류원의 내부저항은 무한대이므로 개방시킨다.

예를 들어 그림 3-1과 같은 회로에 중첩의 원리를 단계별로 적용시켜, 저항 R_2에 흐르는 전류 I를 구하는 과정을 살펴보면 다음과 같다.

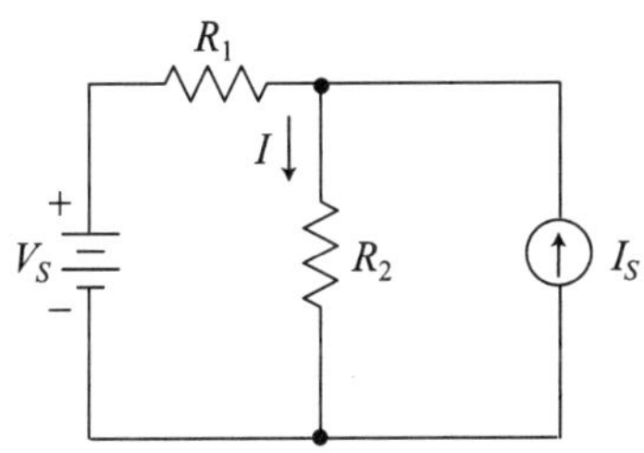

▌그림 3-1▐ 전압원과 전류원을 갖는 회로

[단계 1] 먼저 전압원 V_S만에 의한 전류를 구하기 위해 전류원 I_S를 개방시키면, 그림 3-2(a)와 같은 회로를 얻을 수 있다.

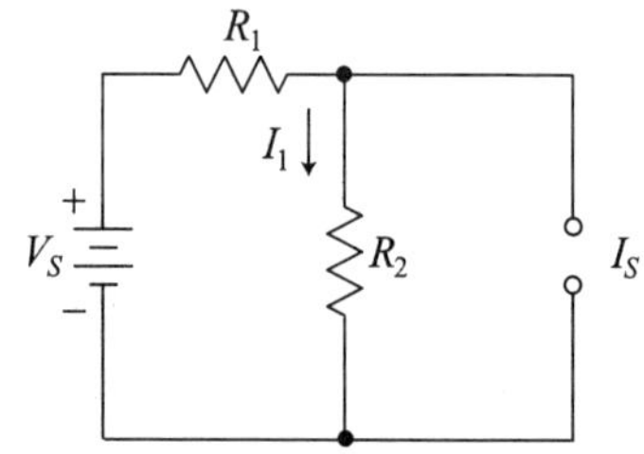

▌그림 3-2(a)▐

[단계 2] 전압원 V_S에 의한 전류 I_1을 구한다.

$$I_1 = \frac{V_S}{R_1 + R_2} \tag{3-1}$$

[단계 3] 다음으로 전류원 I_S만에 의한 전류를 얻기 위해 전압원 V_S를 단락시킨다.

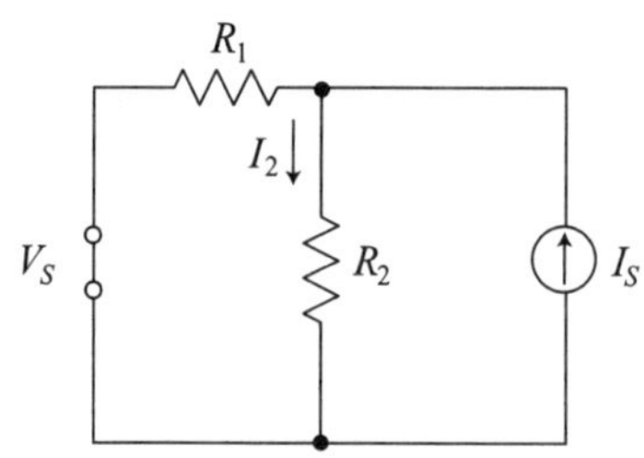

▌그림 3-2(b)▐

[단계 4] 전류원 I_S에 의한 전류 I_2를 구한다.

$$I_2 = \left(\frac{R_1}{R_1 + R_2}\right) I_S \tag{3-2}$$

[단계 5] 2개의 전원이 동시에 작용할 때 저항 R_2에 흐르는 전류 I를 구한다.

$$I = I_1 + I_2 \tag{3-3a}$$

$$= \frac{V_S}{R_1 + R_2} + \left(\frac{R_1}{R_1 + R_2}\right) I_S \tag{3-3b}$$

예제 3.1

그림 3-3의 회로에서 중첩의 원리를 적용하여 저항 R_2에 흐르는 전류 I를 구하라.

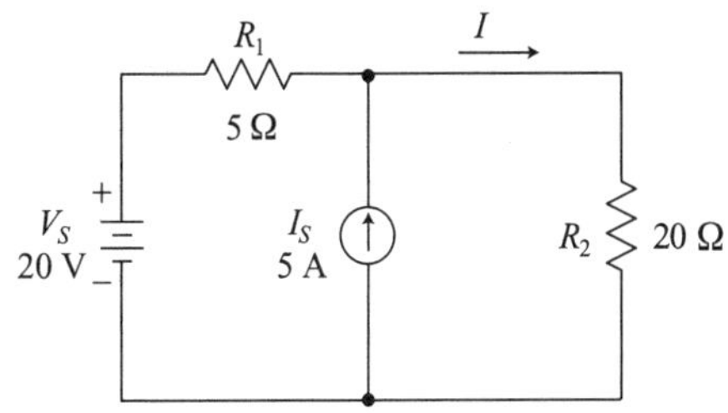

❙ 그림 3-3 ❙

[풀이]

먼저 전압원 V_S만에 의한 전류 I_1을 구하기 위해 전류원 I_S를 개방시키면, 그림 3-4(a)와 같은 회로를 얻을 수 있다.

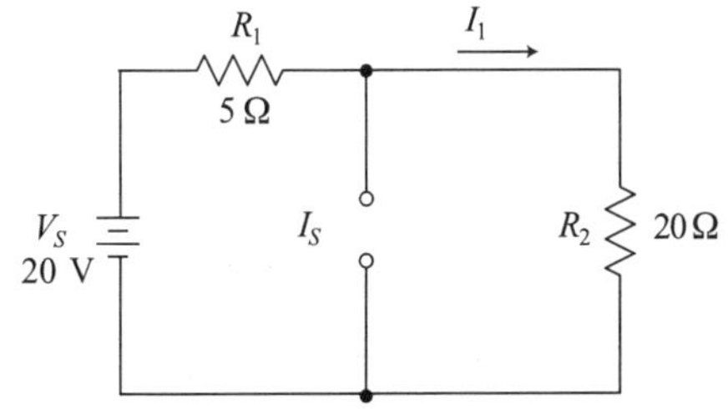

❙ 그림 3-4(a) ❙

그림 3−4(a)에서 전압원 V_S에 의한 전류 I_1을 구한다.

$$I_1 = \frac{V_S}{R_1 + R_2} = \frac{20\ \text{V}}{5\ \Omega + 20\ \Omega} = 0.8\ \text{A}$$

다음으로 전류원 I_S만에 의한 전류 I_2를 구하기 위해 전압원 V_S를 단락시키면, 그림 3−4(b)와 같은 회로를 얻을 수 있다.

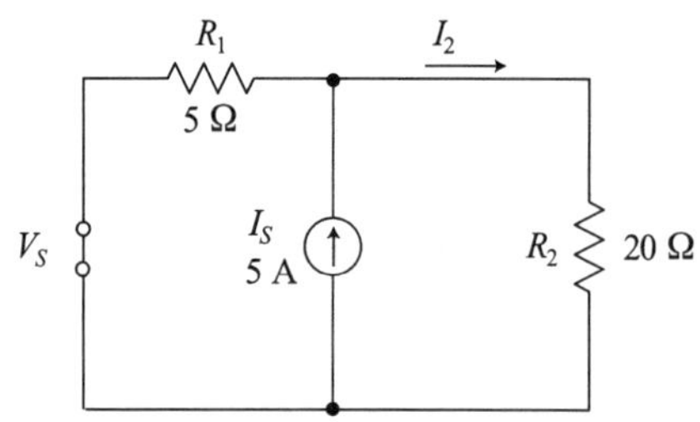

❙ 그림 3−4(b) ❙

그림 3−4(b)에서 전류원 I_S에 의한 전류 I_2를 구한다.

$$I_2 = \left(\frac{R_1}{R_1 + R_2}\right) I_S = \left(\frac{5\Omega}{5\Omega + 20\Omega}\right) 5\ \text{A} = 1\ \text{A}$$

그러면 전압원 V_S와 전류원 I_S가 동시에 작용할 때 흐르는 전류 I는 I_1과 I_2의 합이 된다.

$$I = I_1 + I_2 = 0.8\ \text{A} + 1\ \text{A} = 1.8\ \text{A}$$

요 약

1. 중첩의 원리에 의하면 여러 개의 전원을 포함하는 회로망에서 회로 내의 임의의 점에 흐르는 전류(또는 임의의 두 점 사이의 전압)는, 각 전원이 개별적으로 작용할 때 그 점에 흐르는 전류(또는 두 점 사이의 전압)를 합한 것과 같다.
2. 전원을 제거시키는 방법은 전압원 또는 전류원을 그 내부저항으로 대체시키면 된다.

3.2 테브난의 정리

테브난의 정리에 의하면 그림 3-5(b)에 나타낸 것과 같이 일반적인 선형 능동회로망을 전압원 V_{TH}와 저항 R_{TH}가 직렬로 연결된 회로로 대체할 수 있다. 여기서 전압원 V_{TH}는 회로망의 단자 a, b를 개방했을 때, a, b 사이에 나타나는 전압과 같다. 그리고 저항 R_{TH}는 회로망 내의 모든 전원을 그 내부저항으로 대체(이상적인 경우 전압원은 단락, 전류원은 개방)한 후, 단자 a, b에서 회로망쪽을 본 저항이다.

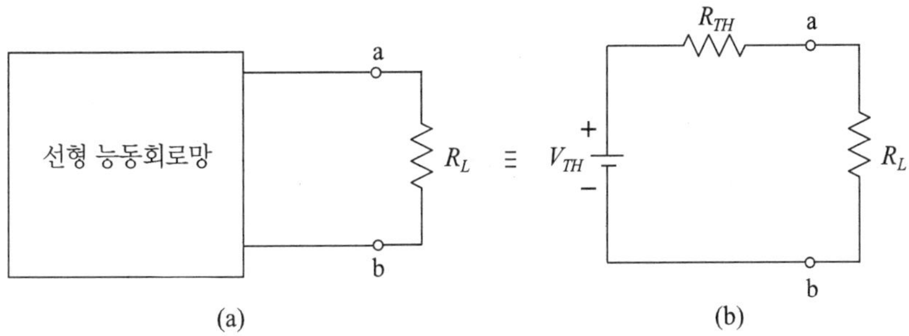

❙그림 3-5❙ 테브난의 등가회로

위에서 설명한 테브난의 정리를 단계별로 적용시키면 다음과 같다.

[단계 1] 먼저 테브난의 등가회로를 구하고자 하는 회로망의 단자 a, b를 개방시킨다.

[단계 2] 개방된 단자 a, b 사이의 전압 V_{TH}를 구한다.

[단계 3] 다음으로 회로망 내의 모든 전원을 그 내부저항으로 대체한 후, 단자 a, b에서 회로망쪽을 본 저항 R_{TH}를 구한다.

[단계 4] 위에서 구한 전압원 V_{TH}와 저항 R_{TH}를 직렬로 연결시켜 단자 a, b에서의 테브난의 등가회로를 구한다.

[단계 5] 단자 a, b 사이에 부하저항 R_L을 연결한 후 부하전압과 전류를 계산한다.

예제 3.2

그림 3-6의 회로에 대하여 R_L에서 왼쪽으로 본 테브난의 등가회로를 구하라.

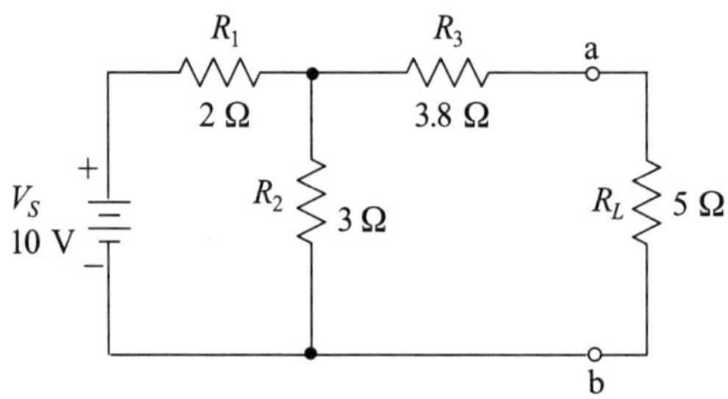

❙그림 3-6❙

[풀이]

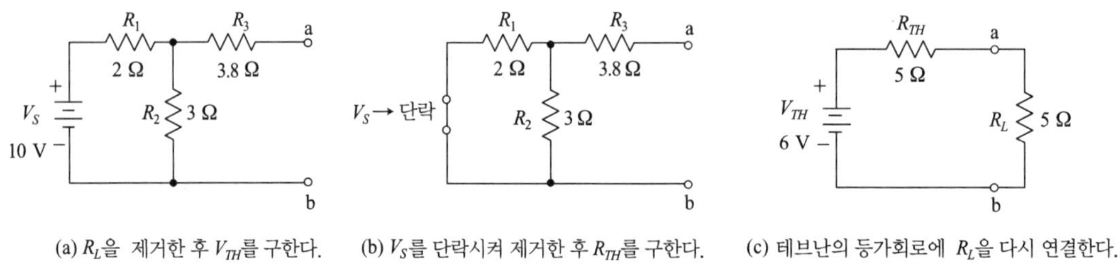

❙그림 3-7❙ 그림 3-6에 대한 테브난의 정리의 단계별 적용

[단계 1] 그림 3-6에서 부하저항 R_L을 개방시켜, 그림 3-7(a)와 같은 회로를 구한다.

[단계 2] 그림 3-7(a)에서 개방된 단자 a, b 사이의 전압 V_{TH}를 구한다.

$$V_{TH}=\left(\frac{R_2}{R_1+R_2}\right)V_S=\left(\frac{3\ \Omega}{2\ \Omega+3\ \Omega}\right)10\ \text{V}=6\ \text{V}$$

[단계 3] 그림 3-7(b)와 같이 회로망 내의 전압원을 단락시킨 후, 단자 a, b에서 회로망쪽을 본 저항 R_{TH}를 구한다.

$$R_{TH}=R_1//R_2+R_3=(2\ \Omega//3\ \Omega)+3.8\ \Omega=5\ \Omega$$

[단계 4] 그림 3-7(c)와 같이 전압원 V_{TH}와 저항 R_{TH}를 직렬로 연결시켜 테브난의 등가회로를 구한다.

요 약

1. 테브난의 정리에 의하면 선형 능동회로망을 하나의 등가전압원과 하나의 등가저항이 직렬로 연결된 회로로 대체할 수 있다.
2. 테브난의 등가전압원은 회로망의 임의의 단자를 개방했을 때, 그 단자 양단에 나타나는 전압과 같다.
3. 테브난의 등가저항은 회로망 내의 모든 전원을 그 내부저항으로 대체한 후 개방된 단자에서 회로망쪽을 본 저항이다.

3.3 노톤의 정리

노톤의 정리에 의하면 일반적인 선형 능동회로망을 그림 3-8(b)에 나타낸 것과 같이, 하나의 전류원 I_N과 하나의 저항 R_N이 병렬로 연결된 회로로 대체할 수 있다. 여기서 전류원 I_N은 회로망의 단자 a, b를 단락했을 때 흐르는 전류와 같다. 그리고 저항 R_N은 회로망 내의 모든 전원을 그 내부저항으로 대체(이상적인 경우 전압원은 단락, 전류원은 개방)한 후, 개방된 단자 a, b에서 회로망쪽을 본 저항이다.

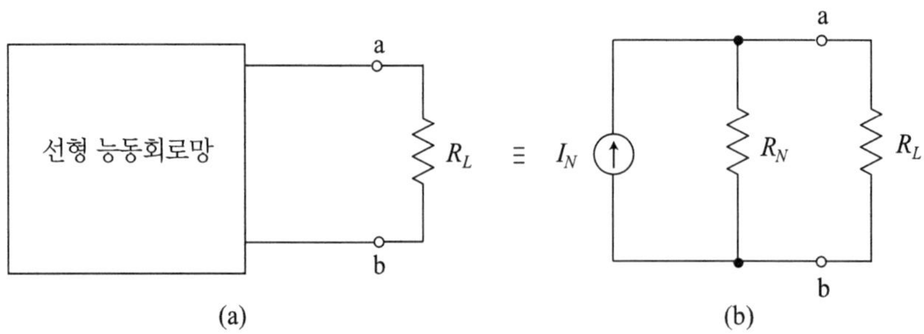

▌그림 3-8▌ 노톤의 등가회로

위에서 설명한 노톤의 정리를 단계별로 적용시키면 다음과 같다.

[단계 1] 먼저 노톤의 등가회로를 구하고자 하는 회로망의 단자 a, b를 단락시킨다.

[단계 2] 단락된 단자 a, b를 통해 흐르는 전류 I_N을 구한다.

[단계 3] 다음으로 회로망 내의 모든 전원을 그들의 내부저항으로 대체한 후, 개방된 단자 a, b에서 회로망 쪽을 본 저항 R_N을 구한다.

[단계 4] 위에서 구한 전류원 I_N과 저항 R_N을 병렬로 연결시켜 단자 a, b에서 노톤의 등가회로를 구한다.

[단계 5] 단자 a, b 사이에 부하저항 R_N을 연결한 후 부하전압과 전류를 계산한다.

예제 3.3

그림 3-9의 회로에 대해 R_L에서 왼쪽으로 본 노톤의 등가회로를 구하라.

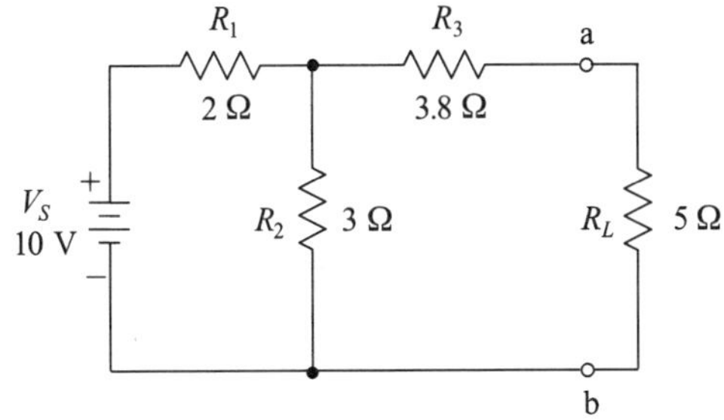

▎그림 3-9▎

[풀이]

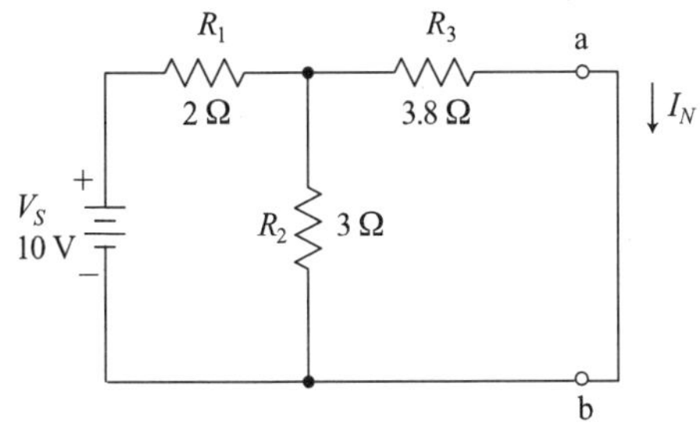

(a) 단자 a, b를 단락시킨 후 I_N을 구한다.

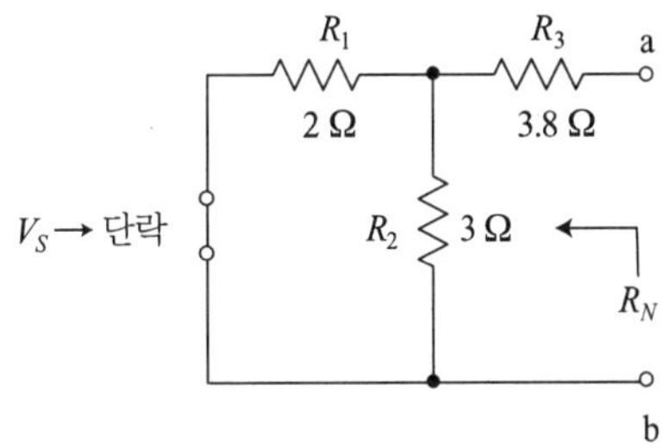

(b) 단자 a, b를 개방시키고 V_S를 단락시킨 후 R_N을 구한다.

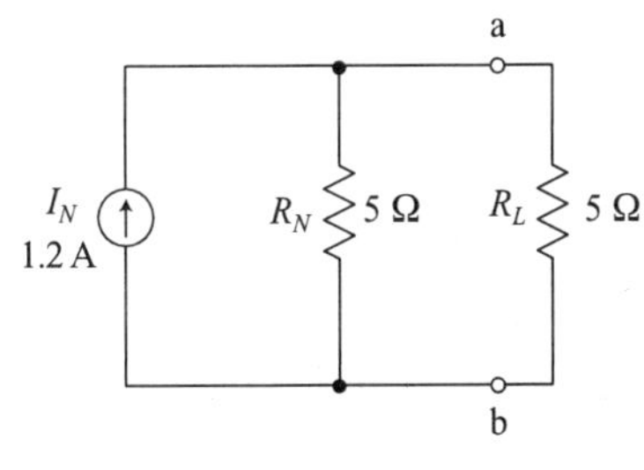

(b) 노톤의 등가회로에 R_L을 다시 연결시킨다.

▎그림 3-10▎ 그림 3-9에 대한 노톤의 정리의 단계별 적용

[단계 1] 그림 3−10(a)에서와 같이 단자 a, b를 단락시킨다.

[단계 2] 단락된 단자를 통해 흐르는 전류 I_N을 구하면 다음과 같다.

$$I_N = \left(\frac{V_S}{R_1 + R_2 // R_3}\right)\left(\frac{R_2}{R_2 + R_3}\right)$$
$$= \left(\frac{10\ \text{V}}{2\ \Omega + 3\ \Omega // 3.8\ \Omega}\right)\left(\frac{3\ \Omega}{3\ \Omega + 3.8\ \Omega}\right)$$
$$= 1.2\ \text{A}$$

[단계 3] 그림 3−10(b)에서와 같이 단자 a, b를 개방시키고 회로망 내의 전압원 V_S를 단락시킨 후, 단자 a, b에서 회로망 쪽을 본 저항 R_N을 구한다.

$$R_N = (R_1 // R_2) + R_3 = (2\ \Omega // 3\ \Omega) + 3.8\ \Omega = 5\ \Omega$$

[단계 4] 그림 3−10(c)와 같이 전류원 I_N과 저항 R_N을 병렬로 연결시켜 노톤의 등가회로를 구한다.

[단계 5] 단자 a, b 사이에 부하저항 R_L을 연결한 후 부하전류와 전압을 계산한다.

$$I_L = \left(\frac{R_N}{R_N + R_L}\right) I_N = \left(\frac{5\ \Omega}{5\ \Omega + 5\ \Omega}\right) 1.2\ \text{A} = 0.6\ \text{A}$$
$$V_L = I_L R_L = (0.6\ \text{A})(5\ \Omega) = 3\ \text{V}$$

요 약

1. 노톤의 정리에 의하면 선형 능동회로망을 하나의 등가전류원과 하나의 저항이 병렬로 연결된 회로로 대체할 수 있다.

2. 노톤의 등가전류원은 회로망의 임의의 단자를 단락했을 때, 그 단자를 통해 흐르는 전류와 같다.

3. 노톤의 등가저항은 회로망 내의 모든 전원을 그들의 내부저항으로 대체한 후, 개방된 단자에서 회로망쪽을 본 저항이다.

3.4 등가회로의 변환

앞에서 설명한 테브난의 등가회로와 노톤의 등가회로는 서로 등가적으로 변환이 가능하다. 이를 간단히 설명하면 다음과 같다.

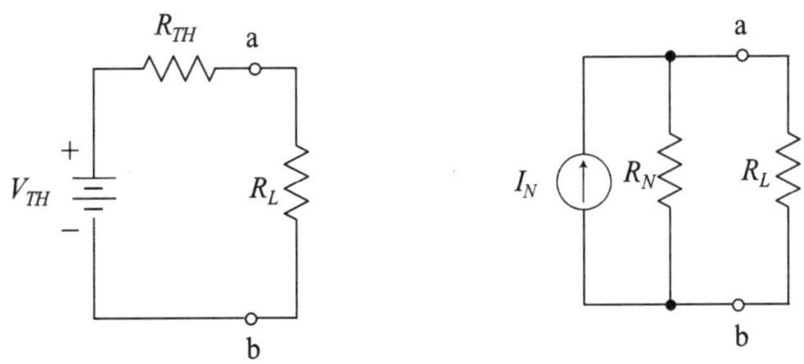

(a) (b)

▌그림 3-11▐

그림 3-11(a)의 테브난의 등가회로에 노톤의 정리를 적용하면, 그림 3-11(b)와 같이 전류원 I_N과 저항 R_N의 병렬회로로 변환시킬 수 있다.

여기서 전류 I_N은 테브난의 등가회로에서 단자 a, b를 단락시켰을 때 흐르는 전류이므로,

$$I_N = \frac{V_{TH}}{R_{TH}} \tag{3-4}$$

이다. 또한 저항 R_N은 테브난의 등가회로에서 전압원 V_{TH}를 단락시킨 후, 개방된 단자 a, b에서 회로망쪽을 본 저항이므로

$$R_N = R_{TH} \tag{3-5}$$

이다.

유사한 방법으로 그림 3-11(b)의 노톤의 등가회로에 테브난의 정리를 적용하면 그림 3-11(a)와 같이 전압원 V_{TH}와 저항 R_{TH}의 직렬회로로 변환시킬 수 있다.

여기서 전압 V_{TH}는 노톤의 등가회로에서 단자 a, b를 개방시켰을 때 a, b 사이에 나타나는 전압이므로

$$V_{TH} = I_N R_N \tag{3-6}$$

이다.

또한 저항 R_{TH}는 노톤의 등가회로에서 전류원 I_N을 개방시킨 후, 단자 a, b에서 회로 망쪽을 본 저항이므로

$$R_{TH} = R_N \tag{3-7}$$

이다.

예제 3.4

그림 3-12의 테브난의 등가회로를 노톤의 등가회로로 변환하라.

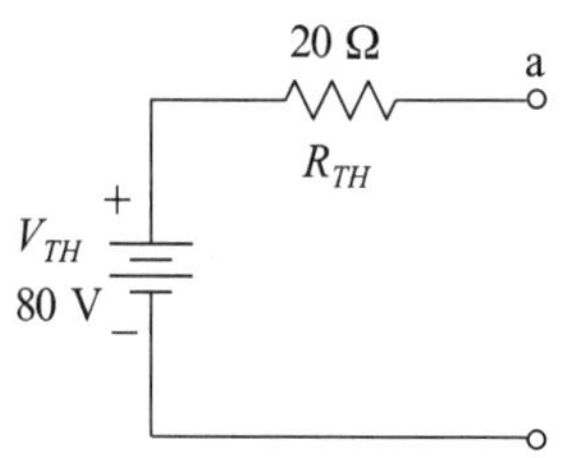

| 그림 3-12 |

[풀이]

단자 a, b를 단락시켰을 때 흐르는 전류 I_N을 구하면

$$I_N = \frac{V_{TH}}{R_{TH}} = \frac{80\ \text{V}}{20\ \Omega} = 4\ \text{A}$$

전압원 V_{TH}를 단락시켰을 때 단자 a, b에서의 저항 R_N은

$$R_N = R_{TH} = 20\ \Omega$$

전류원 I_N과 저항 R_N에 의한 노톤의 등가회로는 그림 3-13과 같다.

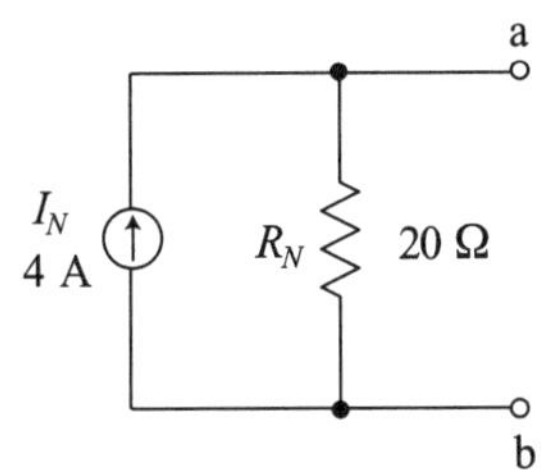

❙그림 3-13❙

요 약

1. 테브난의 등가회로와 노톤의 등가회로는 서로 등가적으로 변환이 가능하다.

3.5 최대전력 전달

그림 3-14(a)와 같은 선형 능동회로망에서 부하저항에 최대전력이 전달되는 조건을 생각해 보자. 편의상 단자 a, b의 왼쪽을 그림 3-14(b)와 같은 테브난의 등가회

로로 대체하고 R_L만을 변화시켰을 때, 부하에 최대전력이 전달되는 조건을 구해 보자. 이 회로에서 부하저항 R_L을 통해 흐르는 전류 I는 다음과 같다.

$$I = \frac{V_S}{R_S + R_L} \tag{3-8}$$

부하저항 R_L에서의 전력은

$$P_L = I^2 R_L = \frac{V_S^2 R_L}{(R_S + R_L)^2} \tag{3-9}$$

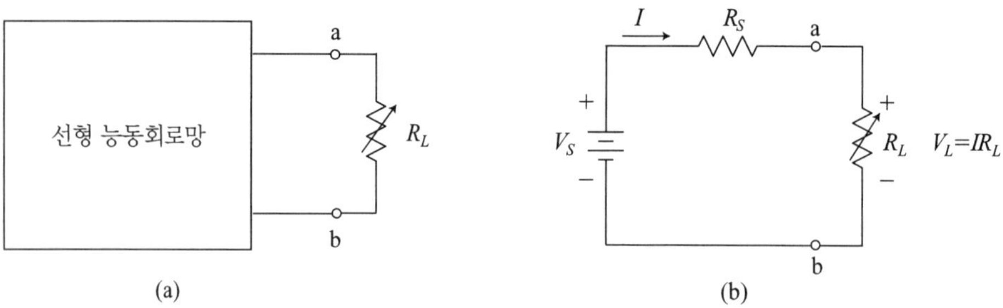

▌그림 3-14▌ 최대전력 전달

여기서 전력 P_L은 부하저항 R_L에 따라 변화된다. 이 때 P_L이 최대가 되는 R_L의 값을 구하려면, $\partial P_L / \partial R_L = 0$이면 된다.

$$\frac{\partial P_L}{\partial R_L} = \left(\frac{R_s^2 - R_L^2}{(R_s + R_L)^4} \right) V_s^2 = 0 \tag{3-10}$$

따라서

$$R_L = R_S \tag{3-11}$$

즉 $R_L = R_S$일 때 전원에서 부하로 최대전력이 전달된다. 이것을 최대전력 전달 조건이라 한다.

그리고 식 (3-9)에 $R_L = R_S$를 대입하면 부하에 공급되는 최대전력 $P_{L(\max)}$은

$$P_{L(\max)} = \frac{V_S^2}{4R_L} = \frac{V_S^2}{4R_S} \tag{3-12}$$

가 된다. 부하가 어떻게 조절되더라도 전원으로부터 최대전력 이상은 전달되지 않으므로, 이 $P_{L(\max)}$를 전원의 가용전력(available power)이라 부르기도 한다.

예제 3.5

그림 3-15의 회로에서 부하저항이 (a) 50 Ω, (b) 100 Ω일 때 부하에 공급되는 전력을 구하라.

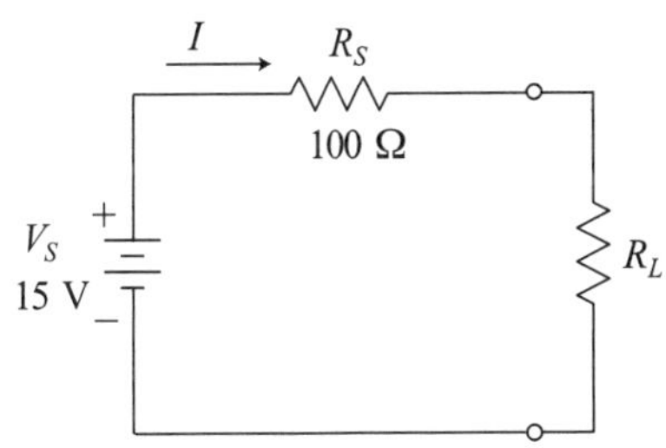

❙그림 3-15❙

[풀이]

(a) $R_L = 50$ Ω일 경우

$$I = \frac{V_S}{R_S + R_L} = \frac{15\text{ V}}{100\ \Omega + 50\ \Omega} = 100\ \text{mA}$$

$$P_L = I^2 R_L = (0.1\text{A})^2 (50\ \Omega) = 500\ \text{mW}$$

(b) $R_L = 100\ \Omega$일 경우

$$I = \frac{V_S}{R_S + R_L} = \frac{15\text{ V}}{100\ \Omega + 100\ \Omega} = 75\ \text{mA}$$

$$P_L = I^2 R_L = (0.075\text{ A})^2 (100\ \Omega) = 562.5\ \text{mW}$$

이 때의 전력은 전원으로부터 부하로 전달되는 최대전력이다.

요 약

1. 최대전력 전달 조건에 의하면 부하저항이 전원의 내부저항과 같을 때, 전원으로부터 부하로 최대전력이 전달된다.
2. 부하저항이 전원의 내부저항과 같을 때, 전원으로부터 부하에 공급되는 전력을 전원의 가용전력이라 한다.

3.6 밀만의 정리

밀만의 정리는 회로망 내에 여러 개의 전압원이 병렬로 접속되어 있는 경우, 하나의 등가전압원으로 변환시키기 위해 사용한다. 그림 3-16(a)와 같이 내부저항을 갖는 전압원이 n개 병렬로 접속되어 있을 때, 단자 a, b, 사이에 나타나는 전압 V_{ab}는 다음과 같다.

$$V_{ab}=\frac{\dfrac{V_1}{R_1}+\dfrac{V_2}{R_2}+\cdot\cdot\cdot\cdot+\dfrac{V_n}{R_n}}{\dfrac{1}{R_1}+\dfrac{1}{R_2}+\cdot\cdot\cdot\cdot+\dfrac{1}{R_n}} \qquad (3-13)$$

이것을 밀만의 정리라 한다.

식 (3–13)이 어떻게 유도되는가 살펴보면 다음과 같다. 먼저 그림 3–16(a)에 나타낸 바와 같이 병렬로 접속된 n개의 전압원은, 노톤의 정리에 의해 그림 3–16(b)와 같이 병렬로 접속된 n개의 전류원으로 바꿀 수 있다. 또한 이 회로를 간략화하면 그림 3–16(c)와 같이 나타낼 수 있다. 여기서 전체전류 I_T는 다음 식과 같이 각 병렬 지로전류의 합으로 나타난다.

$$I_T=I_1+I_2+\cdot\cdot\cdot\cdot+I_n=\frac{V_1}{R_1}+\frac{V_2}{R_2}+\cdot\cdot\cdot\cdot+\frac{V_n}{R_n} \qquad (3-14)$$

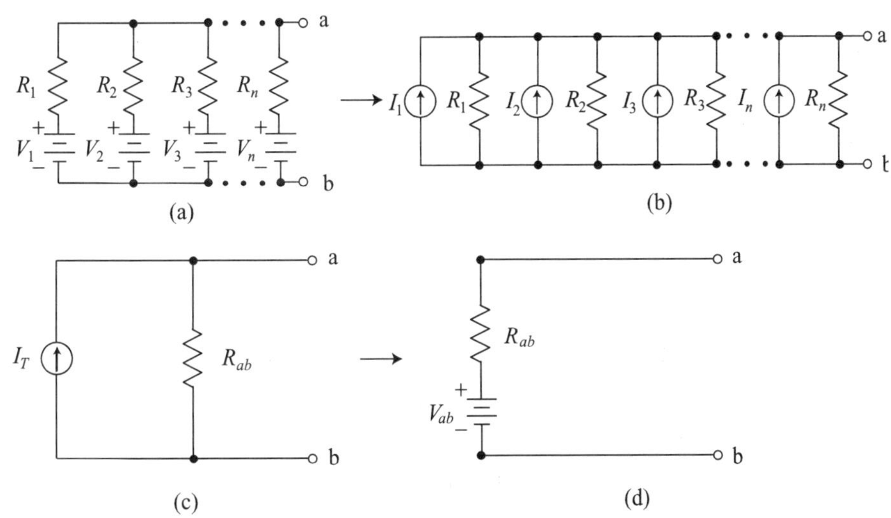

❙그림 3–16❙ 밀만의 정리

그리고 그림 3-16(b)에서 모든 전류원을 개방시킨 후, 단자 a, b 사이의 등가 컨덕턴스 G_{ab} 및 등가 저항 R_{ab}를 구하면 다음과 같다.

$$G_{ab} = G_1 + G_2 + \cdots + G_n = \frac{1}{R_1} + \frac{1}{R_2} + \cdots + \frac{1}{R_n} = \frac{1}{R_{ab}} \quad (3-15)$$

$$R_{ab} = \frac{1}{\frac{1}{R_1} + \frac{1}{R_2} + \cdots + \frac{1}{R_n}} \quad (3-16)$$

이를 등가회로로 나타내면 그림 3-16(c)와 같고, 이 회로를 다시 테브난의 등가회로로 변환하면 그림 3-16(d)와 같다.

단자 a, b 사이의 전압 V_{ab}는 $I_T R_{ab}$이므로, 식 (3-14)와 식 (3-16)을 이용하면 V_{ab}는 위의 식 (3-13)과 같게 된다.

예제 3.6

그림 3-17의 회로에서 밀만의 정리를 이용하여 부하저항 R_L 양단의 전압과 R_L을 통해 흐르는 전류를 구하라.

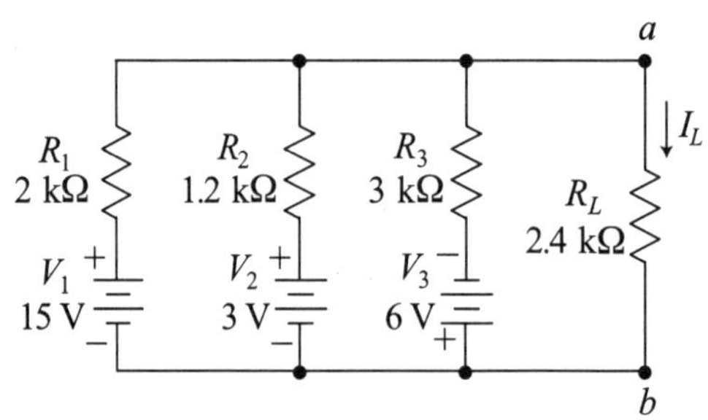

❙그림 3-17❙

[풀이]

밀만의 정리를 이용하여 등가저항 R_{ab} 및 등가전압원 V_{ab}를 구하면

$$R_{ab}=\frac{1}{\frac{1}{R_1}+\frac{1}{R_2}+\frac{1}{R_3}}=\frac{1}{\frac{1}{2\ \mathrm{k\Omega}}+\frac{1}{1.2\ \mathrm{k\Omega}}+\frac{1}{3\ \mathrm{k\Omega}}}=600\ \Omega$$

$$V_{ab}=\frac{\frac{V_1}{R_1}+\frac{V_2}{R_2}+\frac{V_3}{R_3}}{\frac{1}{R_1}+\frac{1}{R_2}+\frac{1}{R_3}}=\frac{\frac{15\ \mathrm{V}}{2\ \mathrm{k\Omega}}+\frac{3\ \mathrm{V}}{1.2\ \mathrm{k\Omega}}+\frac{-6\ \mathrm{V}}{3\ \mathrm{k\Omega}}}{\frac{1}{2\ \mathrm{k\Omega}}+\frac{1}{1.2\ \mathrm{k\Omega}}+\frac{1}{3\ \mathrm{k\Omega}}}=4.8\ \mathrm{V}$$

부하저항 R_L 양단의 전압 V_L 및 부하저항을 통해 흐르는 전류 I_L은

$$V_L=\left(\frac{R_L}{R_{ab}+R_L}\right)V_{ab}=\left(\frac{2.4\ \mathrm{k\Omega}}{0.6\ \mathrm{k\Omega}+2.4\ \mathrm{k\Omega}}\right)4.8\ \mathrm{V}=3.84\ \mathrm{V}$$

$$I_L=\frac{V_L}{R_L}=\frac{3.84\ \mathrm{V}}{2.4\ \mathrm{k\Omega}}=1.6\ \mathrm{mA}$$

요 약

1. 밀만의 정리는 여러 개의 전원이 동시에 존재하는 회로 내의 임의의 두 점 사이의 전압을 구하는 데 유용하게 이용된다.

연습문제

1. 그림 3-18의 회로에서 중첩의 원리를 이용하여 R_2에 흐르는 전류 I를 구하라.

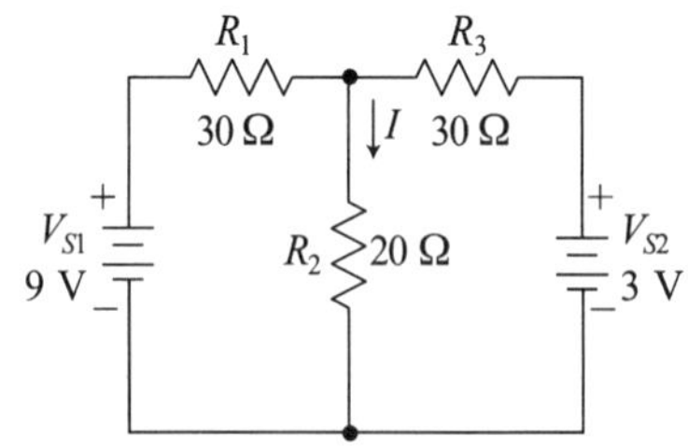

▌그림 3-18▐

[답] 171.43 mA

2. 그림 3-19의 회로에 테브난의 정리를 적용하여 부하저항 R_L을 통해 흐르는 부하 전류 I_L을 구하라.

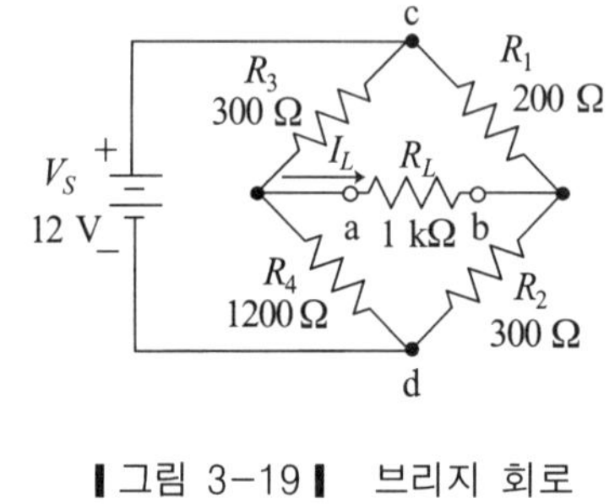

▌그림 3-19▐ 브리지 회로

[답] 1.76 mA

3. 그림 3-20에 표시된 회로에서 노톤의 등가회로와 부하전류 I_L을 구하라.

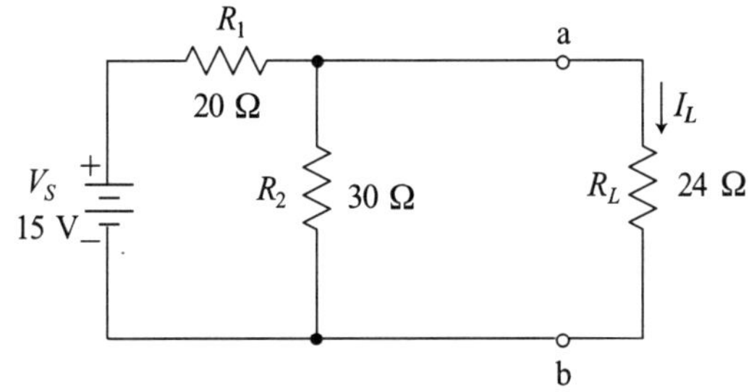

▌그림 3-20▐

[답] $I_L = 0.25 \text{ A}$

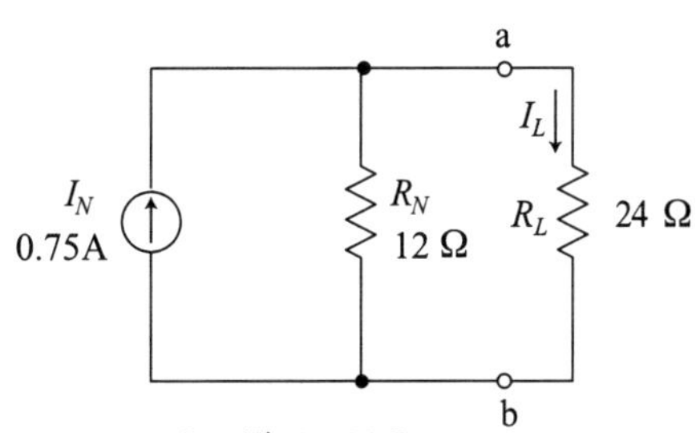

▌그림 3-21▐

4. 그림 3-22의 노톤의 등가회로를 테브난의 등가회로로 변환하라.

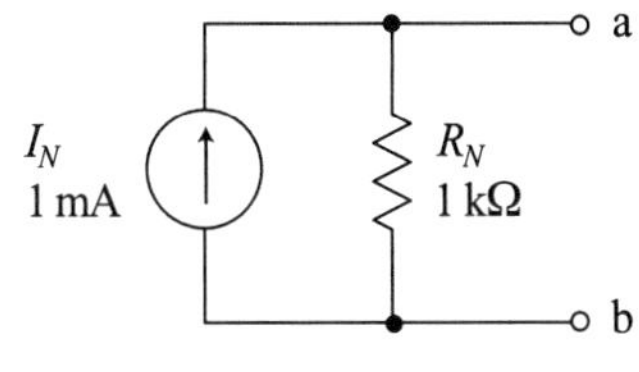

▌그림 3-22▐

[답]

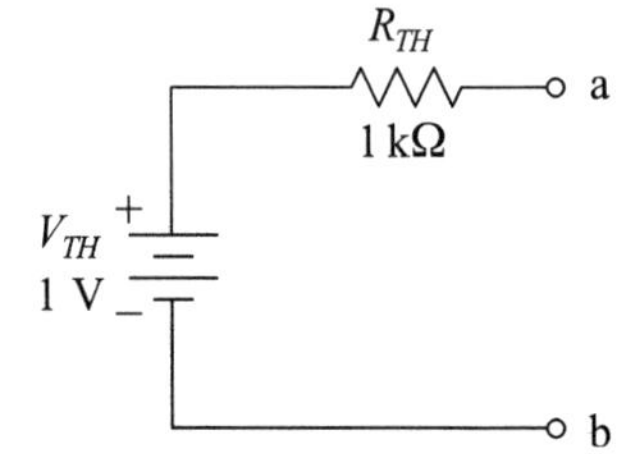

❙그림 3-23❙

5. 전원의 내부저항이 300 Ω이다. 최대전력이 전달되기 위한 부하저항은 얼마인가?

[답] 300 Ω

6. 그림 3-24의 회로에서 부하저항이 200 Ω일 경우 부하에 공급되는 전력을 구하라.

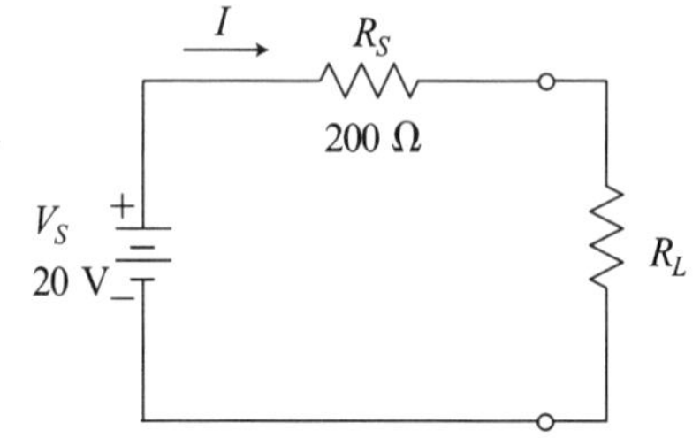

❙그림 3-24❙

[답] 500 mW

7. 밀만의 정리를 이용하여 그림 3−25의 회로를 해석하고 부하저항 R_L 양단의 전압 V_L를 구하라.

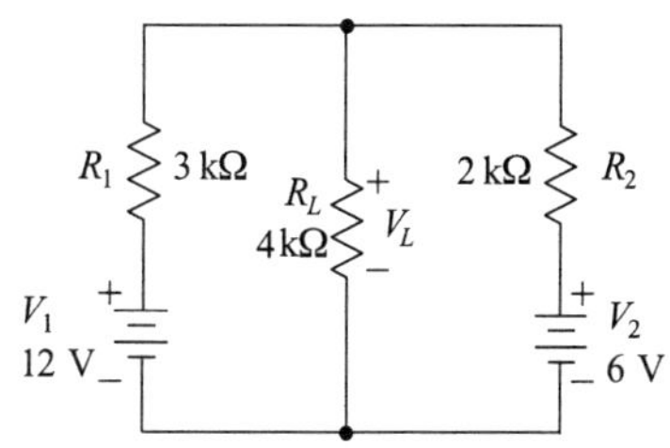

❙그림 3−25❙

[답] 6.46 V

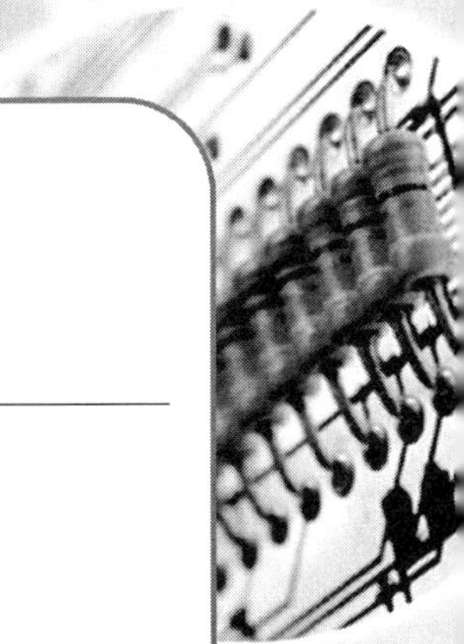

제 4 장
회로해석법

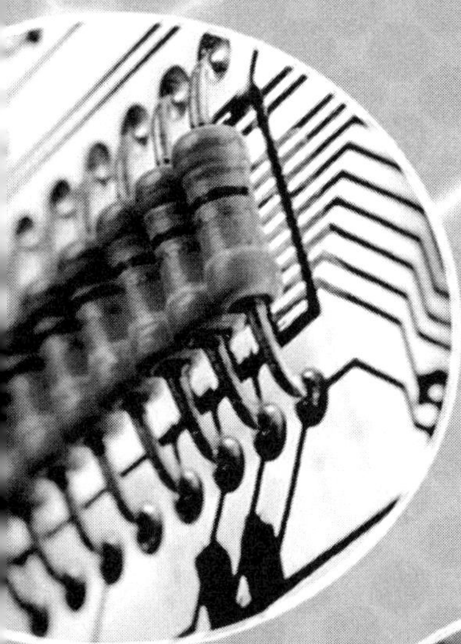

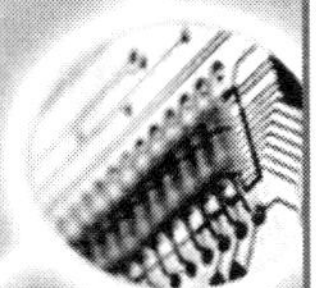

4.1 전압원

이상적인 전압원이란 부하의 크기에 관계없이 항상 일정한 전압을 공급하는 장치를 말한다. 그림 4-1(a)는 무부하시의 이상적인 전압원의 기호이고, 그림 4-1(b)는 부하시의 이상적인 전압원을 나타낸 것이다. 그림 4-1에서 단자 a와 b 사이의 출력전압은 부하저항의 크기에 관계없이 전압원 V_S와 같다.

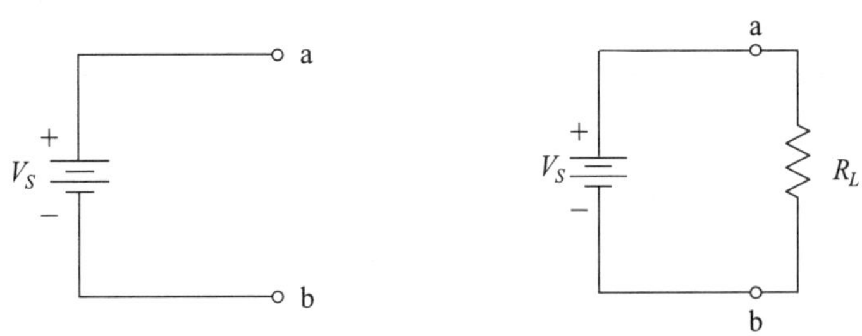

(a) 무부하 (b) 부하

❙그림 4-1❙ 이상적인 직류 전압원

실제로 모든 전압원은 어느 정도의 내부저항을 갖고 있다. 이것을 기호로 나타내면 그림 4-2와 같고 (a)는 무부하시, (b)는 부하시의 전압원을 나타낸 것이다.

실제 전압원은 테브난의 정리에 의해 그림 4-2에서와 같이 이상적인 전압원 V_S와 내부저항 R_S가 직렬로 연결된 것으로 나타낼 수 있다. 그림 4-2(b)에서 부하저항 R_L 양단의 전압 V_L은 다음과 같다.

$$V_L = \left(\frac{R_L}{R_S + R_L}\right) V_S \qquad (4-1)$$

여기서 $R_S \ll R_L$이면 $V_L \cong V_S$이다. 즉 내부저항 R_S가 부하저항 R_L보다 훨씬 작으면, 실제 전압원은 이상적인 전압원에 근접하게 된다. 참고로 이상적인 전압원의 내부저항은 0 Ω이다.

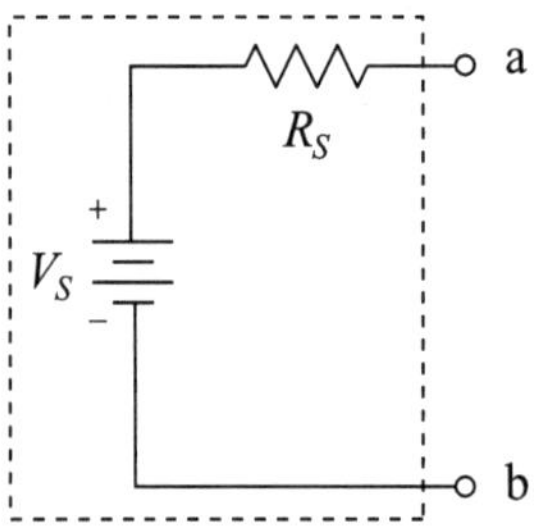

(a) 무부하

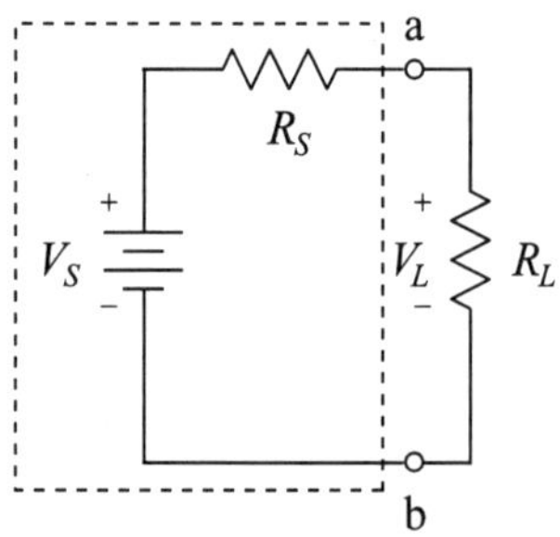

(b) 부하

▌그림 4-2▐ 실제 전압원

예제 4.1

그림 4-3에서 부하저항 R_L이 100 Ω 및 1 kΩ일 때 각각 부하전압 V_L을 구하라.

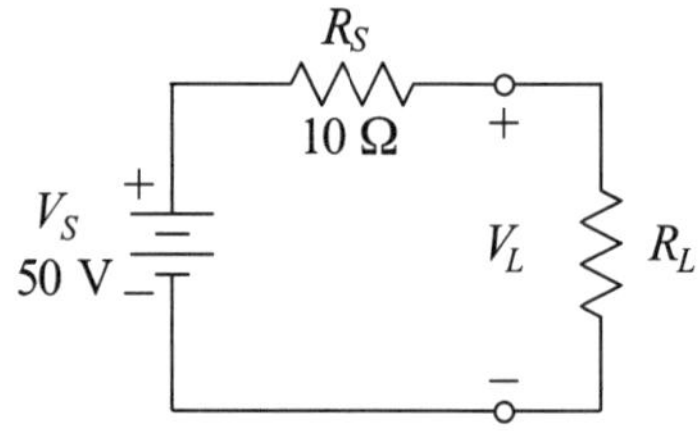

▌그림 4-3▐

[풀이]

(a) $R_L = 100\ \Omega$인 경우

$$V_L = \left(\frac{R_L}{R_S + R_L}\right)V_S = \left(\frac{100\ \Omega}{10\ \Omega + 100\ \Omega}\right)50\ \text{V} = 45.5\ \text{V}$$

(b) $R_L = 1\ \text{k}\Omega$인 경우

$$V_L = \left(\frac{R_L}{R_S + R_L}\right)V_S = \left(\frac{1\,\text{k}\Omega}{10\ \Omega + 1\,\text{k}\Omega}\right)50\ \text{V} = 49.5\ \text{V}$$

요 약

1. 이상적인 전압원이란 부하에 관계없이 항상 일정한 전압을 발생시키는 전압원을 말한다.
2. 이상적인 전압원의 내부저항은 0 Ω이다.

4.2 전류원

이상적인 전류원이란 부하의 크기에 관계없이 항상 일정한 전류를 공급하는 장치를 말한다. 그림 4-4(a)는 무부하시의 이상적인 전류원의 기호이고, 그림 4-4(b)는 부하시의 이상적인 전류원을 나타낸 것이다. 그림 4-4(b)에서 부하저항 R_L을 통해 흐르는 전류 I_L은 부하저항에 관계없이 전류원 I_S와 같다.

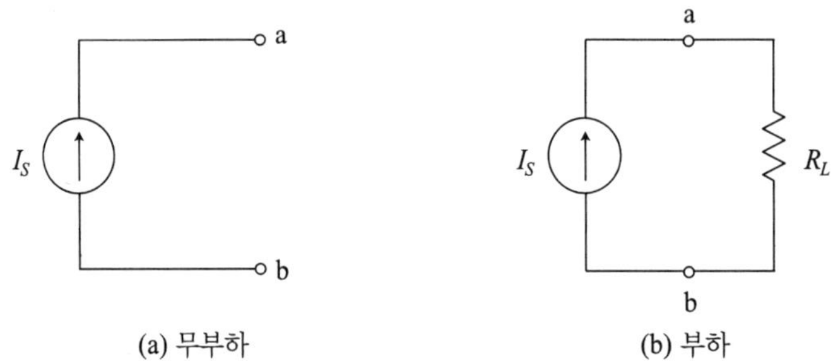

▌그림 4-4▐ 이상적인 직류 전류원

실제 전류원은 노톤의 정리에 의해 그림 4-5에서와 같이 이상적인 전류원 I_S와 내부저항 R_S가 병렬로 연결된 것으로 나타낼 수 있다. 여기서 부하저항 R_L을 통해 흐르는 전류 I_L은 다음과 같다.

$$I_L = \left(\frac{R_S}{R_S + R_L} \right) I_S \tag{4-2}$$

여기서 $R_S \gg R_L$이면 $I_L \cong I_S$이다. 즉 내부저항 R_S가 부하저항 R_L보다 훨씬 크면, 실제 전류원은 이상적인 전류원에 근접하게 된다. 참고로 이상적인 전류원의 내부저항은 ∞이다.

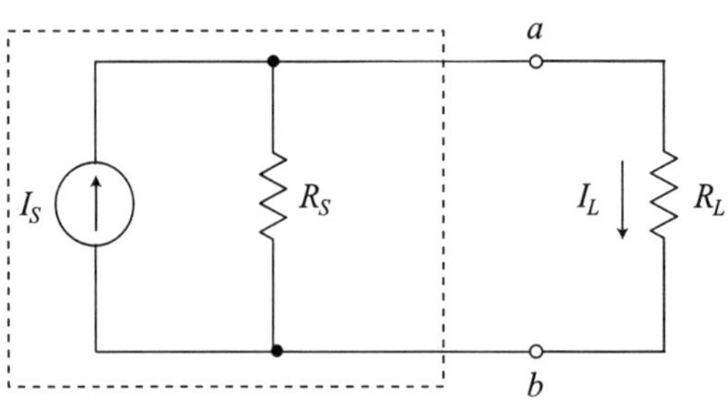

▌그림 4-5▐ 실제 전류원

예제 4.2

그림 4−6에서 부하저항 R_L이 100 Ω 및 100 kΩ일 때 각각 부하전류 I_L을 구하라.

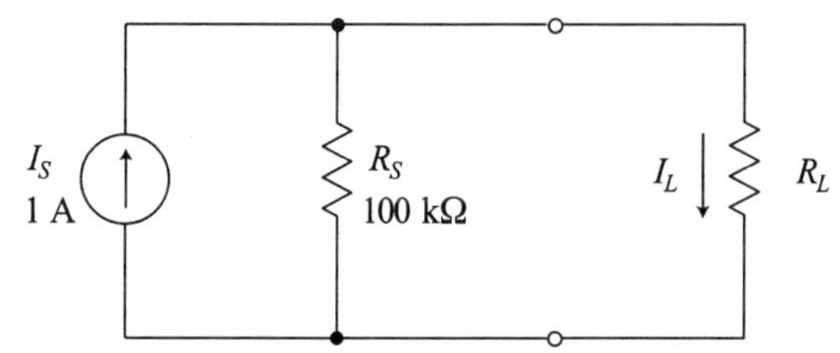

▌그림 4−6▐

[풀이]

(a) $R_L = 100$ Ω인 경우

$$I_L = \left(\frac{R_S}{R_S + R_L}\right) I_S = \left(\frac{100\ \text{k}\Omega}{100\ \text{k}\Omega + 100\ \Omega}\right) 1\ \text{A} \cong 1\ \text{A}$$

(b) $R_L = 100$ kΩ인 경우

$$I_L = \left(\frac{R_S}{R_S + R_L}\right) I_S = \left(\frac{100\ \text{k}\Omega}{100\ \text{k}\Omega + 100\ \text{k}\Omega}\right) 1\ \text{A} \cong 0.5\ \text{A}$$

요 약

1. 이상적인 전류원이란 부하에 관계없이 항상 일정한 전류를 흐르게 하는 전류원을 말한다.

2. 이상적인 전류원의 내부저항은 ∞이다.

4.3 Y-△(T-π) 회로의 변환

직병렬회로에서는 여러 개의 직렬 또는 병렬 저항을 하나의 등가저항으로 대체함으로써 회로를 간단히 할 수 있었다. 그러나 이러한 방법만으로는 해결되지 않는 회로가 있다. 그러한 회로 가운데 △(π)회로와 Y(T)회로는 상호 변환에 의해 보다 쉽게 해석할 수 있다. △회로와 Y회로의 변환은 브리지회로 해석이나 3상 전력계통 해석 등에 많이 사용된다.

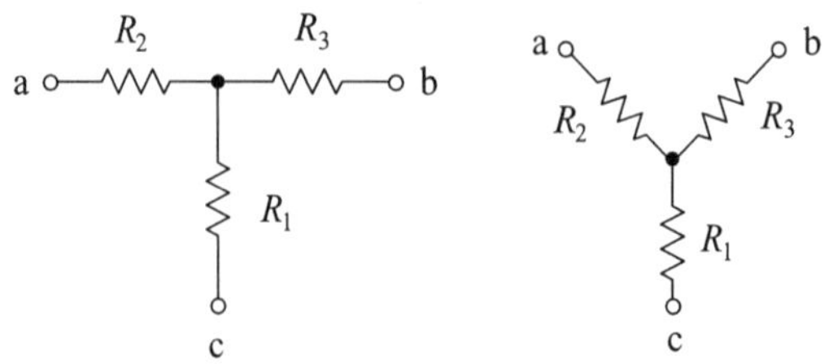

(a) T회로　　　(b) Y회로

▌그림 4-7▌ T회로와 Y회로

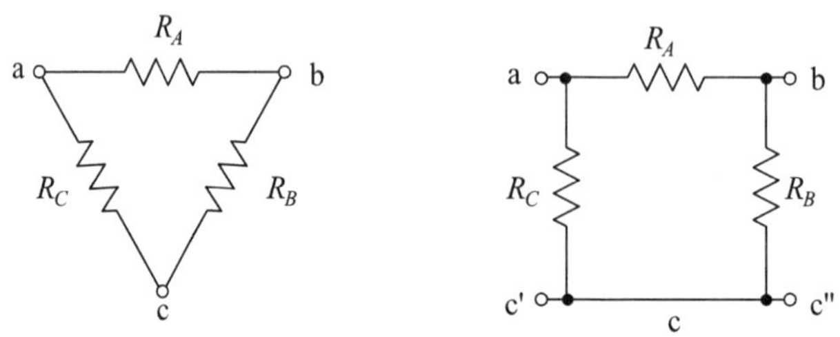

(a) △회로　　　(b) π회로

▌그림 4-8▌ △회로와 π회로

회로의 형태에 따라 그림 4-7과 같은 회로를 T 또는 Y회로라 부르고, 그림 4-8에 표시된 회로를 △(delta) 또는 π회로라 부른다. 이 절에서는 △회로를 Y회로로, Y회로를 △회로로 변환시키는 방법에 대해 배운다.

그림 4-9는 △회로에서의 저항을 R_A, R_B, R_C, Y회로에서의 저항을 R_1, R_2, R_3라 표시하고, △회로의 내부에 Y회로를 배치한 것이다.

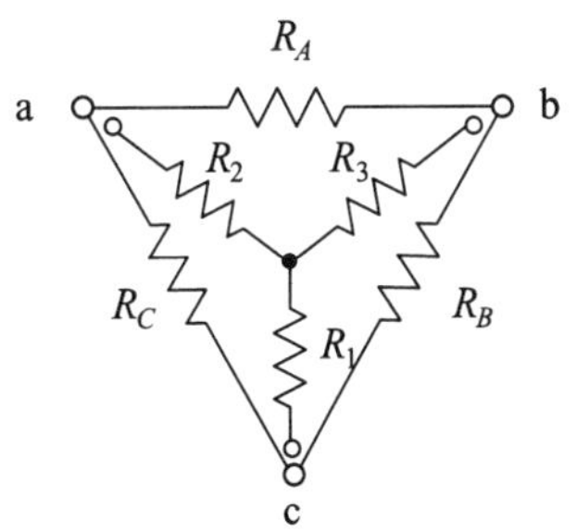

▌그림 4-9▌ △회로 내부에 Y회로 배치

그림 4-9의 △회로와 Y회로가 상호등가라면 대응하는 각각의 단자 사이의 저항은 서로 같아야 한다. 먼저 단자 a, b 사이의 저항을 R_{ab}라고 하자. Y회로에서는 R_2와 R_3가 직렬로 연결되어 있으므로

$$R_{ab} = R_2 + R_3 \tag{4-3}$$

이고, △회로에서는 $(R_B + R_C)$와 R_A가 병렬로 연결되어 있으므로

$$R_{ab} = (R_B + R_C) // R_A = \frac{(R_B + R_C)R_A}{(R_B + R_C) + R_A} \tag{4-4}$$

이다.

따라서 식 (4-3)과 식 (4-4)는 등가이므로 단자 a, b 사이의 저항 R_{ab}는

$$R_{ab} = R_2 + R_3 = \frac{(R_B + R_C)R_A}{(R_B + R_C) + R_A} \qquad (4-5a)$$

이다. 마찬가지 방법으로 단자 b, c 사이의 저항 R_{bc}와 단자 a, c 사이의 저항 R_{ac}는 각각 다음과 같이 나타낼 수 있다.

$$R_{bc} = R_1 + R_3 = \frac{(R_A + R_C)R_B}{(R_A + R_C) + R_B} \qquad (4-5b)$$

$$R_{ac} = R_1 + R_2 = \frac{(R_A + R_B)R_C}{(R_A + R_B) + R_C} \qquad (4-5c)$$

1. △-Y 변환

△회로를 Y회로로 변환시키기 위해서는 Y회로에서의 저항 R_1, R_2, R_3를 △회로에서의 저항 R_A, R_B, R_C로 나타내면 된다. 위의 식 (4–5a), (4–5b), (4–5c)를 이용하여 R_1, R_2, R_3를 구하면 다음과 같다.

$$R_1 = \frac{R_B R_C}{R_A + R_B + R_C} \qquad (4-6a)$$

$$R_2 = \frac{R_A R_C}{R_A + R_B + R_C} \qquad (4-6b)$$

$$R_3 = \frac{R_A R_B}{R_A + R_B + R_C} \qquad (4-6c)$$

이것을 요약하면 Y회로의 각 저항은, 그 저항에 인접한 △회로의 두 저항의 곱을 △회로의 세 저항의 합으로 나눈 것이다.

2. Y-△ 변환

Y회로를 △회로로 변환시키기 위해서는 △회로에서의 저항 R_A, R_B, R_C를 Y회로에서의 저항 R_1, R_2, R_3로 나타내면 된다. 위의 식 (4-6a), (4-6b), (4-6c)를 이용하여 R_A, R_B, R_C를 구하면 다음과 같다.

$$R_A = \frac{R_1R_2 + R_2R_3 + R_3R_1}{R_1} \tag{4-7a}$$

$$R_B = \frac{R_1R_2 + R_2R_3 + R_3R_1}{R_2} \tag{4-7b}$$

$$R_C = \frac{R_1R_2 + R_2R_3 + R_3R_1}{R_3} \tag{4-7c}$$

이것을 요약하면 △회로의 각 저항은 Y회로의 두 저항을 서로 곱해 모두 합한 것을 맞은 편 Y회로의 저항으로 나눈 것이다.

예제 4.3

그림 4-10(a)의 Y회로를 (b)의 △회로로 변환시켜라.

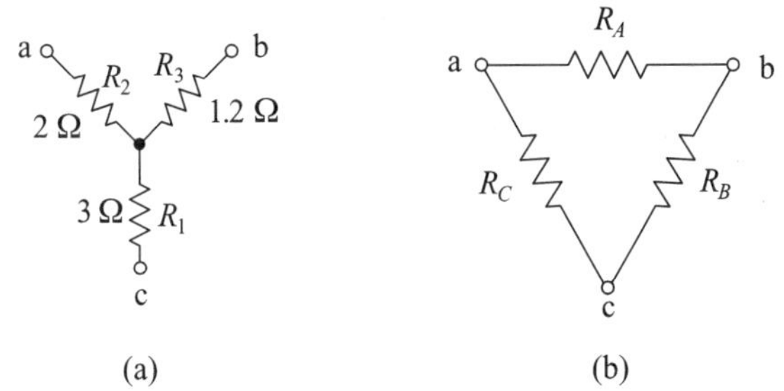

▌그림 4-10▐

[풀이]

식 (4−7)을 이용하여 △회로의 저항 R_A, R_B, R_C를 구하면

$$R_A = (R_1R_2 + R_2R_3 + R_3R_1)/R_1$$

$$= \frac{(3\ \Omega)(2\ \Omega) + (2\ \Omega)(1.2\ \Omega) + (1.2\ \Omega)(3\ \Omega)}{3\ \Omega}$$

$$= 4\ \Omega$$

$$R_B = (R_1R_2 + R_2R_3 + R_3R_1)/R_2$$

$$= \frac{(3\ \Omega)(2\ \Omega) + (2\ \Omega)(1.2\ \Omega) + (1.2\ \Omega)(3\ \Omega)}{2\ \Omega}$$

$$= 6\ \Omega$$

$$R_C = (R_1R_2 + R_2R_3 + R_3R_1)/R_3$$

$$= \frac{(3\ \Omega)(2\ \Omega) + (2\ \Omega)(1.2\ \Omega) + (1.2\ \Omega)(3\ \Omega)}{1.2\ \Omega}$$

$$= 10\ \Omega$$

요 약

1. Y회로의 각 저항은 그 저항에 인접한 △회로의 두 저항의 곱을 △회로의 세 저항의 합으로 나눈 것이다.
2. △회로의 각 저항은 Y회로의 두 저항을 서로 곱해 모두 합한 것을 맞은 편 Y회로의 저항으로 나눈 것이다.

4.4 회로망 용어

우리는 지금까지 직·병렬회로와 같은 간단한 회로에 대해 고찰하였다. 그러나 회로가 직·병렬이 아닌 경우에는 좀 더 일반화된 회로해석법이 필요하다. 그림 4-11을 참고로 하여 회로해석에 사용되는 몇 가지 용어들을 정리하면 다음과 같다.

- 회로망(network) : 특히 많은 소자를 포함한 복잡한 회로를 말하며, 회로라는 말과 구별하지 않고 사용하기도 한다.
- 마디(node) 또는 절점 : 회로에서 a, b, c, n 등과 같이 2개 또는 그 이상의 소자가 접속되는 점을 마디(node) 또는 절점이라고 한다.
- 접합점(junction) : 회로에서 b, n 등과 같이 3개 또는 그 이상의 소자에 의하여 형성된 마디를 접합점이라 한다.
- 가지(branch) 또는 지로 : 회로에서 b–a–n, b–c–n, b–n 등과 같이 1개 또는 여러 개의 소자가 연결된 접합점 사이의 회로를 가지 또는 지로라고 한다.
- 루프(loop) 또는 폐로 : 회로에서 a–b–n–a, a–b–c–n–a, b–c–n–b 등과 같이 몇 개의 가지를 통해 일주하면서 연결된 닫힌 통로를 루프 또는 폐로라고 한다.
- 메시(mesh) 또는 망로 : 회로에서 a–b–n–a, b–c–n–b 등과 같이 회로에서 또 다른 루프를 포함하지 않거나 다른 루프로 구분할 수 없는 루프를 메시 또는 망로라고 한다.

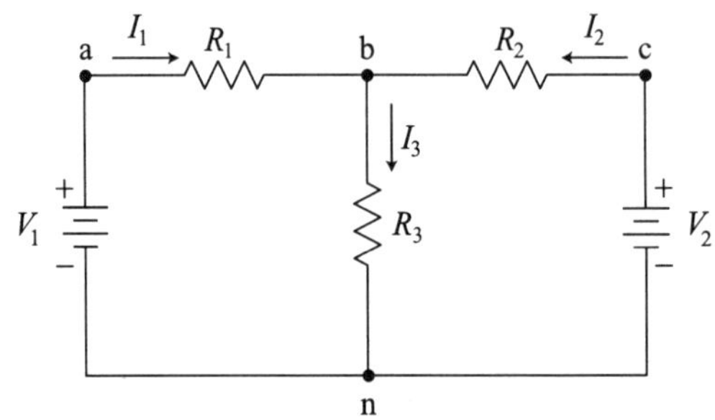

❙그림 4-11❙

4.5 가지전류법

전원과 소자값이 주어진 회로를 해석할 때 미지수는 수동소자의 개수만큼 존재한다. 이와 같은 미지수는 여러 가지 방법으로 결정할 수 있는데, 그 중 한 가지 방법이 가지전류법(branch current method)이다. 이 방법은 회로망의 각 지로에 흐르는 전류, 즉 가지전류를 미지수로 하여 각 접합점에서 키르히호프의 전류방정식과 각 폐로에 대하여 세운 키르히호프의 전압방정식을 연립시켜서 푸는 것이다.

그림 4-11과 같은 간단한 회로를 예로 들어 가지전류법을 적용시키는 일반적인 방법을 살펴 보기로 한다. 이 회로는 3개의 가지와 2개의 접합점을 갖고 있다.

[단계 1] 각 가지전류의 방향을 그림 4-11과 같이 임의로 가정한다. 그리고 3개의 미지 가지전류가 있으므로 3개의 독립적인 방정식이 필요하다.

[단계 2] 먼저 키르히호프의 전류법칙을 접합점 b에 적용하면

$$I_1 + I_2 = I_3 \tag{4-8}$$

[단계 3] 다음에 각 독립적인 폐로에 대하여 키르히호프의 전압법칙을 시키면

폐로 a–b–n–a :

$$R_1 I_1 + R_3 I_3 = V_1 \tag{4-9}$$

폐로 c–b–n–c :

$$R_2 I_2 + R_3 I_3 = V_2 \tag{4-10}$$

[단계 4] 위의 3개의 식으로부터 미지의 가지 전류를 구할 수 있다.

이상을 종합하면 그림 4–11에서 독립적인 키르히호프의 전류방정식의 수(N)는 1개, 독립적인 전압방정식의 수(L)는 2개임을 알 수 있다. 여기서 가지의 수를 B, 접합점의 수를 J라 하면

독립적인 전류방정식의 수 : N=J–1 (4–11)
독립적인 전압방정식의 수 : L=B–(J–1) (4–12)

의 관계가 항상 성립하고 키르히호프의 두 법칙은 서로 독립적이므로 N+L=B, 즉 가지의 수와 같은 수의 독립적인 방정식을 얻을 수 있으므로 가지전류법은 항상 성립한다.

예제 4.4

그림 4−12의 회로에서 가지전류법을 이용하여 각 가지전류를 구하라.

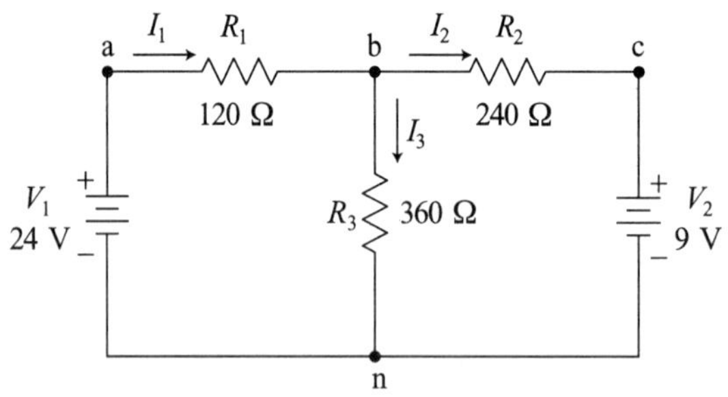

▌그림 4−12▌ 가지전류법

[풀이]

[단계 1] 그림 4−12와 같이 각 가지전류의 방향을 임의로 가정한다. 이 때 실제 전류의 방향과 반대이면 계산결과는 (−)부호를 나타낼 것이다.

[단계 2] 모든 가지전류가 포함되도록 접합점 b에서 키르히호프의 전류법칙을 적용시킨다.

$$I_1 = I_2 + I_3 \tag{1}$$

[단계 3] 각 독립 폐로에 대해 키르히호프의 전압법칙을 적용시킨다.

폐로 a−b−n−a에서 :

$$120I_1 + 360I_3 = 24 \tag{2}$$

폐로 c−b−n−c에서 :

$$-240I_2 + 360I_3 = 9 \tag{3}$$

[단계 4] 위의 방정식을 연립시켜 I_1, I_2, I_3에 대해 푼다. 즉, 식 (1)에서 $I_1 - I_2 = I_3$이므로, 식 (2)와 (3)은 각각 다음과 같이 나타낼 수 있다.

$$120I_1 + 360(I_1 - I_2) = 24 \quad (4)$$

$$-240I_2 + 360(I_1 - I_2) = 9 \quad (5)$$

위의 식을 I_1, I_2에 대해 정리하면 각각 다음과 같다.

$$480I_1 - 360I_2 = 24 \quad (6)$$

$$360I_1 - 600I_2 = 9 \quad (7)$$

이 연립방정식에 Cramer의 정리를 이용하여 I_1과 I_2를 구하면

$$I_1 = \frac{\begin{vmatrix} 24 & -360 \\ 9 & -600 \end{vmatrix}}{\begin{vmatrix} 480 & -360 \\ 360 & -600 \end{vmatrix}} = \frac{(24)(-600)-(9)(-360)}{(480)(-600)-(360)(-360)}$$

$$= \frac{-11,160}{-158,400} = 70.5 \text{ mA}$$

$$I_2 = \frac{\begin{vmatrix} 480 & 24 \\ 360 & 9 \end{vmatrix}}{\begin{vmatrix} 480 & -360 \\ 360 & -600 \end{vmatrix}} = \frac{(480)(9)-(360)(24)}{(480)(-600)-(360)(-360)}$$

$$= \frac{-4,320}{-158,400} = 27.3 \text{ mA}$$

$I_1 = 70.5$ mA, $I_2 = 27.3$ mA이므로, I_3는

$$I_3 = I_1 - I_2 = 43.2 \text{ mA}$$

요 약

1. 가지전류법은 회로망의 각 지로에 흐르는 전류 즉, 가지전류를 미지수로 하여 각 접합점에서 키르히호프의 전류방정식과 각 폐로에 대하여 세운 키르히호프의 전압방정식을 연립시켜서 푸는 것이다.

4.6 망전류법

가지전류법은 가지의 수가 적을 때에는 비교적 간단한 방법이 되지만 가지의 수가 증가하면 매우 복잡해진다. 이러한 가지전류법보다 방정식의 수가 적고 좀 더 조직적인 방법이 망전류법과 마디전압법이다. 망전류법(mesh current method)은 회로망 내에서 독립적인 루프(즉, 망)를 선택하고 이 망전류를 미지수로 하여 망 내에서 세운 키르히호프의 전압방정식을 연립시켜서 푸는 방법이다.

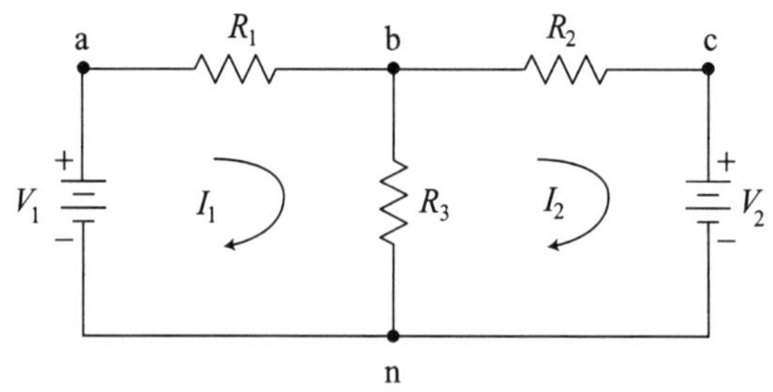

❙그림 4-13❙ 망전류법

우선 그림 4-13과 같은 간단한 회로를 예로 들어 설명하기로 한다. 그림의 회로에서 가지 $B=3$, 접합점 $J=2$이므로, 독립적인 폐루프인 망은 $B-(J-1)=3-(2-1)=2$개가 존재한다. 즉, 폐루프 a-b-n-a와 b-c-n-b의 2개가 존재하므로, 이 폐루프를 각각 망 1, 망 2로 놓는다.

[단계 1] 그림 4-13과 같이 망전류를 각각 I_1, I_2라 가정한다. 이 때 망전류의 방향은 임의로 정할 수 있다.

[단계 2] 각 망에 대하여 키르히호프 전압법칙을 적용시킨다. 주의할 점은 어느 소자

에 한 개 이상의 망전류가 흐를 때, 각 망전류에 의한 전압강하는 모두 표시하여야 한다.

망 a–b–n–a에서 :

$$R_1I_1 + R_3(I_1 - I_2) = V_1 \quad (4-13)$$

망 b–c–n–b에서 :

$$R_3(I_2 - I_1) + R_2I_2 = -V_2 \quad (4-14)$$

위의 식을 I_1, I_2에 대해 정리하면 다음과 같다.

$$(R_1 + R_3)I_1 - R_3I_2 = V_1 \quad (4-15)$$

$$-R_3I_1 + (R_2 + R_3)I_2 = -V_2 \quad (4-16)$$

[단계 3] 위의 두 방정식을 연립시켜서 푼다.

예제 4.5

그림 4–14의 회로에 대해 망전류법을 이용하여 각 망전류를 구하라.

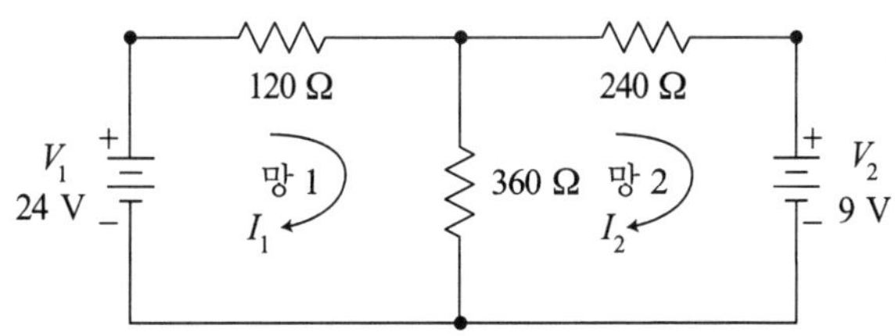

▌그림 4–14▐

[풀이]

[단계 1] 그림 4-14와 같이 각 망 내를 흐르는 전류 즉, 망전류를 각각 I_1, I_2라 가정한다.

[단계 2] 각 망에 대해 키르히호프 전압법칙을 적용시킨다.

망 1에서 :

$$120\,I_1 + 360(I_1 - I_2) = 24$$

망 2에서 :

$$360(I_2 - I_1) + 240\,I_2 = -9$$

위의 식을 I_1, I_2에 대해 정리하면 각각 다음과 같다.

$$480\,I_1 - 360\,I_2 = 24$$

$$-360\,I_1 + 600\,I_2 = -9$$

[단계 3] 위에서 유도된 방정식에 Cramer의 정리를 적용하여 전류 I_1과 I_2를 구하면 다음과 같다.

$$I_1 = \frac{\begin{vmatrix} 24 & -360 \\ -9 & 600 \end{vmatrix}}{\begin{vmatrix} 480 & -360 \\ -360 & 600 \end{vmatrix}} = \frac{(24)(600) - (-9)(-360)}{(480)(600) - (-360)(-360)}$$

$$= \frac{11,160}{158,400} = 70.5 \text{ mA}$$

$$I_2 = \frac{\begin{vmatrix} 480 & 24 \\ -360 & -9 \end{vmatrix}}{\begin{vmatrix} 480 & -360 \\ -360 & 600 \end{vmatrix}} = \frac{(480)(-9) - (-360)(24)}{(480)(600) - (-360)(-360)}$$

$$= \frac{4,320}{158,400} = 27.3 \text{ mA}$$

요 약

1. 망전류법은 회로망 내에서 독립적인 루프 즉, 망을 선택하고 이 망전류를 미지수로 하여 망 내에서 세운 키르히호프의 전압방정식을 연립으로 푸는 방법이다.

4.7 마디전압법

마디전압법(node voltage method)은 회로망 내의 어느 한 특정 마디를 기준 마디로 정하고, 이 기준 마디에 대한 다른 마디전압을 미지수로 하여 키르히호프의 전류방정식을 세워서 그 방정식을 연립시켜 푸는 방법이다. 따라서 마디의 수가 N일 때 $(N-1)$개의 전류방정식을 얻을 수 있으며, 이 식들은 서로 독립이므로 연립해서 풀면 $(N-1)$개의 마디 전압을 구할 수 있다.

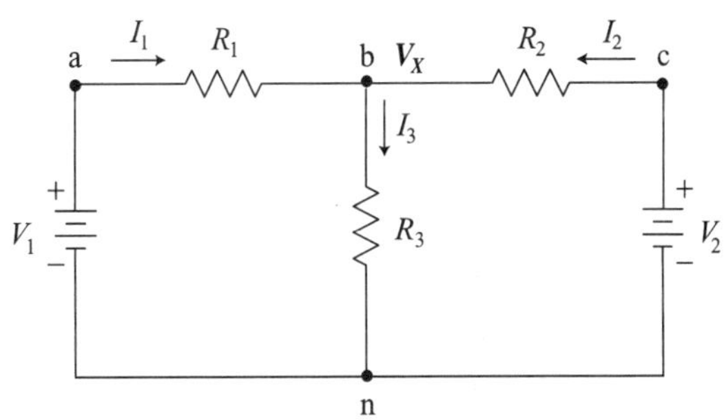

❙그림 4-15❙ 마디전압법

먼저 그림 4-15와 같은 간단한 회로를 예로 들어 마디전압법을 단계별로 설명하기로 한다.

[단계 1] 이 회로에서는 4개(a, b, c, n)의 마디가 있다. 마디 a와 c의 전압은 전원전압으로 알려져 있으므로, 마디 b와 n 중에서 마디 n을 기준으로 정하고 마디 b의 전압을 미지의 전압 V_X로 가정한다.

[단계 2] 마디 b에서 키르히호프의 전류방정식을 세운다. 이 때 가지전류의 방향은 임의로 가정한다.

$$I_1 + I_2 = I_3 \tag{4-17}$$

[단계 3] 이 식을 마디전압으로 표시하고 미지의 마디전압을 구한다.

각 저항에서의 전압강하를 각각 V_{R_1}, V_{R_2}, V_{R_3}라 하면, 가지전류 I_1, I_2, I_3는 각각 다음과 같이 표시할 수 있다.

$$I_1 = \frac{V_{R_1}}{R_1} = \frac{V_1 - V_X}{R_1} \tag{4-18a}$$

$$I_2 = \frac{V_{R_2}}{R_2} = \frac{V_2 - V_X}{R_2} \tag{4-18b}$$

$$I_3 = \frac{V_{R_3}}{R_3} = \frac{V_X}{R_3} \tag{4-18c}$$

식 (4-18)을 식 (4-17)에 대입하면 다음과 같다.

$$\frac{V_1 - V_X}{R_1} + \frac{V_2 - V_X}{R_2} = \frac{V_X}{R_3} \tag{4-19}$$

이 식에서 미지의 전압 V_X를 구한다.

예제 4.6

그림 4−16의 회로에 대해 마디전압법을 이용하여 저항 R_3 양단에 걸리는 전압 V_3를 구하라.

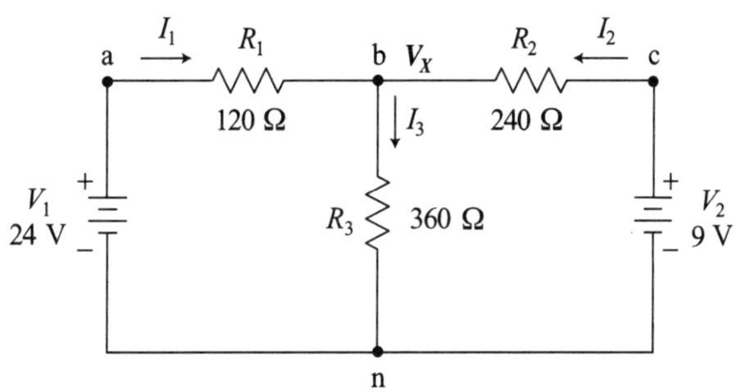

❙그림 4−16❙

[풀이]

[단계 1] 그림 4−16의 4개의 마디(a, b, c, n) 중에서 마디 n을 기준으로 정하고, 마디 b의 전압을 V_X로 가정한다.

[단계 2] 마디 b에서 키르히호프의 전류방정식을 세운다.

$$I_1 + I_2 = I_3$$

[단계 3] 이 식을 마디전압으로 표시하고 미지의 마디전압을 구한다.

$$\frac{V_1 - V_X}{R_1} + \frac{V_2 - V_X}{R_2} = \frac{V_X}{R_3}$$

$$\frac{24 - V_X}{120} + \frac{9 - V_X}{240} = \frac{V_X}{360}$$

$$3(24 - V_X) + 1.5(9 - V_X) = V_X$$

이 식을 정리하면

$$V_X = 15.5 \text{ V}$$

요 약

1. 마디전압법은 회로망 내의 어느 한 특정 마디를 기준 마디로 정하고, 이 기준 마디에 대한 다른 마디의 전압 즉, 마디전압을 미지수로 하여 키르히호프의 전류방정식을 세워 푸는 방법이다.

연습문제

1. 그림 4－17에서 부하저항 R_L이 10 Ω 및 200 Ω일 때, 각각 부하전압 V_L을 구하라.

[답] (a) $R_L = 10$ Ω인 경우

$V_L = 25$ V

(b) $R_L = 200$ Ω인 경우

$V_L = =47.6$ V

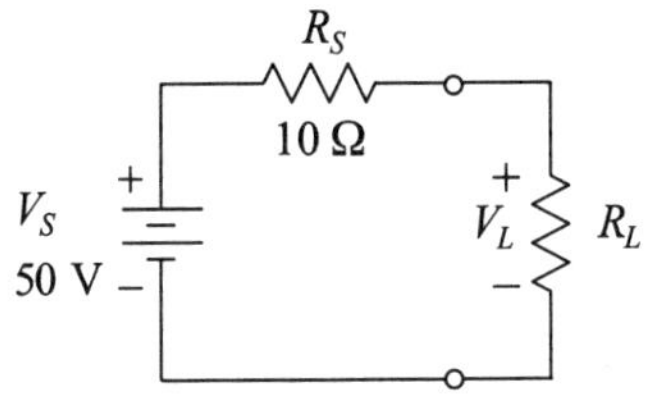

❙그림 4－17❙

2. 그림 4－18에서 부하저항 R_L이 50 Ω 및 5 kΩ일 때, 각각 부하전류 I_L을 구하라.

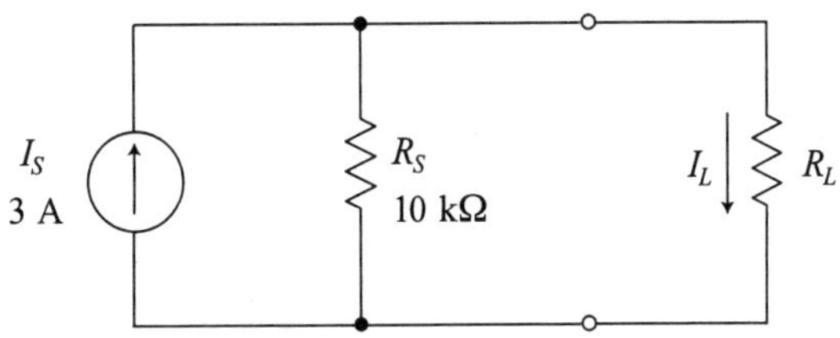

❙그림 4－18❙

[답] (a) $R_L = 50\ \Omega$인 경우

$I_L \cong 3\ \text{A}$

(b) $R_L = 5\ \text{k}\Omega$인 경우

$I_L = 2\ \text{A}$

3. 그림 4-19의 브리지회로에서 전체 합성저항 R_T와 전원에서 회로에 공급되는 전체전류 I_T를 구하라.

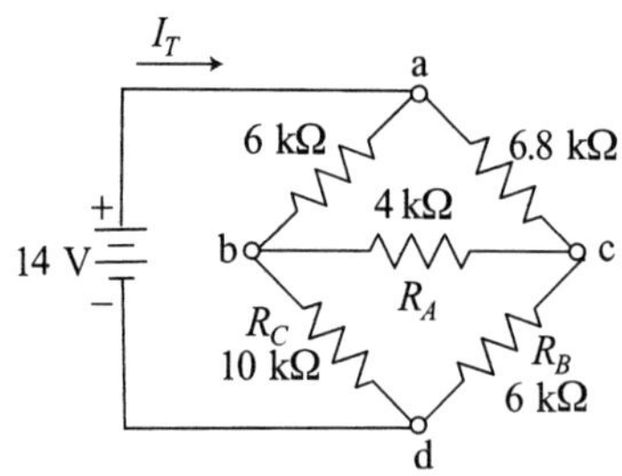

▌그림 4-19▐ 브리지회로

[답] $R_T = 7\ \text{k}\Omega$

$I_T = 2\ \text{mA}$

4. 그림 4-20 회로에서 가지전류법을 이용하여 각 가지전류를 구하라.

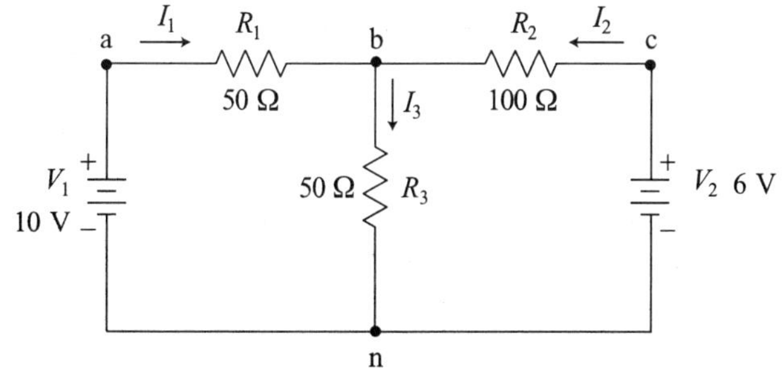

▌그림 4-20▐

[답]　$I_1 = 96$ mA, $I_2 = 8$ mA, $I_3 = 104$ mA

5. 그림 4-21의 회로에 대해 망전류법을 이용하여 각 망전류를 구하라.

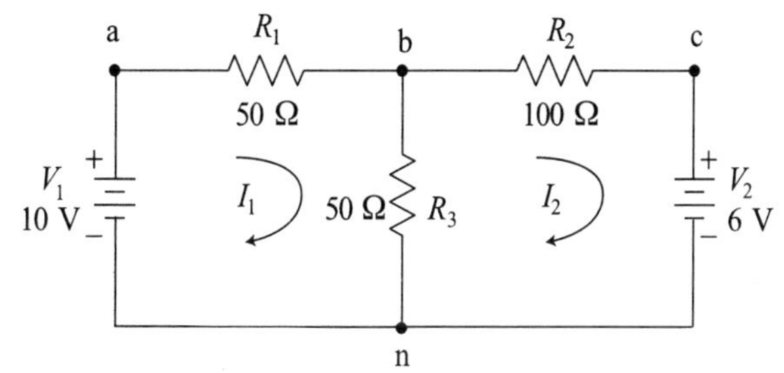

▌그림 4-21▐

[답]　$I_1 = 96$ mA
　　　$I_2 = -8$ mA

6. 그림 4-22의 회로에 대해 마디전압법을 이용하여 저항 R_3 양단에 걸리는 전압 V_3를 구하라.

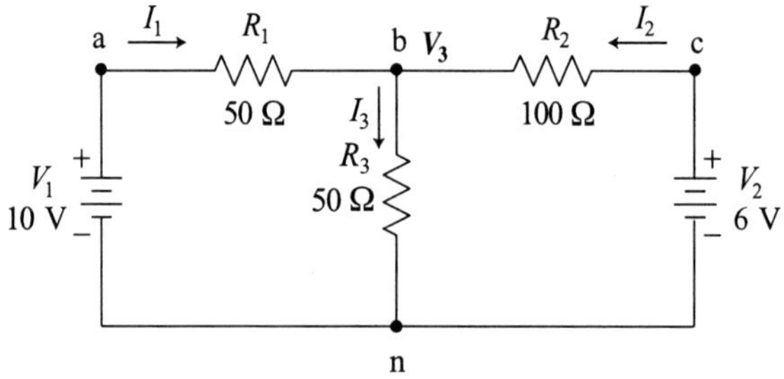

▌그림 4-22▐

[답] 5.2 V

제 5 장
정현파 전압

5.1 정현파 전압의 발생

1. 정현파 전압의 발생원리

오늘날 이용되어지는 대부분의 전기적 에너지는 교류의 형태로 만들어진다. 그림 5-1은 전자유도현상을 이용하여 정현파 전압을 발생하는 기본 교류 발전기를 나타낸 것이다. 이 교류 발전기는 균일한 자기장 내에서 회전하는 도체 루프로 구성된다. 도체 루프의 양 끝은 루프와 함께 회전하는 슬립 링(slip ring)이라 불리우는 분리된 도체 링에 연결되어 있다. 루프가 자기장 내에서 일정한 각속도로 회전하게 되면, 슬립 링 또한 회전하게 되어 루프를 외부 부하에 연결해 주는 브러쉬(brush)와 접촉하게 된다.

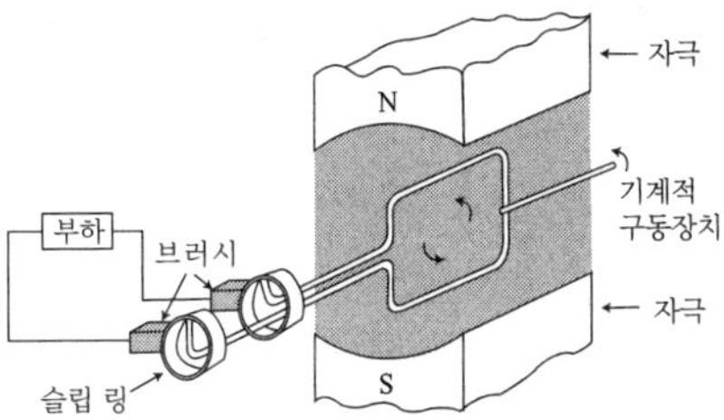

❙그림 5-1❙ 기본 교류 발전기

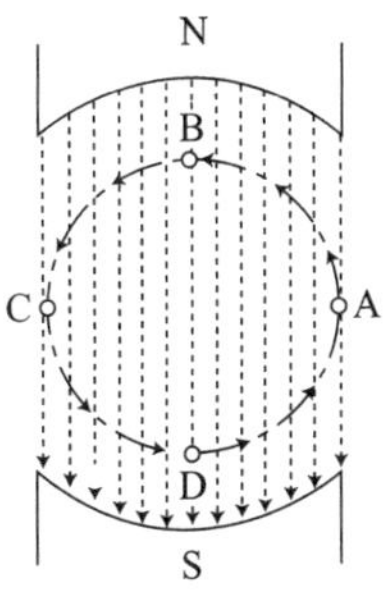

❙그림 5-2❙ 자력선과 쇄교하는 도체루프의 회전면

파라데이의 전자유도법칙에 의하면 도체가 자기장 내에서 움직이면 도체 양단에 유도 전압이 발생된다. 이 때 유도되는 전압의 크기는 단위시간당 자력선을 쇄교하는 비율과 권선수의 곱에 비례한다.

그림 5-2는 균정한 자기장 내에 있는 도체루프가 반시계 방향으로 회전할 때, 자력선과 쇄교하는 도체루프의 회전면을 나타낸 것이다. 이 그림에서 도체루프가 A 또는 C에 도달되는 순간의 운동방향은 자력선과 평행이 되므로 자력선과 쇄교하는 비율은 0이 되고, 회전 루프가 B 또는 D에 도달되는 순간의 운동방향은 자력선과 수직이 되므로 자력선과 쇄교하는 비율은 최대가 된다.

따라서 그림 5-2와 같이 균일한 자기장 내에서 도체루프가 일정한 각속도로 반시계 방향으로 회전할 때, 도체루프 양단에 유도되는 전압은 자력선과 회전하는 도체루프의 운동방향 사이의 각 θ의 사인값에 비례한다. 이와 같은 방법으로 유도된 전압을 정현파(sinusoidal wave) 전압이라고 하고, 수식으로 나타내면 다음과 같다.

$$v = V_m \sin\theta \text{ [V]} \tag{5-1}$$

여기서 V_m을 정현파의 최대값(maximum value) 또는 진폭(amplitude)이라 한다.

특히 그림 5-1에서 도체루프를 반시계방향으로 일정한 각속도 ω로 회전시키면, t초 후의 각 θ는 ωt가 되므로 식 (5-1)은 다음과 같이 나타낼 수 있다.

$$v = V_m \sin\omega t \text{ [V]} \tag{5-2}$$

이 식은 각 순간에서 정현파 전압의 크기를 나타내는 일반식이다. 또한 이 식을 그래프로 나타내면 그림 5-3과 같다.

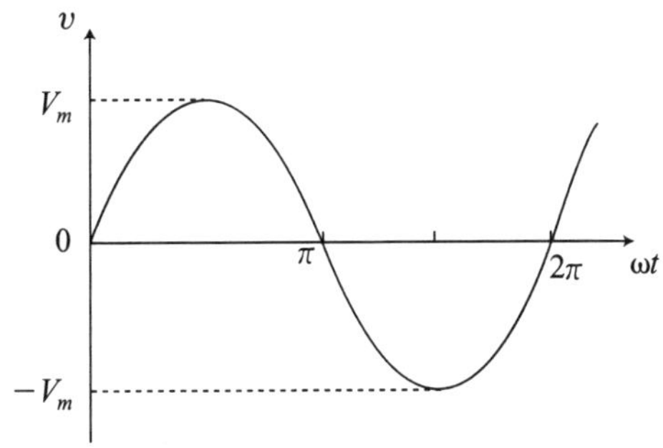

▌그림 5-3▐ 정현파

2. 정현파 전류

그림 5-4(a)와 같은 정현파 전압 v를 저항 R 양단에 인가하면 회로에 흐르는 전류 i는 오움의 법칙에 의해 다음과 같이 나타낼 수 있다.

$$\begin{aligned} i &= \frac{v}{R} = \frac{V_m}{R} \sin\omega t \\ &= I_m \sin\omega t \text{ [A]} \end{aligned} \tag{5-3}$$

이때 정현파 전류의 양과 음의 반주기에 대한 전류 방향은 그림 5-4(d)와 (e)에 각각 표시되어 있는 것과 같이 서로 반대가 됨을 알 수 있다.

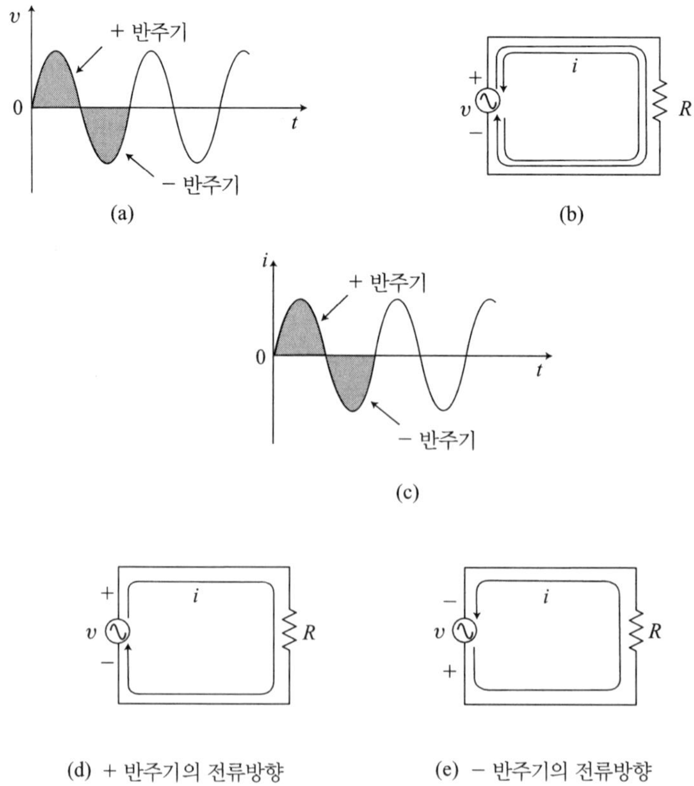

|그림 5-4| 정현파 전압과 전류

예제 5.1

최대값이 141 V, 주파수가 60 Hz인 정현파 전압을 수식으로 표현하라.

[풀이]

정현파 전압 v는

$$v = V_m \sin \omega t = V_m \sin(2\pi f t)$$
$$= 141 \sin(2\pi \cdot 60t) = 141 \sin 377t \text{ V}$$

요 약

1. 균일한 자기장 내에서 도체루프가 일정한 각속도로 반시계 방향으로 회전할 때, 도체 루프 양단에 유도되는 전압을 정현파(sinusoidal wave) 전압이라고 한다.
2. 정현파 전류의 양과 음의 반주기에 대한 전류 방향은 서로 반대가 된다.

5.2 주기와 주파수

임의의 교류파형이 완전히 변화하여 처음 상태로 되는 데 걸리는 시간을 주기(period)라 하고, T로 표시하며, 단위는 초[s]를 사용한다. 또 주기적인 교류파형에서 1초 동안에 반복되는 사이클(cycle)의 수를 주파수(frequency)라 하고, f로 표시하며, 단위는 헤르쯔(Hertz, Hz)를 사용한다.

그림 5-5는 1초 동안에 2 사이클을 완성하는 주파수가 2 Hz인 정현파를 나타낸다. 이 그림에서 주파수가 증가하면 주기는 감소함을 알 수 있다. 주파수 f와 주기 T 사이에는 다음과 같은 관계가 성립한다.

$$f = \frac{1}{T}\ [\text{Hz}] \quad 또는 \quad T = \frac{1}{f}\ [\text{s}] \qquad (5-4)$$

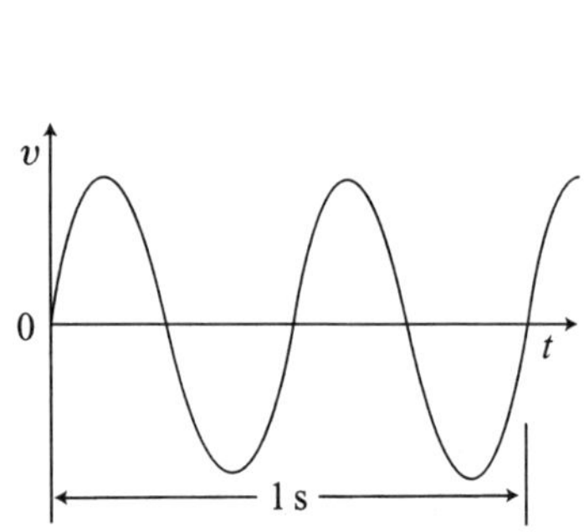

| 그림 5-5 | 주파수

교류에서는 1 사이클의 각을 2π [rad]로 정하며 이것을 전기각(electric angle)이라 한다. 그리고 주기적인 교류파형에서 1초 동안에 변하는 전기각을 ω로 표시하며, 이를 각속도(angular velocity) 또는 각주파수(angular frequency)라 하고, 단위는 [rad/s]로 나타낸다. 따라서 1 주기 T초 동안에 2π [rad]만큼 증가하므로 1초 동안에는 $2\pi/T$ [rad/s]만큼 증가한다. 그러므로 각속도 ω와 주기 T 사이에는 다음과 같은 관계가 성립한다.

$$\omega = \frac{2\pi}{T} = 2\pi f \text{ [rad/s]} \tag{5-5}$$

예제 5.2

상용 주파수 60 Hz인 정현파의 주기 T와 각주파수 ω를 구하라.

[풀이] 주기는

$$T = \frac{1}{f} = \frac{1}{60} = 16.7 \text{ ms}$$

각주파수는

$$\omega = 2\pi f = 2\times3.14\times60 = 377\ \text{rad/s}$$

예제 5.3

어떤 정현파의 주파수가 20 kHz이다. 이 파형에서 10 mS 동안 반복되는 사이클의 수를 구하라.

[풀이]

사이클의 수 $= 20{,}000\ \text{c/s} \times 10\times10^{-3}\ \text{s} = 200$

요 약

1. 파형이 양(+), 음(−)의 변화를 완성하여 원래의 상태로 돌아갈 때까지의 변화를 1사이클이라 한다.
2. 1 사이클 변화하는 데 걸리는 시간을 주기(period)라 하고, 단위는 초(s)를 사용한다.
3. 1초 동안에 반복되는 사이클의 수를 주파수(frequency)라 하고, 단위는 헤르쯔(Hertz, Hz)를 사용한다.
4. 교류가 1초 동안에 변하는 전기각을 ω로 표시하며, 이를 각속도(angular velocity) 또는 각주파수(angular frequency)라 하고 단위는 rad/s이다.

5.3 각도와 위상

1. 각도와 라디안

정현파는 교류 발전기에 의해 전자기 유도적으로 발생시킬 수 있다. 그림 5-6(a)에 나타난 바와 같이 교류 발전기의 도체 루프가 1회전(360°)하면 발생된 교류전압은 완전한 1사이클의 정현파가 된다. 따라서 1/2사이클은 180° 또는 π rad, 1/4사이클은 90° 또는 $\pi/2$ rad에 각각 대응된다. 그림 5-6(b)와 (c)는 정현파의 완전한 1사이클에 대응되는 회전각을 각(degree)과 라디안(radian)으로 표시한 것이다.

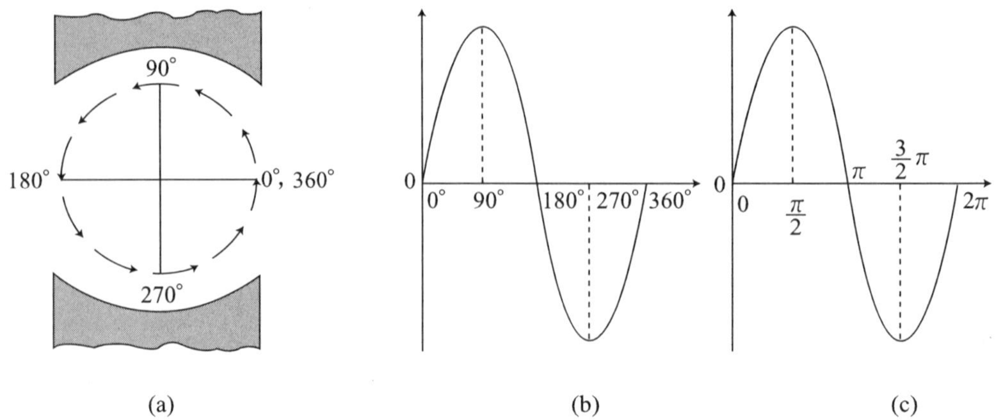

❙그림 5-6❙ 교류 발전기에서 회전운동과 그것에 대응되는 각

일반적으로 각과 라디안은 다음과 같은 식을 이용하여 상호변환이 가능하다.

$$\text{rad} = \frac{\pi}{180^\circ} \times \text{각} \tag{5-6}$$

$$\text{각} = \frac{180^\circ}{\pi} \times \text{rad} \tag{5-7}$$

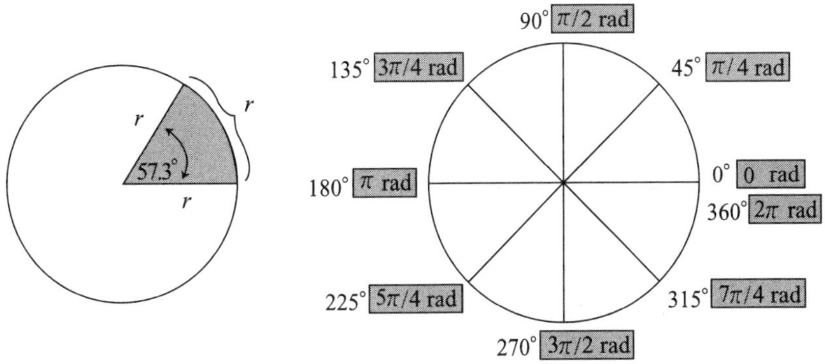

▎그림 5-7▎ 라디안과 각도의 관계

예제 5.5

$\pi/4$ [rad]을 각으로 변환하라.

[풀이]

$$각 = \left(\frac{180°}{\pi}\right)\left(\frac{\pi}{4}\right) = 45°$$

2. 위상과 위상차

앞 절에서는 원점을 시작점으로 하였기 때문에 정현파의 교류 전압을 $v = V_m \sin \omega t$ [V]로 나타내었다. 이 시작점이 ϕ인 경우, 정현파의 일반식은 다음과 같이 나타낼 수 있다.

$$v = V_m \sin(\omega t + \phi) \text{ [V]} \qquad (5-8)$$

여기서 ϕ를 위상(phase) 또는 위상각(phase angle)이라고 한다.

그림 5-8은 ϕ를 여러 가지로 변화시킨 정현파의 몇 가지 예를 나타낸 것이다.

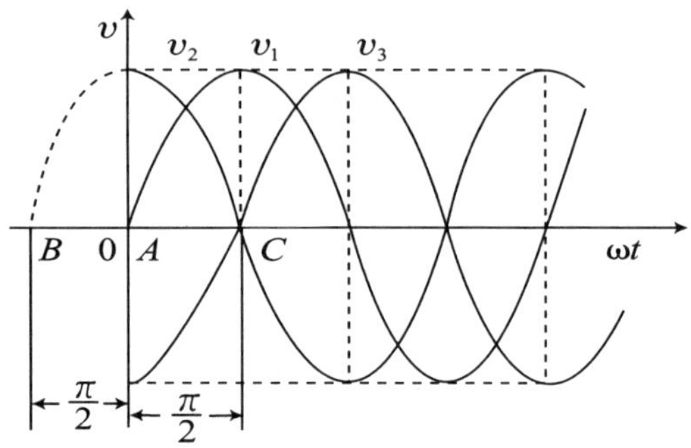

▌그림 5-8▐ 정현파의 위상

A점 : $\phi = 0$ rad, $v_1 = V_m \sin \omega t$ [V]

B점 : $\phi = \pi/2$ rad, $v_2 = V_m \sin(\omega t + \pi/2)$ [V]

C점 : $\phi = -\pi/2$ rad, $v_3 = V_m \sin(\omega t - \pi/2)$ [V]

여기서 v_2의 위상은 v_1의 위상보다 $\pi/2$ rad만큼 앞선다(lead). 그리고 v_3의 위상은 v_1의 위상보다 $\pi/2$ rad만큼 뒤진다(lag). 이 때 최대값에 관계없이 두 정현파의 위상이 일치하면 동상(in phase)이라 하고, 두 정현파의 위상이 서로 어긋나면 위상차(phase difference) 또는 상차가 있다고 한다. 여기에서 주의할 것은 동일한 주파수의 정현파에 대해서만 위상차를 말할 수 있다는 것이다.

예제 5.6

$v_1 = V_m \sin \omega t$ V와 $v_2 = V_m \cos \omega t$ V의 두 정현파 사이의 위상차를 구하라.

[풀이]

$v_1 = V_m \sin \omega t$ V

$v_2 = V_m \cos \omega t = V_m \sin(\omega t + \pi/2)$ V

위상차 $\pi/2$ rad

요 약

1. 반지름 r과 동일한 길이의 호에 대응되는 각도를 1라디안이라 한다.
2. 두 정현파의 위상이 일치하면 동상(in phase)이라 하고, 두 정현파의 위상이 서로 어긋나면 위상차(phase difference) 또는 상차가 있다고 한다.

5.4 비정현파 교류파형

교류를 나타내는 기본 파형으로 정현파를 이용하고 있지만, 비정현파도 여러 가지 응용에서 매우 중요하게 이용된다. 여기서는 많이 이용되는 몇 가지 형태의 비정현파를 소개한다.

전압 또는 전류가 일정한 비율로 증가 또는 감소하는 파형을 램프(ramp)파라 한다. 그림 5-9(a)와 (b)는 각각 양(+)과 음(−)의 기울기를 갖는 램프파를 나타낸 것이다.

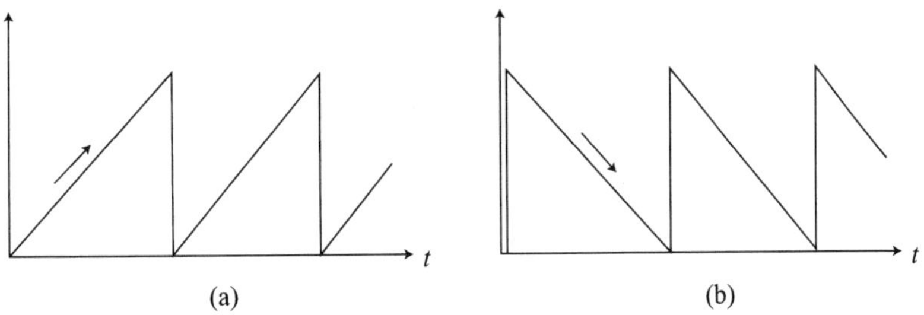

❙그림 5-9❙ 램프파

그림 5-10에 나타낸 바와 같이 양의 기울기를 갖는 램프파와 음의 기울기를 갖는 램프파의 합성파를 삼각파라 한다. 삼각파의 주기는 양(음)의 최대값에서 다음 양(음)의 최대값까지 변화하는 데 걸리는 시간을 말한다.

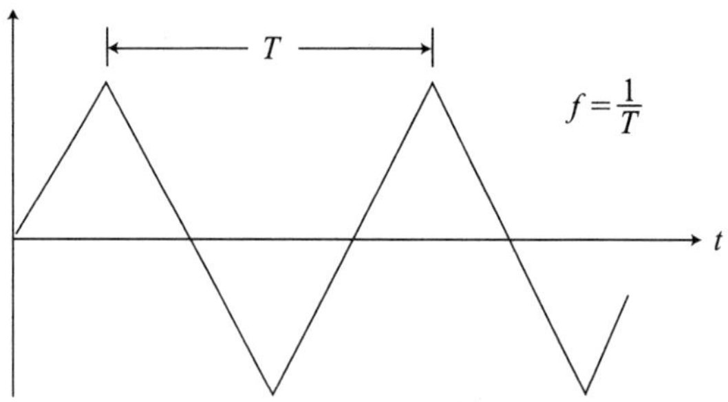

▌그림 5-10▌ 삼각파

그림 5-11과 같이 양(+)의 긴 기울기를 갖는 램프파와 음(-)의 짧은 기울기를 갖는 램프파로 구성된 파형을 톱니파라 한다. 톱니파는 음극선관(CRT) 등에서 전자빔 제어 등에 이용된다.

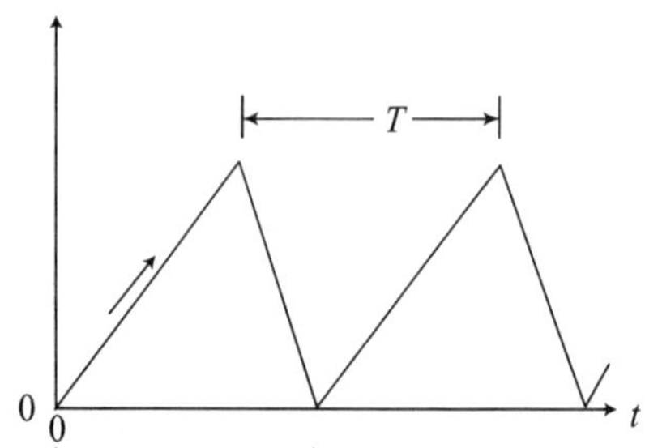

▌그림 5-11▌ 톱니파

그림 5-12에 나타낸 바와 같이 한 레벨의 일정한 전압에서 다른 레벨의 일정한 전압으로 순간적으로 변화하는 펄스가 주기적으로 반복되는 파를 펄스파 또는 구형파라 한

다. 이때 펄스가 반복되는 비율을 PRR(pulse repetition rate)라고 하며, 펄스파의 기본 주파수가 된다. 또한 한 주기에 High 레벨을 유지하는 비율이 얼마인지를 표시하는 값을 duty rate라고 하며, 1사이클 주기 T에 대한 펄스폭 t_w의 비로 나타낸다.

$$\text{duty rate} = \frac{t_w}{T} \times 100\% \tag{5-9}$$

duty rate가 50%이면 양의 펄스가 반주기와 같으므로, 동일한 펄스폭과 펄스 사이의 동일한 시간 간격을 갖는 구형파가 된다.

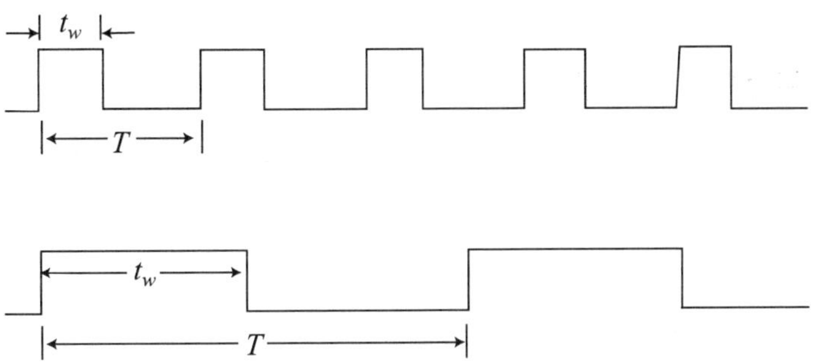

▌그림 5-12▌ 펄스파

예제 5.7

펄스파의 주기가 0.1 ms, duty rate가 20%일 때 펄스폭 t_w를 구하라.

[풀이]

$\text{duty rate} = \frac{t_w}{T} \times 100\%$ 이므로,

펄스폭 $t_w = 20\ \mu s$

요 약

1. 전압 또는 전류가 일정한 비율로 증가 또는 감소하는 파형을 램프(ramp)파라 한다.
2. 톱니파는 양(+)의 기울기를 갖는 긴 구간의 램프파와 음(−)의 기울기를 갖는 짧은 구간의 램프파로 구성된다.
3. 한 레벨의 일정한 전압에서 다른 레벨의 일정한 전압으로 순간적으로 변화하는 펄스가 주기적으로 반복되는 파를 펄스파라 한다.

5.5 평균값, 실효값

1. 평균값

교류파형이 모두 정현파인 경우에는 최대값만으로도 파형의 대체적인 크기를 표시할 수 있으나, 정현파가 아닌 경우에는 최대값만으로 교류의 크기를 표시할 수 없다. 그 이유는 최대값이 같은 교류라도 파형에 따라 그 특성이 다르기 때문이다. 이러한 문제점을 보완하기 위해 최대값과 함께 평균값 및 실효값을 사용하고 있다.

주기적인 교류파형은 양과 음의 반주기의 면적이 동일하므로 1사이클에 대한 평균은 0이 된다. 따라서 양의 반주기에 대한 평균을 주기적인 교류파형의 평균값으로 그림 5-13과 같은 정현파의 평균값 V_{av}를 구하면 다음과 같다.

$$\begin{aligned} V_{av} &= \frac{1}{\pi}\int_0^{\pi} V_m \sin\theta \, d\theta \qquad (5-10) \\ &= \frac{V_m}{\pi}\left[-\cos\theta\right]_0^{\pi} \end{aligned}$$

$$= \left(\frac{2}{\pi}\right) V_m = 0.637\, V_m \ [\mathrm{V}] \qquad (5-11)$$

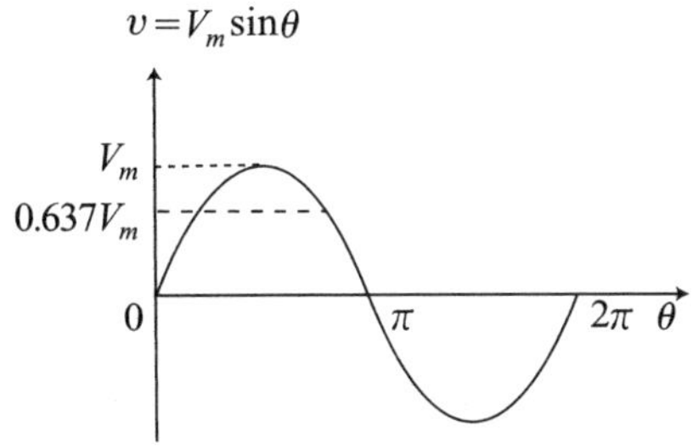

▌그림 5-13▐ 평균값

2. 실효값

어떤 저항 R에 순시전류 i [A]인 교류를 흘릴 때 교류의 평균전력이, 같은 저항 R에 직류 I [A]를 흘릴 때의 소비전력과 같다면, 실제로 순시전류 i와 직류 I는 같은 효과를 나타낸다. 이 때 직류 I의 값을 순시전류 i의 실효값(effective value)이라 한다.

그림 5-14(a)와 같이 저항 R에 직류 I [A]를 흘리면 소비전력은 $P_{DC} = I^2R$이 된다. 또한 저항 R에 그림 5-14(b)와 같이 순시전류 i [A]를 흘릴 때 1주기 동안의 평균전력 P_{AC}는 다음과 같다.

$$P_{AC} = \frac{1}{T}\int_0^T i^2 R\,dt \ [\mathrm{W}] \qquad (5-12)$$

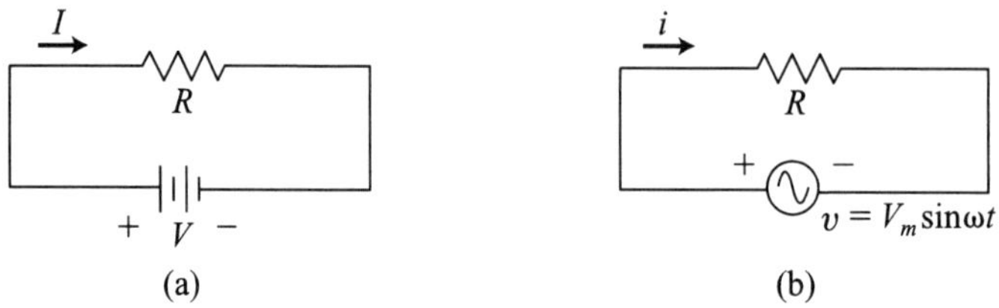

┃그림 5-14┃

1주기 동안의 직류에 의한 소비전력과 교류에 의한 평균전력이 같다면, 즉 $P_{DC} = P_{AC}$ 이면

$$I^2R = \frac{1}{T}\int_0^T i^2Rdt$$

$$= \left(\frac{1}{T}\int_0^T i^2dt\right)R \qquad (5-13)$$

$$I^2 = \frac{1}{T}\int_0^T i^2dt \qquad (5-14)$$

$$I_{rms} = \sqrt{\frac{1}{T}\int_0^T i^2dt} \qquad (5-15)$$

이와 같이 교류의 실효값 I_{rms}는 순시값의 제곱의 1주기에 대한 평균의 제곱근으로 정의되므로, root mean square(또는 rms)라 한다.

같은 방법으로 저항 R에 직류전압 V를 인가했을 때 소비전력은 $P_{DC} = V^2/R$ 이므로, 교류전압 v의 실효값 V_{rms}는 다음과 같이 정의된다.

$$V_{rms} = \sqrt{\frac{1}{T}\int_0^T v^2dt} \qquad (5-16)$$

따라서 $v = V_m \sin\omega t$ [V]와 같이 표시되는 정현파의 실효값은 다음과 같다.

여기서 $\omega t = \theta$라 하면

$$V_{rms} = \sqrt{\frac{1}{2\pi}\int_0^{2\pi} V_m^{\ 2}\sin^2\theta\ d\theta} \tag{5-17}$$

$$= \sqrt{\frac{V_m^{\ 2}}{2\pi}\int_0^{2\pi}\frac{1}{2}(1-\cos 2\theta)\ d\theta}$$

$$= \sqrt{\frac{V_m^{\ 2}}{4\pi}\left[\theta - \frac{1}{2}\sin 2\theta\right]_0^{2\pi}}$$

$$= \frac{V_m}{\sqrt{2}} = 0.707\,V_m\ [\mathrm{V}] \tag{5-18}$$

5.6 파형률과 파고율

교류는 보통 실효값으로 나타내며, 파형의 개략적인 형태를 알기 위해 파형률과 파고율을 사용한다.

$$파형률 = \frac{실효값}{평균값} \tag{5-19}$$

$$파고율 = \frac{최대값}{실효값} \tag{5-20}$$

예를 들어, 정현파 교류인 경우

$$파형률 = \frac{실효값}{평균값} = \frac{0.707\,V_m}{0.637\,V_m} = 1.11 \tag{5-21}$$

$$파고율 = \frac{최대값}{실효값} = \frac{V_m}{0.707\,V_m} = 1.414 \tag{5-22}$$

예제 5.8

정현파 전압 $v = 100\sin\omega t$ [V]의 평균값, 실효값 및 파고율을 구하라.

[풀이]

평균값 $V_{av} = \left(\frac{2}{\pi}\right)V_m$이므로, $V_{av} = \left(\frac{2}{\pi}\right)100\ \text{V} = 63.7\ \text{V}$

실효값 $V_{rms} = 0.707V_m = (0.707)(100\text{V}) = 70.7\ \text{V}$

$\text{파고율} = \frac{\text{최대값}}{\text{실효값}} = \frac{V_m}{0.707V_m} = 1.414$

요 약

1. 교류의 1 사이클에 대한 평균은 0이므로, 양의 반주기의 평균을 주기적인 교류파형의 평균값으로 한다.
2. 같은 저항에 순시전류 i가 흐를 때 소비되는 평균전력과 동일한 소비전력을 갖는 직류 I의 값을 순시전류 i의 실효값(effective value)이라 한다.

연습문제

1. 평등 자계 내에 자계와 수직으로 놓인 길이 1 m의 직선상 도체봉이 10 m/s의 속도로 자계와 직각으로 움직였을 때, 유도된 기전력은 5 V였다. 자속밀도 B의 크기는 얼마인가?

[답] 0.5 Wb/m^2

2. 주파수가 60 Hz인 정현파 전압을 부하저항 양단에 인가할 때, 회로를 통해 흐르는 전류의 주파수는 얼마인가?

[답] 60 Hz

3. 어떤 정현파의 주기가 50 μs이다. 정현파의 주파수는 얼마인가?

[답] 20 kHz

4. 주파수가 200 Hz인 정현파의 주기는 얼마인가?

[답] 5 ms

5. 다음 각도를 라디안으로 변환하라.

(a) 15° (b) 120° (c) 150° (d) 270° (e) 450°

[답] (a) $\pi/12$ (b) $2\pi/3$ (c) $5\pi/6$ (d) $3\pi/2$ (e) $5\pi/2$

6. 다음 라디안에 해당하는 각도는 얼마인가?

(a) $\pi/3$ (b) $\pi/2$ (c) $-\pi/4$ (d) π (e) $3\pi/2$

[답] (a) 60° (b) 90° (c) −45° (d) 180° (e) 270°

7. 주기가 10 μs이고 기울기가 2 V/μs인 어떤 램프파가 있다. 만약 램프파가 0 V에서 시작된다면 2 μs 후의 전압은 얼마인가?

[답] 4 V

8. 그림 5-15와 같은 파형에서 펄스의 주파수와 duty rate를 구하라.

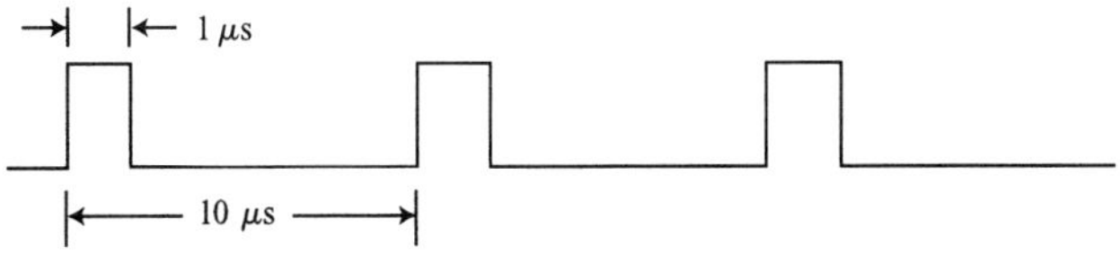

▌그림 5-15▐

[답] $f = 100$ kHz
duty rate $= 10\%$

9. 정현파 전압의 최대값이 14.14 V이다. 실효값은 얼마인가?

[답] 10 V

10. 그림 5-16과 같은 구형파의 파고율은 얼마인가?

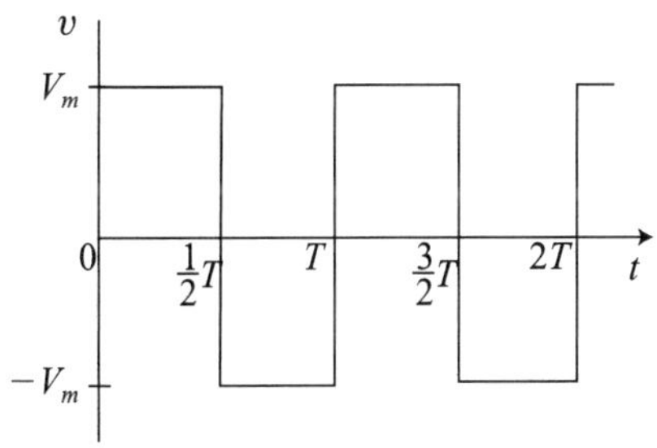

▌그림 5-16▐

[답] $$파고율 = \frac{최대값}{실효값} = \frac{V_m}{V_m} = 1$$

제 6 장

복소수와 페이저

6.1 복소수와 복소평면

교류회로를 해석하기 위해서는 순시값으로 표현된 많은 정현파를 계산해야 한다. 순시값으로 표현된 정현파를 계산하는 방법에는 삼각함수를 이용하는 방법과, 페이저를 이용하는 방법이 있다. 그러나 이러한 방법을 이용하여 복잡한 교류회로를 해석하는 것은 거의 불가능한 일이다. 정현파를 복소수로 대체하면 직류회로와 마찬가지로 보통의 대수적 방법으로 회로를 간단하게 해석할 수 있다. 따라서 이 장에서는 교류회로 해석의 기본이 되는 복소수의 기초개념에 대해 살펴보기로 한다.

1. 복소수(complex number)

제곱하여 양이 되는 수를 실수(real number), 제곱하여 음이 되는 수를 허수(imaginary number)라 한다. 특히 제곱하여 −1이 되는 새로운 수를 허수단위라 부르며 j로 표시한다.

$$j=\sqrt{-1} \quad \text{또는} \quad j^2=-1 \tag{6-1}$$

한편 방정식 $x^2+4=0$의 근을 구하면 $x=\pm\sqrt{-4}=\pm j2$와 같이 표시할 수 있다.

일반적으로 $a+jb$(a, b는 모두 실수)와 같은 형태로 표시되는 수를 복소수라 하고, jb(b는 실수)를 순허수라 한다. 복소수를 하나의 문자로 표시할 때는 A 와 같이 굵은 문자를 사용한다.

$$\mathrm{A}=a+jb \tag{6-2}$$

여기서 a를 실수부(real part), b를 허수부(imaginary part)라 부른다.

2. 복소평면

모든 실수는 그림 6-1과 같이 기하학적으로 일직선상의 한 점과 1 : 1 대응시킬 수 있다. 즉, 원점을 기준으로 오른쪽은 양(+)의 실수, 왼쪽은 음(-)의 실수에 각각 대응시킬 수 있다. 그러나 복소수는 두 개의 실수를 포함하고 있으므로, 평면상에 x축, y축을 생각하고, 직교좌표가 (a, b)인 점으로 복소수 $A = a + jb$를 나타낼 수 있다. 이와 같이 복소수를 평면상의 한 점으로 나타내는 데 이용되는 평면을 복소평면이라 한다. 이 때 x축, y축을 각각 실수축, 허수축이라 하고, 특히 실수축상의 점은 실수를, 허수축상의 점은 허수를 나타낸다.

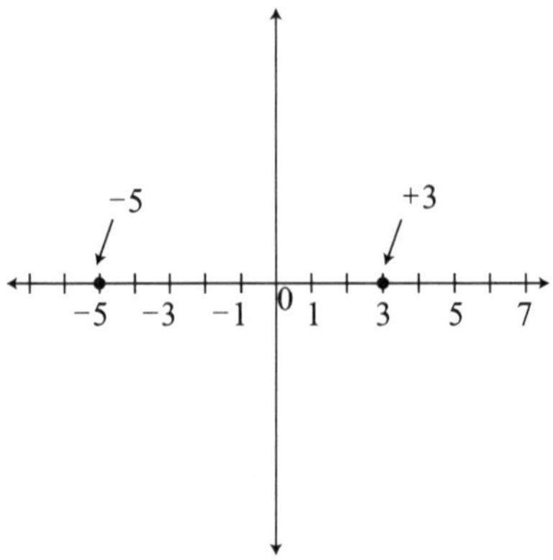

❙그림 6-1❙ 일직선상의 실수

예를 들면 그림 6-2에서 직각좌표가 (2, 3)인 점은 복소수 $A = 2 + j3$를 나타낸다. 그리고 복소수 $B = -2 - j2$는 복소평면상의 한 점 $(-2, -2)$로 표시할 수 있다.

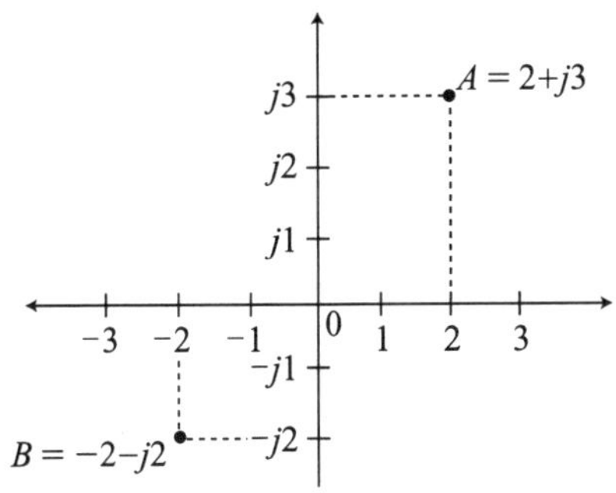

▌그림 6-2▐ 복소평면

예제 6.1

복소평면상의 다음 점들을 복소수로 표시하라.

(a) (3, 7) (b) (−4, −5) (c) (−4, 0) (d) (0, −6)

[풀이]

(a) $3+j7$ (b) $-4-j5$ (c) -4 (d) $-j6$

3. 회전연산자

앞에서 설명한 바와 같이 복소평면에서 수평축(실축) 위에 있는 수를 실수, 수직축(허축) 위에 있는 수를 허수라고 부른다.

허수단위 j의 중요한 특징은 그림 6-3에 표시되어 있다. 실수 +4에 j를 곱하면 $+j4$가 된다. 이것을 복소평면상에 표시하면 +4를 반시계 방향으로 90°만큼 회전한 것이 된다. 같은 방법으로 +4에 $-j$를 곱하면 $-j4$가 되어, +4를 시계 방향으로 90°만큼 회전한 것이 된다.

수학적으로 허수단위 j는 $\sqrt{-1}$이다. 만약 $+j4$에 j를 곱하면 $j^2(4)=(-1)(4)=-4$가

된다. 이것은 +4인 양의 실수를 시계 방향 또는 반시계 방향으로 180°만큼 회전시켜 −4인 음의 실수가 되도록 하는 것이다. 이런 의미에서 허수단위 j를 회전연산자(rotational operator)라고 한다. 이와 같은 특성을 요약하면 다음과 같다.

$j=\sqrt{-1}$	반시계 방향으로 90°만큼 회전	(6−3a)
$j^2=-1$	반시계 방향으로 180°만큼 회전	(6−3b)
$j^3=-j$	반시계 방향으로 270°만큼 회전	(6−3c)
$j^4=1$	반시계 방향으로 360°만큼 회전	(6−3d)

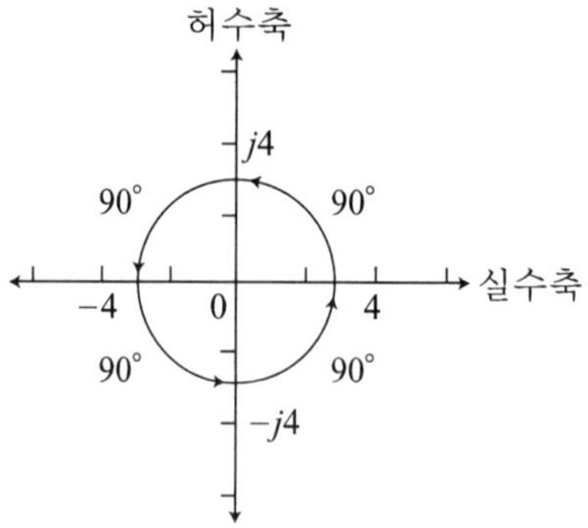

▌그림 6-3▌ 회전연산자 j의 특징

요 약

1. 제곱하여 −1이 되는 수를 허수단위라 하고, j로 표시한다.
2. 복소수 $a+jb$에서 a를 실수부(real part), b를 허수부(imaginary part)라 부른다.
3. 평면상의 한 점에 대응하는 복소수를 결정하는 데 쓰이는 평면을 복소평면이라고 하고, x축과 y축을 각각 실수축과 허수축이라고 한다.

4. 복소수 $a+jb$는 복소평면상에 (a, b)인 점으로 나타낼 수 있다. 반대로 복소평면상의 한 점은 하나의 복소수로 표시할 수 있다.

6.2 복소수의 표시방법

앞 절에서는 복소수를 그 실수부와 허수부로 즉, 기하학적으로는 직각좌표 형식으로 표시하였다. 복소수를 표현하는 또 다른 방법으로는 그림 6-4에서와 같이 크기와 각을 갖는 극좌표 형식으로 나타낼 수 있다.

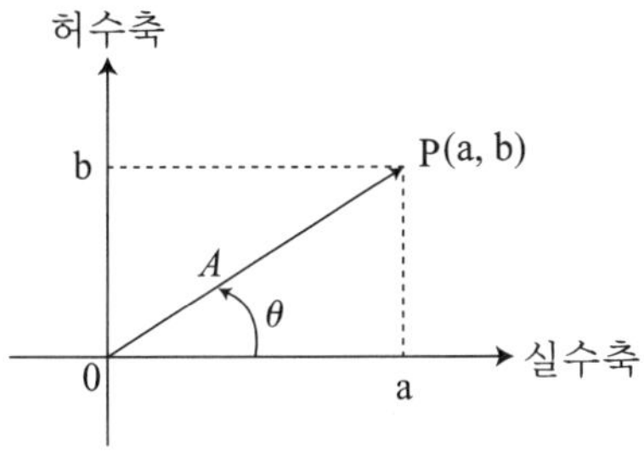

▌그림 6-4▐ 직각좌표 형식과 극좌표 형식

1. 극좌표 형식과 삼각함수 형식

그림 6-4와 같이 복소평면상의 한 점 P의 위치를 원점으로부터의 거리와, 극축(양의 실수축)으로부터 반시계 방향으로의 각으로 나타내는 좌표형식을 극좌표 형식이라 한다.

그림 6-4에서 원점 O로부터 점 P까지의 길이를 A, 선분 OP가 수평축과 이루는 각을 θ라고 하면, (A, θ)는 점 P의 극좌표이며, A 및 θ를 각각 복소수 A의 크기 및 각이라 한다.

복소수를 극좌표 형식으로 표시하면, 그 크기와 각을 다음과 같이 나타낼 수 있다.

$$\mathrm{A} = A \angle \theta \qquad (6-4)$$

이것은 크기가 A, 각이 θ인 복소수를 나타내는 하나의 기호에 불과하며, 결코 A에 각 θ를 곱하는 것이 아니다. 여기서 A를 복소수 A 의 절대값이라고도 하며, $|A|$와 같이 표시하기도 한다.

그림 6-4와 같이 점 O를 원점으로 하여 각 θ의 기준선을 수평축으로 한 직각좌표축을 그리면, 복소수 $\mathrm{A} = a + jb$의 크기 A 및 각 θ는 다음과 같이 된다.

$$A = \sqrt{a^2 + b^2} \qquad (6-5)$$

$$\theta = \tan^{-1}\left(\frac{b}{a}\right) \qquad (6-6)$$

극좌표 형식의 복소수 $\mathrm{A} = A \angle \theta$로부터 직각좌표 형식 $\mathrm{A} = a + jb$로 변환할 때에는 다음의 공식을 이용하여 각각 실수부 a 및 허수부 b를 구하면 된다.

$$a = A\cos\theta \qquad (6-7a)$$

$$b = A\sin\theta \qquad (6-7b)$$

이와 같은 관계로부터 복소수 A를 다음과 같은 세 가지 형식으로 나타낼 수 있다.

$$\mathrm{A} = a + jb \qquad (6-8a)$$

$$= A\cos\theta + jA\sin\theta \qquad (6-8b)$$

$$= A\angle\theta \qquad (6-8c)$$

여기서 $a + jb$를 직각좌표 형식(rectangular form), $A\cos\theta + jA\sin\theta$를 삼각함수 형식(trigonometric form), 그리고 $A\angle\theta$를 극좌표 형식(polar form)이라 부른다.

예제 6.2

복소수 $A = 5 - j5$를 극좌표 형식으로 변환하라.

[풀이]

복소수 A의 크기 $A = \sqrt{5^2 + (-5)^2} = \sqrt{50} = 5\sqrt{2}$

복소수 A의 각 $\theta = \tan^{-1}\left(\frac{b}{a}\right) = \tan^{-1}\left(\frac{-5}{5}\right) = \tan^{-1}(-1) = -45^\circ$

예제 6.3

복소수 $B = 20\angle\pi/3$를 직각좌표 형식으로 변환하라.

[풀이]

복소수 $B = 20\angle\pi/3$

$$= 20\left[\cos\left(\frac{\pi}{3}\right) + j\sin\left(\frac{\pi}{3}\right)\right]$$

$$= 10 + j17.3$$

2. 지수함수 형식

정현파를 다루는 데 있어서 특히 유용한 또 하나의 복소수의 표현 형식은 지수함수 형식(exponential form)이다. 앞에서 설명한 극좌표 형식은 복소수의 기하학적 표현과 직결되므로 직관적으로 이해하기 쉽다. 이에 비해 지수함수 형식은 좀 복잡하지만, 수학적 근거가 확고한 표시법이라는 점에서 유리하다.

오일러의 정리(Euler's theorem)를 이용하면, 복소지수함수 $e^{j\theta}$는 다음과 같이 표현할 수 있다.

$$e^{j\theta} = \cos\theta + j\sin\theta \tag{6-9}$$

식 (6-9)를 이용하면, 크기가 A이고 각이 θ인 복소수 A를 다음과 같이 나타낼 수 있다.

$$\mathrm{A} = A\cos\theta + jA\sin\theta \tag{6-10a}$$

$$= A(\cos\theta + j\sin\theta) \tag{6-10b}$$

$$= Ae^{j\theta} \tag{6-10c}$$

이 때 $Ae^{j\theta}$와 같이 표현하는 복소수의 형식을 지수함수 형식이라고 부른다. 특히 $e^{j\theta}$는 그림 6-5에 나타낸 바와 같이 크기가 1이고 각이 θ인 복소수를 나타낸다. 그러므로

$$|e^{j\theta}| = |\cos\theta + j\sin\theta| = 1 \tag{6-11}$$

이 된다.

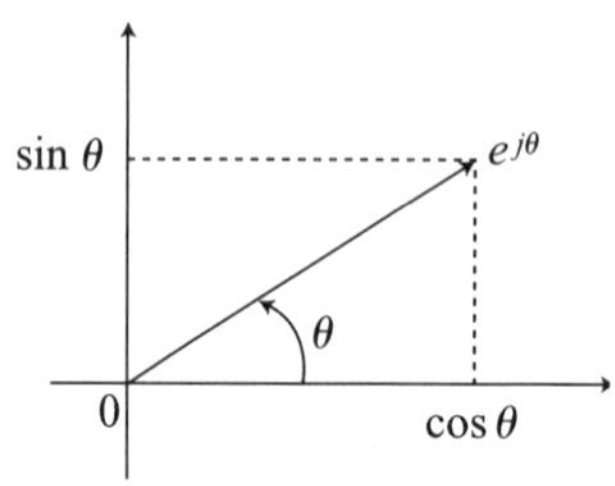

❙그림 6-5❙ 오일러의 정리

예제 6.4

복소수 $2.5 + j3.0$을 지수함수 형식으로 변환하라.

[풀이]

$$
\begin{aligned}
2.5+j3.0 &= \sqrt{2.5^2+3^2}\angle\tan^{-1}(3.0/2.5) \\
&= 3.9\angle 50.2^\circ \\
&= 3.9e^{j\,50.2^\circ}
\end{aligned}
$$

요 약

1. 복소수는 다음의 여러 가지 형식으로 표현할 수 있다.

$\mathrm{A} = a + jb$	직각좌표 형식
$= A(\cos\theta + j\sin\theta)$	삼각함수 형식
$= A\angle\theta$	극좌표 형식
$= Ae^{j\theta}$	지수함수 형식

단, 여기서 $A = \sqrt{a^2+b^2}$, $\theta = \tan^{-1}\left(\dfrac{b}{a}\right)$

6.3 복소수의 연산

1. 복소수의 덧셈과 뺄셈

2개 이상의 복소수를 더하거나 빼기 위해서는 실수부는 실수부끼리, 허수부는 허수부끼리 계산하면 된다. $\mathrm{A} = a + jb$, $\mathrm{B} = c + jd$라 하면, 복소수 A와 B의 합과 차는 각각 다음과 같다.

$$A+B=(a+jb)+(c+jd)=(a+c)+j(b+d) \quad (6-12)$$

$$A-B=(a+jb)-(c+jd)=(a-c)+j(b-d) \quad (6-13)$$

예제 6.5

다음 복소수의 합과 차를 구하라.

① $(4+j3)+(2-j1)$ ② $(7-j2)-(5-j8)$

[풀이]

① $(4+j3)+(2-j1)=(4+2)+j(3-1)=6+j2$

② $(7-j2)-(5-j8)=(7-5)+j(-2+8)=2+j6$

2. 복소수의 곱셈

$A=a+jb$, $B=c+jd$라 하면, 복소수 A와 B의 곱은 다음과 같다.

$$AB=(a+jb)(c+jd) \quad (6-14a)$$

$$=ac+jad+jbc+j^2bd \quad (6-14b)$$

$$=(ac-bd)+j(ad+bc) \quad (6-14c)$$

예제 6.6

복소수 $4+j3$과 $-2+j5$의 곱을 구하라.

[풀이]

$$(4+j3)(-2+j5)=(4)(-2)+(4)(j5)+(j3)(-2)+(j3)(j5)$$
$$=-8+j20-j6+j^2 15$$
$$=(-8-15)+j(20-6)$$
$$=-23+j14$$

극좌표 형식을 이용하면 복소수의 곱셈을 보다 더 간단하게 계산할 수 있다. 극좌표 형식의 복소수 $\mathrm{A}=A\angle\alpha$와 $\mathrm{B}=B\angle\beta$의 곱은 다음과 같이 표현할 수 있다.

$$\mathrm{AB}=(A\angle\alpha)(B\angle\beta) \tag{6-15a}$$
$$=[A(\cos\alpha+j\sin\alpha)][B(\cos\beta+j\sin\beta)] \tag{6-15b}$$
$$=AB[(\cos\alpha\cos\beta-\sin\alpha\sin\beta)+j(\sin\alpha\cos\beta+\cos\alpha\sin\beta)] \tag{6-15c}$$
$$=AB[\cos(\alpha+\beta)+j\sin(\alpha+\beta)] \tag{6-15d}$$
$$=AB\angle(\alpha+\beta) \tag{6-15e}$$

따라서 두 복소수의 곱의 크기는 각 복소수의 크기의 곱과 같고, 두 복소수의 곱의 각은 각 복소수의 각의 합과 같다.

예제 6.7

복소수 $2\angle 30°$과 $5\angle 60°$의 곱을 구하라.

[풀이]

$$(2\angle 30°)(5\angle 60°)=(2)(5)\angle(30°+60°)$$
$$=10\angle 90°$$

또한 지수함수 형식을 이용하여 복소수의 곱셈을 계산하면, 간단하고도 그 수학적 근거가 명확해진다. $\mathrm{A} = Ae^{j\alpha}$, $\mathrm{B} = Be^{j\beta}$라 하면, 복소수 A와 B의 곱은 다음과 같다.

$$(Ae^{j\alpha})(Be^{j\beta}) = ABe^{j(\alpha+\beta)} \tag{6-16}$$

예제 6.8

복소수 $5e^{j60°}$과 $-3e^{j30°}$의 곱을 구하라.

[풀이]

$$(5e^{j60°})(-3e^{j30°}) = (5)(-3)e^{j(60°+30°)}$$
$$= -15\,e^{j90°}$$

3. 복소수의 나눗셈

$\mathrm{A} = a + jb$, $\mathrm{B} = c + jd$라 하면, 두 복소수의 나눗셈 B/A는 다음과 같다.

$$\frac{\mathrm{B}}{\mathrm{A}} = \frac{c+jd}{a+jb} = \frac{(c+jd)(a-jb)}{(a+jb)(a-jb)} \tag{6-17a}$$

$$= \frac{ac - jbc + jad - j^2\,bd}{a^2 - jab + jab - j^2\,b^2} \tag{6-17b}$$

$$= \frac{(ac+bd) + j(ad-bc)}{a^2+b^2} \tag{6-17c}$$

$$= \frac{ac+bd}{a^2+b^2} + j\frac{ad-bc}{a^2+b^2} \tag{6-17d}$$

예제 6.9

$(3-j4)/(2+j4)$를 계산하라.

[풀이]

$$\frac{3-j4}{2+j4}=\frac{(3-j4)(2-j4)}{(2+j4)(2-j4)}$$

$$=\frac{(3)(2)-(j4)(3)-(j4)(2)+(j4)(j4)}{(2)(2)-(j4)(2)+(j4)(2)-(j4)(j4)}$$

$$=\frac{6-j12-j8-16}{4-j8+j8+16}$$

$$=\frac{-10-j20}{20}$$

$$=-0.5-j$$

다음으로 극좌표 형식을 이용하면, 복소수의 나눗셈 **B**/**A**를 다음과 같이 표현할 수 있다.

$$\frac{\mathrm{B}}{\mathrm{A}}=\frac{B\angle\beta}{A\angle\alpha} \qquad (6-18a)$$

$$=\frac{B}{A}\angle(\beta-\alpha) \qquad (6-18b)$$

따라서 두 복소수의 나눗셈의 크기는 각 복소수의 크기의 나눗셈과 같고, 각은 각 복소수의 각의 차와 같다.

예제 6.10

$(6\angle 90°)/(3\angle 30°)$를 계산하라.

[풀이]

$$\frac{6\angle 90°}{3\angle 30°} = \left(\frac{6}{3}\right)\angle(90° - 30°)$$
$$= 2\angle 60°$$

지수함수 형식을 이용하여 복소수의 나눗셈을 계산하면, 간단하고도 그 수학적 근거가 명확해진다. $\mathrm{A} = Ae^{j\alpha}$, $\mathrm{B} = Be^{j\beta}$라 하면, 복소수의 나눗셈 B/A는 다음과 같다.

$$\frac{\mathrm{B}}{\mathrm{A}} = \frac{Be^{j\beta}}{Ae^{j\alpha}} \tag{6-19a}$$

$$= \frac{B}{A}e^{j(\beta-\alpha)} \tag{6-19b}$$

예제 6.11

$(8e^{j60°})/(-2e^{j30°})$를 계산하라.

[풀이]

$$\frac{8e^{j60°}}{-2e^{j30°}} = \left(\frac{8}{-2}\right)e^{j(60°-30°)}$$
$$= -4e^{j30°}$$

4. 공액복소수

실수부와 허수부의 크기는 같고, 허수부의 부호가 서로 반대인 두 복소수를 공액복소수라 한다. 즉, 두 복소수 $a+jb$와 $a-jb$를 서로 공액복소수(conjugate complex number)라고 한다. 복소수 A의 공액복소수는 A^*로 표시한다. 즉, $\mathrm{A}=a+jb$일 때 공액복소수는 $\mathrm{A}^*=a-jb$이다. 서로 공액인 복소수는 그림 5-6에서와 같이 복소평면 위에서 실수축에 대해 대칭인 두 점으로 표시된다. 그리고 공액복소수 사이의 덧셈, 뺄셈, 그리고 곱셈의 결과는 순수한 실수 또는 허수가 되기 때문에 복소수의 계산에 자주 이용된다. 즉,

$$\mathrm{A}+\mathrm{A}^*=(a+jb)+(a-jb)=2a \qquad (6-20)$$

$$\mathrm{A}-\mathrm{A}^*=(a+jb)-(a-jb)=j2b \qquad (6-21)$$

$$\mathrm{AA}^*=(a+jb)(a-jb)=a^2+b^2 \qquad (6-22)$$

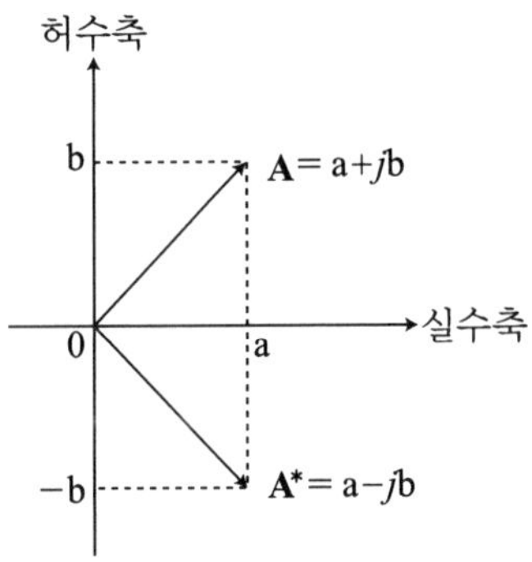

┃그림 6-6┃ 공액복소수

5. 누승

복소수 $\mathrm{A}=Ae^{j\theta}$의 n승은 다음과 같이 구할 수 있다.

$$\mathrm{A}^n = (Ae^{j\theta})^n \quad (6-23a)$$

$$= A^n e^{jn\theta} \quad (6-23b)$$

$$= A^n[\cos(n\theta) + j\sin(n\theta)] \quad (6-23c)$$

$$= A^n \angle n\theta \quad (6-23d)$$

즉, 복소수를 n승하면 그 크기는 주어진 복소수의 크기를 n승한 것과 같고, 그 각은 주어진 복소수의 각을 n배한 것과 같다.

예제 6.12

복소수 $\mathrm{A} = 3 + j4$의 3승을 계산하라.

[풀이]

복소수 $\mathrm{A} = 3 + j4 = \sqrt{3^2 + 4^2}\angle\tan^{-1}\left(\frac{4}{3}\right)$

$$= 5\angle\tan^{-1}\left(\frac{4}{3}\right) = 5\angle 53.1^\circ$$

$$\mathrm{A}^3 = (5\angle 53.1^\circ)^3$$

$$= 5^3\angle(3)(53.1^\circ) = 125\angle 159.3^\circ$$

요 약

1. 두 복소수의 덧셈과 뺄셈은 다음과 같이 표현할 수 있다.

$$\mathrm{A+B} = (a + jb) + (c + jd) = (a + c) + j(b + d)$$

$$\mathrm{A-B} = (a + jb) - (c + jd) = (a - c) + j(b - d)$$

2. 두 복소수의 곱셈은 다음과 같이 구할 수 있다.

① 직각좌표 형식 $(a+jb)(c+jd)=(ac-bd)+j(ad+bc)$

② 극좌표 형식 $(A\angle\alpha)(B\angle\beta)=AB\angle(\alpha+\beta)$

③ 지수함수 형식 $(Ae^{j\alpha})(Be^{j\beta})=ABe^{j(\alpha+\beta)}$

3. 두 복소수의 나눗셈은 다음과 같이 구할 수 있다.

① 직각좌표 형식 $\dfrac{c+jd}{a+jb}=\dfrac{(c+jd)(a-jb)}{(a+jb)(a-jb)}$

② 극좌표 형식 $\dfrac{B\angle\beta}{A\angle\alpha}=\dfrac{B}{A}\angle(\beta-\alpha)$

③ 지수함수 형식 $\dfrac{Be^{j\beta}}{Ae^{j\alpha}}=\dfrac{B}{A}e^{j(\beta-\alpha)}$

6.4 정현파의 페이저 표시

앞 절에서는 복소수의 표시방법과 이들 사이의 변환관계를 다루었다. 이 절에서는 순시값으로 표현된 정현파를 극좌표 형식의 페이저(phasor)로 표현하는 방법을 배우게 된다.

그림 6-7과 같이 크기가 V_m인 벡터 OP가 평면상에서 원점 O의 주위를 일정한 각속도 ω [rad/s]로 반시계 방향으로 회전하고 있다고 하자. 이와 같이 회전하는 벡터를 회전벡터(rotating vector)라고 한다. 극축(정방향의 수평축)과 반시계 방향으로 θ의 각을 이루는 순간을 시간의 원점으로 하고, 이때부터 t_1초 후의 벡터 OP는 ωt_1 [rad] 만큼 회전하여 수평축과는 $(\omega t_1+\theta)$[rad]의 각을 이루게 된다. 이 때 OP의 수직축상의 투영 OA는 순시값 $V_m \sin(\omega t_1+\theta)$와 같이 표시된다.

따라서 정현파 교류는 위상 θ의 순간을 시간 원점으로 일정한 각속도 ω로 반시계 방향으로 회전하는 최대값 V_m의 회전벡터로 표시할 수 있고, 이것의 수직축상의 투영이 바로 정현파 교류의 순시값 $v=V_m \sin(\omega t+\theta)$를 나타낸다.

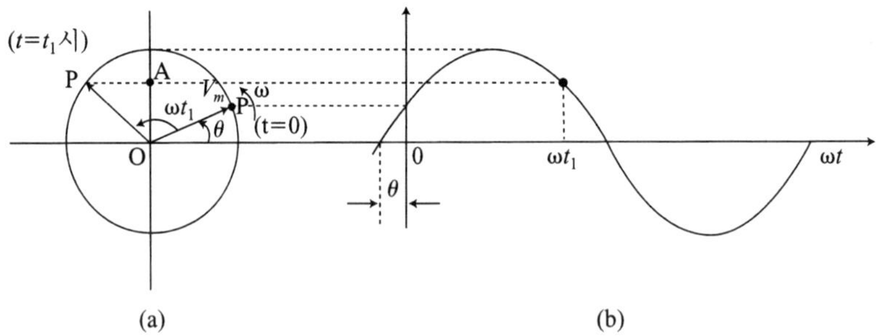

❙그림 6-7❙ 회전벡터와 정현파

1. 페이저(phasor)

이와 같이 회전벡터는 크기와 각이라는 두 요소를 가지고 있으므로, 수학적으로는 하나의 복소수로 표현할 수 있다. 즉 회전벡터가 놓인 평면을 하나의 복소평면으로 생각하다면 $t=0$에서의 회전벡터는 다음과 같이 나타낼 수 있다.

$$V_m \angle \theta = V_m e^{j\theta} \quad (6\text{–}24)$$

마찬가지 방법으로 정현파 전압과 전류는 각각 다음과 같이 나타낼 수 있다.

$$v = V_m \sin(\omega t + \theta_1) \quad \mathbf{V} = V_m \angle \theta_1 \quad (6\text{–}25)$$

$$i = I_m \sin(\omega t - \theta_1) \quad \mathbf{I} = I_m \angle -\theta_1 \quad (6\text{–}26)$$

이와 같이 t=0에서 정현파의 최대값과 위상으로 나타내는 벡터를 페이저(phasor)라고 부른다. 페이저와 벡터는 둘 다 크기와 방향을 갖는 물리량이다. 그러나 벡터는 공간에서의 방향을 갖는 물리량을 나타내는데 비하여, 페이저는 시간에 따라 변화하는 물리량을 나타낸다.

2. 페이저도(phasor diagram)

하나의 회로에 관계되는 여러 개의 페이저들을 하나의 복소평면에 그린 것을 페이저도(phasor diagram)라고 한다.

그림 6-8에는 $v = V_m \sin(\omega t + \alpha)$, $i = I_m \sin(\omega t + \beta)$로 표시되는 전압, 전류의 순시값을 페이저로 나타낸 것이다. 이 그림으로부터 페이저의 크기와 위상관계를 한 눈에 알아 볼 수 있다. 즉, 페이저의 길이가 각 단위길이의 몇 배인가를 나타냄으로써 정현파의 크기를 알 수 있고, 또 두 페이저 사이의 각 θ로부터 두 파의 위상차 ($\alpha - \beta$)를 알 수 있다.

그리고 위상은 반시계 방향으로 앞서 있는 쪽의 위상이 앞선다고 한다. 시간의 경과와 함께 이 두 벡터들은 모두 같은 각속도 ω로 반시계 방향으로 회전하지만, 각각의 크기와 위상차는 그대로 유지된다.

이때 실제로 필요한 것은 전류, 전압의 크기와 위상차이므로, 페이저를 회전시키면서 생각할 필요는 없다. 따라서 어느 하나의 페이저가 수평축과 일치하는 순간에 정지시켜서 페이저를 그리는 것이 더 편리할 때가 있다. 그림 6-8(a)의 페이저는 회전벡터들을 $t = 0$에서 정지한 것으로 나타낸 것이고, 그림 6-8(b)는 전류 페이저가 수평축과 일치하는 순간의 페이저도를 그린 것이다.

이 때 정의 수평방향으로 놓인 페이저를 기준 페이저(reference phasor)라고 한다. 페이저도를 그릴 때에는 먼저 기준 페이저를 선택한 다음, 다른 페이저들은 이것과의 위상차를 고려하여 다시 그리면 된다.

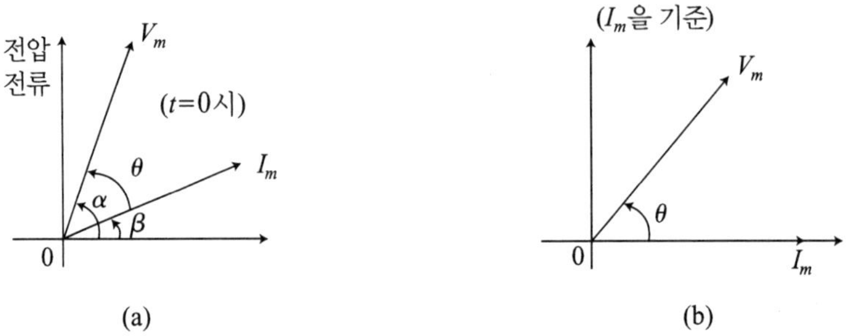

▌그림 6-8▐ 페이저도

그림 6-8(b)는 전류 페이저를 기준으로 하여 다시 그린 페이저도로서, 각 페이저는 $I_m \angle 0$, $V_m \angle \theta$와 같이 되고 그 순시식은 다음과 같이 된다.

$$i = I_m \sin \omega t \tag{6-27}$$

$$v = V_m \sin(\omega t + \theta) \tag{6-28}$$

$$단,\ \theta = \alpha - \beta$$

3. 정현파의 페이저 표시

이제까지 페이저의 크기는 정현파의 최대값을 표시하였다. 그러나 교류회로에서는 최대값보다 실효값이 물리적으로 더 중요한 의미를 갖는다. 그러므로 페이저 표시에서 페이저의 크기를 최대값으로 나타내는 것보다 실효값으로 나타내는 것이 물리적으로 더 중요한 의미를 갖는다. 앞으로 특별한 언급이 없으면 전류, 전압의 페이저 표시에서 페이저의 크기는 실효값을 나타내는 것을 원칙으로 한다. 즉,

$$a = A_m \sin(\omega t + \theta) = \sqrt{2} A \sin(\omega t + \theta), \quad \mathbf{A} = \frac{A_m}{\sqrt{2}} \angle \theta = A \angle \theta \tag{6-29}$$

마찬가지 방법으로 정현파 전류와 전압은 다음과 같이 표시한다.

$$v_1 = V_{m1}\sin(\omega t + \theta_1) = \sqrt{2}\,V_1\sin(\omega t + \theta_1),\ \mathbf{V}_1 = \frac{V_{m1}}{\sqrt{2}}\angle\theta_1 = V_1\angle\theta_1 \qquad (6\text{-}30)$$

$$i_1 = I_{m1}\sin(\omega t - \theta_1) = \sqrt{2}I_1\sin(\omega t - \theta_1),\ \mathbf{I}_1 = \frac{I_{m1}}{\sqrt{2}}\angle -\theta_1 = I_1\angle -\theta_1 \qquad (6\text{-}31)$$

예제 6.13

다음 각 정현파를 페이저로 표시하라.

(a) $i_1 = 2.5\sin\omega t$ A

(b) $v_1 = 100\sqrt{2}\sin(\omega t + \pi/4)$ V

(c) $i_2 = 35\sin(\omega t - 60°)$ A

[풀이] (a) $\mathbf{I}_1 = \dfrac{2.5}{\sqrt{2}}\angle 0°$ A

(b) $\mathbf{V}_1 = 100\angle\pi/4$ V

(c) $\mathbf{I}_2 = \dfrac{35}{\sqrt{2}}\angle -60°$ A

요 약

1. 정현파 교류는 일정한 각속도 ω로 반시계 방향으로 회전하는 최대값 V_m의 회전벡터로 표시할 수 있다.
2. 하나의 회로에 관계되는 여러 개의 전류, 전압을 대표하는 페이저들을 하나의 복소평면에 그린 것을 페이저도(phasor diagram)라고 한다.
3. 전류, 전압의 페이저 표시에서 페이저의 크기는 실효값을 나타내는 것을 원칙으로 한다.

연습문제

1. $3+\sqrt{-16}$을 허수단위 j를 이용하여 표현하라.

[답] $3+j4$

2. 복소수 $A=-2+j3$의 허수부는 얼마인가?

[답] 3

3. 복소수 $6-j7$을 복소평면상의 한 점으로 표현하라.

[답] (6, −7)

4. $4+j3$을 극좌표 형식으로 변환하라.

[답] $5\angle 36.9°$

5. $4\angle 30°$를 직각좌표 형식으로 변환하라.

[답] $3.5+j2$

6. $3\angle 60°$를 지수함수 형식으로 변환하라.

[답] $3e^{j60°}$

7. 복소수 $A=5-j3$과 $B=3+j5$의 합과 차를 구하라.

[답] $A+B=8+j2$
$A-B=2-j8$

8. 복소수 $-2+j4$와 $-3+j2$의 곱을 구하라.

[답] $(-2+j4)(-3+j2)=-2-j16$

9. 복소수 $A=5-j3$의 공액복소수를 구하라.

[답] $A^{*}=5+j3$

10. $(-2-j4)/(2-j2)$를 계산하라.

[답] $\dfrac{-2-j4}{2-j2} = 0.5 - j1.5$

11. 다음 각 페이저에 대응하는 정현파를 구하라.

(a) $V_1 = 15 \angle 2\pi/3$ V

(b) $V_2 = \dfrac{35}{\sqrt{2}} e^{j\pi/4}$ V

(c) $I_1 = \dfrac{20}{\sqrt{2}} \angle 30^\circ$ A

[답] (a) $v_1 = 15\sqrt{2}\sin(\omega t + 2\pi/3)$ V

(b) $v_2 = 35\sin(\omega t + \pi/4)$ V

(c) $i_1 = 20\sin(\omega t + 30^\circ)$ A

제 7 장

인덕터

7.1 전류의 자기현상

1820년 에르스텟(Oersted)은 전기에 관한 실험을 하는 도중 우연히 도선에 흐르는 전류를 변화시키면 그 도선 주위에 있는 자침(나침판의 바늘)이 움직인다는 사실을 발견하였다. 이것은 바로 전류가 흐르는 도선 주위에 자침을 움직일 수 있는 자기장(magnetic field)이 형성된다는 것을 나타내는 것이다. 그 후 암페어(Ampere) 등은 전기장과 자기장이 서로 밀접한 관계가 있음을 밝혔고, 전류가 자기 발생의 근원임을 알게 되었다.

1822년 Ampere는 무한히 긴 직선 전류에 의하여 생기는 자기장의 세기 H는 전류 I에 비례하고, 직선으로부터의 거리 r에 반비례한다는 사실을 밝혔다.

$$H = \frac{I}{2\pi r} \qquad (7-1)$$

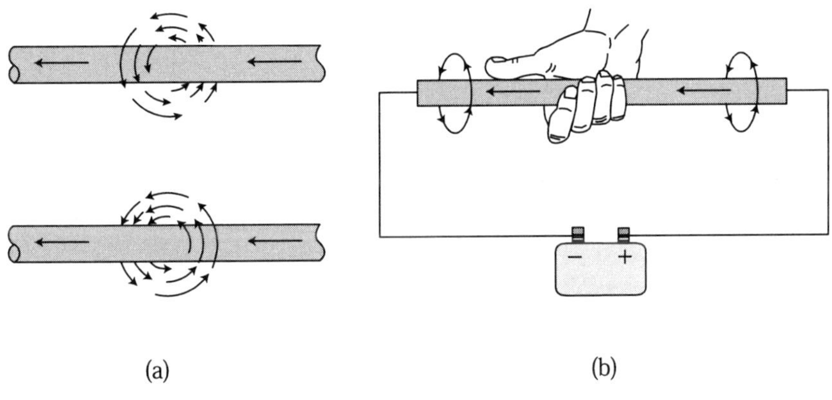

❙그림 7-1❙ 암페어의 오른손 법칙

또한 무한히 긴 직선 전류에 의하여 생기는 자기장은 그림 7-1(a)에 나타난 바와 같이 전류를 축으로 하는 동심원으로 된다. 그림 7-1(b)에 나타난 바와 같이 엄지손가락 방향으로 전류가 흐르면 다른 네 개의 손가락이 회전하는 방향으로 자력선이 생기고, 반대로 네 손가락의 방향으로 전류가 흐르면 엄지손가락 방향으로 자력선이 발생한다. 이러한 관계를 암페어의 오른손 법칙 또는 오른나사 법칙이라 한다. 즉, 전류가 오른나사의 진행 방향으로 흐르면 자기장은 그 나사의 회전 방향으로 발생하고, 전류가 나사의 회전 방향으로 흐르면 자기장은 나사가 진행하는 방향으로 생긴다.

요 약

1. 전류가 흐르는 도선 주위에는 자기장이 형성된다.
2. 무한히 긴 직선 전류에 의하여 생기는 자기장의 세기 H는 전류 I에 비례하고 직선으로부터의 거리 r에 반비례한다.
3. 엄지손가락 방향으로 전류가 흐르면 다른 네 개의 손가락이 회전하는 방향으로 자력선이 생긴다. 이것을 암페어의 오른손 법칙이라 한다.

7.2 파라데이의 법칙

에르스텟(Oersted)이 전기장(electric field)에 의해 자기장(magnetic field)이 발생된다는 사실을 발견한 이후 많은 과학자들은 역으로 자기장으로부터 전기장을 형성되지 않을까 하는 생각을 하게 되었다. 1832년 Faraday는 회로 주위의 자기장이 시간에 따라 변하면, 그 회로에 기전력(electromotive force)이 유기된다는 사실을 실험적으로 확인하였다.

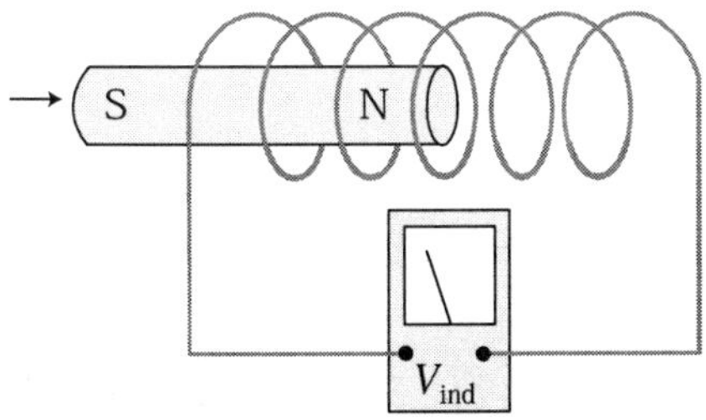

(a) 자석이 코일 속으로 움직이면 전압을 유도한다.

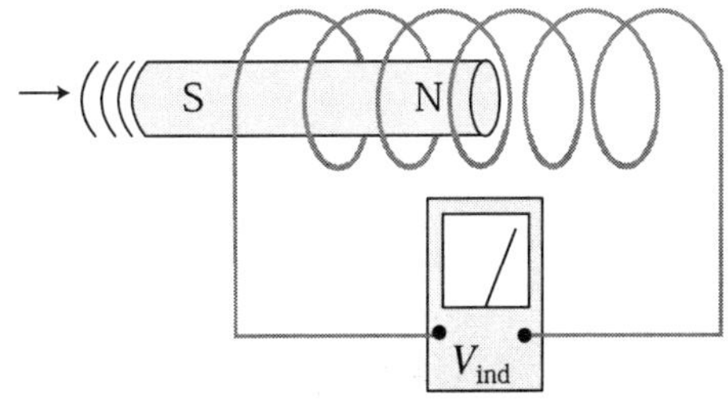

(b) 자석을 더욱 빠르게 오른쪽으로 움직이면 코일 쪽으로 자기장을 더욱 변화시켜 주고 더욱 더 큰 전압이 유도된다.

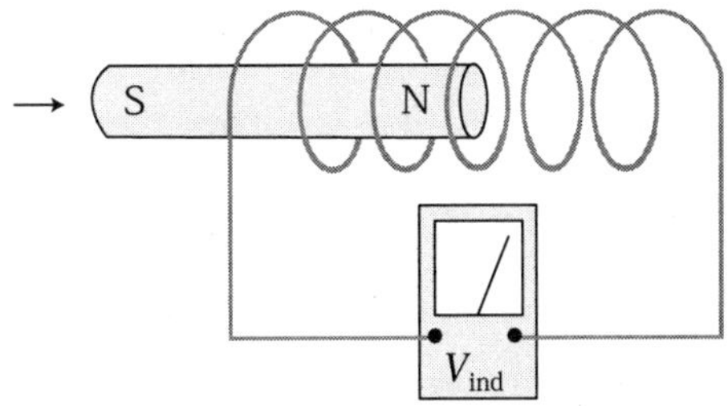

(c) 자석이 단위길이당 좀더 많은 횟수로 감은 코일을 통해서 같은 속도로 움직이면 좀더 많은 전압이 유도된다.

❙그림 7-2❙

그림 7-2(a)에서와 같이 코일 속의 막대자석을 일정한 속도로 움직이면, 코일과 쇄교하는 자속수의 변화에 의하여 코일 양단에는 일정한 크기의 유도전압이 생성된다. 그리고 그림 7-2(b)에서와 같이 동일한 코일 속의 막대자석을 더 빠른 속도로 움직이면, 코일 양단에는 더 큰 유도전압이 생성된다. 또한 자석이 그림 7-2(c)에서와 같이 단위 길이당 감은 수가 많은 코일 속을 동일한 속도로 움직이면, 코일 양단에는 더 큰 유도전압이 생성된다.

이 때 생긴 유도전압은 폐회로를 쇄교하는 자속의 시간적 변화율과 코일을 감은 수의 곱에 비례한다. 이를 파라데이의 전자유도 법칙이라 하고, 이를 수식으로 표현하면 다음과 같다.

$$v_L = -\frac{d\Phi}{dt} \tag{7-2}$$

$$= -n\frac{d\phi}{dt} \text{ [V]} \tag{7-3}$$

여기서 $d\Phi$는 dt시간 동안의 쇄교자속의 변화를 나타내고, v_L은 이 때 유도된 기전력을 표시한다. 즉, 자속이 매초 1 [Wb]의 비율로 감소할 때 유도 기전력은 1 [V]가 된다. 그리고, 단위 길이당 코일을 n회 감으면 식 (7–2)에서 총 자속 쇄교수 Φ는 $n\phi$가 된다.

위의 식에서 (–) 부호가 붙여진 이유는 유도기전력에 의한 유도전류의 방향이 폐회로를 쇄교하는 자속의 변화를 방해하는 방향으로 흐르기 때문이다. 이를 Lentz의 법칙이라 한다. 예를 들면, 자속 ϕ가 시간에 따라 감소하는 경우 $d\Phi/dt$의 부호는 (–)이므로, 이로 인해 생긴 유도전압은 (+) 방향으로 되어 쇄교하는 자속을 증가시키게 된다. 자속 ϕ가 시간에 따라 증가하는 경우 $d\Phi/dt$의 부호는 (–)이므로 이로 인해 생긴 유도전압은 (–) 방향으로 되어 유도회로에 쇄교하는 자속을 감소시키게 된다.

예제 7.1

자속이 0.5 Wb/s의 비율로 변화하는 자기장 속에 놓여 있는 20회 감은 코일 양단에 유도되는 기전력은 얼마인가 ?

[풀이]

$$e = -n\frac{d\phi}{dt}$$
$$= -20 \times 0.5 = -10 \text{ V}$$

요 약

1. 1832년 Faraday는 회로 주위의 자기장이 시간에 따라 변하면, 그 회로에 기전력(electromotive force)이 유기된다는 사실을 실험적으로 확인하였다.
2. 시간적으로 변화하는 자기장에 의해 주위의 폐회로에 유도되는 전압은 폐회로를 쇄교하는 자속의 시간적 변화율과 코일을 감은 수의 곱에 비례한다.
3. 유도기전력에 의한 유도전류의 방향은 폐회로를 쇄교하는 자속의 변화를 방해하는 방향으로 흐른다. 이를 Lentz의 법칙이라 한다.

7.3 자기 인덕턴스

파라데이가 전자유도에 관한 법칙을 발견한 다음 해에 헨리(J. Henry)는 도선에 전류가 흐르면 그 주위에 자속이 발생되고, 그 중 일부 자속은 자기회로(self circuit)와 쇄교하여 기전력을 유기시킨다는 사실을 발견하였다. 이와 같이 자기회로에 흐르는 전류 변화에 의해서 자기 자신의 회로에 기전력이 유도되는 것을 자기유도(self induction)라 한다.

그림 7-3과 같이 전류에 의해서 생기는 자속은 반드시 폐회로를 이루며 전류와 쇄교한다. 자속이 전류와 쇄교하는 수를 자속 쇄교수라 하고, 단위는 웨버-터언(Weber-Turn)을 사용한다.

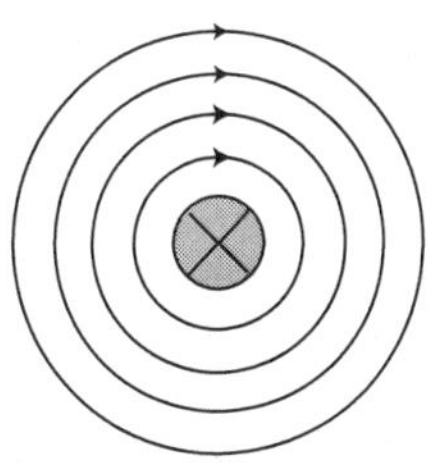

❙그림 7-3❙ 전류의 방향과 자력선의 방향

한 회로에 흐르는 전류의 변화에 의해서 생기는 자속 쇄교수는 그림 7-4와 같이 변화한다. 이 때 직선적으로 변화하는 범위내에서 전류와 자속 쇄교수 사이의 관계는 다음 식과 같다.

$$\Phi = Li \text{ [Wb-turn]} \tag{7-4}$$

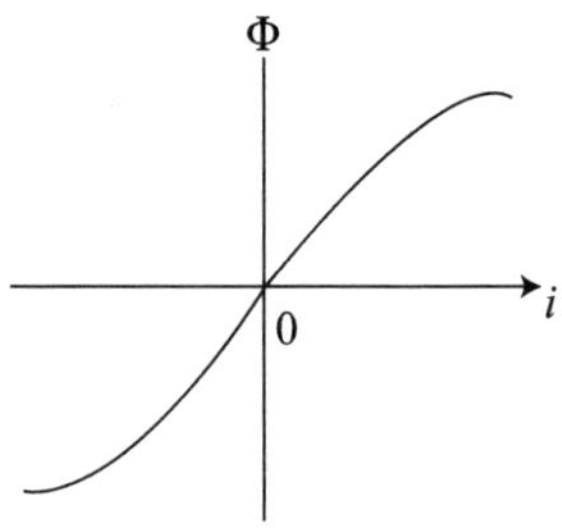

❙그림 7-4❙ 전류에 따른 자속 쇄교수의 변화

따라서 식 (7-4)를 식 (7-2)에 대입하면

$$v_L = -\frac{d\Phi}{dt} = -L\frac{di}{dt} \text{ [V]} \tag{7-5}$$

으로 된다. 여기서 비례상수 L은 직선 부분의 기울기를 나타내는데, 이를 자기 인덕턴스(self-inductance) 또는 인덕턴스(inductance)라고 한다. 이것은 전류가 시간에 따라 변화할 때 유도전압을 발생시키는 도체의 능력을 표시하고, 단위는 [H]를 사용한다. 이와 같이 전류가 시간에 따라 변화할 때 유도전압을 발생시키는 실제 소자를 인덕터(inductor) 또는 코일(coil)이라고 한다.

식 (7-5)에 의하면 1 [H]는 1 초 사이에 1 [A]의 전류가 흐를 때, 1 [V]의 기전력을 유도하는 자기 인덕턴스를 말한다. 따라서 1 [H]의 단위는 다음과 같이 표시할 수 있다.

$$[H] = \frac{[V][s]}{[A]} = [\Omega \cdot s] \qquad (7-6)$$

그리고 식 (7-5)로부터 전류는 다음과 같이 유도된다.

$$i = -\frac{1}{L}\int v_L dt \qquad (7-7)$$

예제 7.2

2 mH의 인덕터에 흐르는 전류가 10 A/s 의 비율로 변화한다면 인덕터 양단에 유도되는 전압은 얼마인가?

[풀이] $v_L = -L\frac{di}{dt}$

$= -(2\times 10^{-3})(10) = -20$ mV

예제 7.3

코일에 흐르는 전류가 −20 A/s 의 비율로 변화할 때 코일 양단에 유도된 전압은 2 V였다. 이 코일의 인덕턴스는 얼마인가?

[풀이] $v_L = -L\frac{di}{dt}$ 이므로

$$L = -\frac{v_L}{\left(\frac{di}{dt}\right)} = -\frac{2}{-20} = 0.1 \text{ H}$$

요 약

1. 자기회로(self-circuit)에 흐르는 전류 변화에 의해서 자기 자신의 회로에 기전력이 유도되는 것을 자기 유도(self-induction)라 한다.
2. 전류가 시간에 따라 변화할 때 유도전압을 발생시키는 실제 소자를 인덕터(inductor) 또는 코일(coil)이라고 한다.

7.4 상호 인덕턴스

두 코일이 서로 인접하여 있어서 한쪽 코일에 흐르는 전류에 의해서 발생한 자속이 다른 코일과 쇄교한다면, 이 두 코일은 유도적(또는 자기적)으로 결합되어 있다고 한다. 그림 7-5에서와 같이 유도적으로 결합된 회로에서 1차 코일에 i_1의 전류가 흐르면, 그 주위에는 자기장이 생기고 자력선의 일부는 2차 코일과 쇄교한다. 만일 i_1이 시간에 따라 변화하면 파라데이의 전자유도 법칙에 의하여 2차 코일 양단에는 자속 쇄교수의 시간적 변화율에 비례하는 전압이 유도된다. 이러한 현상을 상호 유도작용(mutual induction)이라 한다. 이 때 만일 2차 코일에 어떤 부하가 연결되어 있다면 2차 회로에 전류가 흐르게 된다. 이것은 1차 회로에서 2차 회로로 에너지 전달이 일어난다는 것을 의미한다.

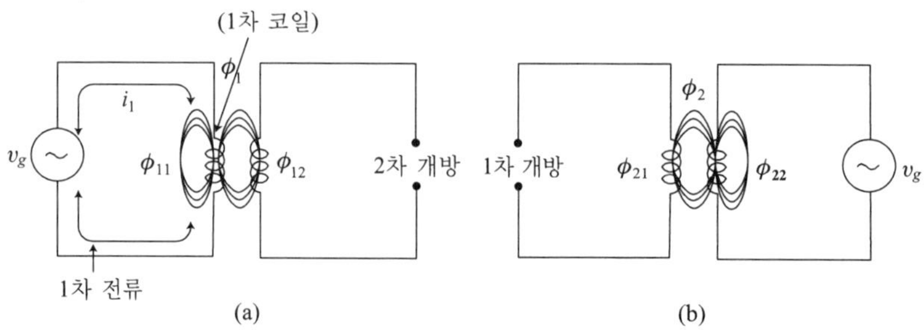

그림 7-5 자속의 가상성분으로의 분해

1. 상호 인덕턴스

서로 인접한 두 코일의 한쪽 코일에 흐르는 전류에 의해서, 인접한 다른 코일에 유도 전압을 발생시키는 도체의 능력을 상호 인덕턴스(mutual inductance)라고 한다. 일반적으로 상호 인덕턴스는 M으로 표시하고 단위는 자기 인덕턴스와 동일한 헨리[H]를 사용한다.

그림 7-5(a)의 회로에서 2차 코일이 개방되어 있다고 할 때, 1차 코일에 흐르는 전류 i_1에 의해서 생기는 자속을 ϕ_1이라 하자. ϕ_1은 두 개의 성분, 즉 ϕ_1이 2차 코일과 쇄교하는 자속 ϕ_{12}와 쇄교하지 않는 성분 ϕ_{1l}으로 구분된다. 이때 두 코일 사이에 쇄교하는 자속을 상호자속(mutual flux)이라 하고, 쇄교하지 않는 자속을 누설자속(leakage flux)이라고 한다.

마찬가지 방법으로 2차 코일에 흐르는 전류 i_2에 의하여 생성되는 자속 ϕ_2도 1차 코일과 쇄교하는 상호자속 ϕ_{21}와 쇄교하지 않는 누설자속 ϕ_{22}로 구분되므로, 다음의 관계식이 성립한다.

$$\phi_1 = \phi_{1l} + \phi_{12} \ , \qquad \phi_2 = \phi_{21} + \phi_{2l} \tag{7-8}$$

다음에 i_1에 의해 생기는 1, 2차 코일의 자속쇄교수를 λ_1, λ_2라 하고 각 코일의 권수를 n_1, n_2라고 하면, λ_1, λ_2는 권수에 비례하므로

$$\lambda_1 = n_1 \phi_1 \ , \ \lambda_2 = n_2 \phi_{12} \tag{7-9}$$

가 된다. 또 자속쇄교수는 주위매질의 투자율이 일정한 경우에 흐르는 전류 i_1에 비례하므로

$$\lambda_1 = L_1 i_1 \ , \ \lambda_2 = M_{12} i_1 \tag{7-10}$$

으로 표시된다.

여기서 L_1, M_{12}는 각각 비례계수로서 식 (7-9)와 (7-10)으로부터

$$L_1 = \frac{n_1 \phi_1}{i_1}, \quad M_{12} = \frac{n_2 \phi_{12}}{i_1} \tag{7-11}$$

의 관계가 성립되고, L_1을 1차 코일의 자기인덕턴스(self-inductance)라 하고, M_{12}를 1, 2차 코일 사이의 상호인덕턴스(mutual inductance)라고 부른다.

마찬가지 방법으로 2차 코일을 1차 코일로 할 때도 다음의 관계식이 성립한다.

$$\lambda_1 = n_1 \phi_{21}, \quad \lambda_2 = n_2 \phi_2 \tag{7-12}$$

$$\lambda_1 = M_{21} i_2, \quad \lambda_2 = L_2 i_2 \tag{7-13}$$

$$M_{21} = \frac{n_1 \phi_{21}}{i_2}, \quad L_2 = \frac{n_2 \phi_2}{i_2} \tag{7-14}$$

여기서 L_2는 2차 코일의 자기인덕턴스이며, M_{21}은 1, 2차 코일 사이의 상호인덕턴스이다.

따라서 상호인덕턴스 M_{12}와 M_{21}은 주위매질의 투자율이 일정한 경우 $M_{12} = M_{21} = M$이 되며, 일반적으로 M으로 표시하고 단위는 헨리[H]를 사용한다.

2. 결합계수

유도적으로 결합된 두 코일에 대해 1차 코일에 의해서 생긴 전자속 중에서 2차 코일과 쇄교하는 자속의 비율을 k_{12}라 하면

$$k_{12} = \frac{\phi_{12}}{\phi_1} \qquad (7-15)$$

마찬가지로 2차 코일에 의해서 생긴 전자속 중에서 1차 코일과 쇄교하는 자속의 비율을 k_{21}이라 하면

$$k_{21} = \frac{\phi_{21}}{\phi_2} \qquad (7-16)$$

따라서 상호 인덕턴스 M_{12}는 각각 다음과 같이 쓸 수 있다.

$$M_{12} = \frac{n_2\phi_{12}}{i_1} = \frac{n_2 k_{12}\phi_1}{i_1} = \frac{n_2}{n_1} k_{12} \frac{n_1\phi_1}{i_1} = \frac{n_2}{n_1} k_{12} L_1 \qquad (7-17)$$

마찬가지 방법으로

$$M_{21} = \frac{n_1\phi_{21}}{i_2} = \frac{n_1}{n_2} k_{21} L_2 \qquad (7-18)$$

식 (7-17)과 (7-18)을 서로 곱하고, $M_{12} = M_{21} = M$의 관계를 이용하면

$$M^2 = k^2 L_1 L_2 \text{ 단, } k = \sqrt{k_{12}k_{21}} \qquad (7-19)$$

따라서

$$k = \frac{M}{\sqrt{L_1 L_2}} \qquad (7-20)$$

이다. 여기서 k를 결합계수(coupling coefficient)라고 부른다.

쇄교자속의 비율 k_{12}, k_{21} 은 0에서 1 사이의 값을 가지므로 결합계수 k도 역시 0과 1 사이의 값을 갖는다. 즉,

$$0 \leq k \leq 1 \qquad (7-21)$$

일반적으로 $k = 0$은 유도결합이 전혀 없는 경우이고, $k = 0$은 누설자속이 전혀 없는 완전결합(perfect coupling)의 경우이다. 그러므로 결합계수 k는 두 코일 사이의 유도결합의 정도를 나타내는 수치라고 할 수 있다.

k가 1에 가까운 것을 밀결합(close coupling)이라 하고, k가 0에 가까운 것을 소결합(loose coupling)이라 한다. 그리고 식 (7-20)과 (7-21)로부터 M의 최대값은 $\sqrt{L_1 L_2}$가 된다. 그러므로 결합계수 k의 물리적 의미는 다음과 같이 표현할 수 있다.

$$k = \frac{\text{실제의 M}}{\text{최대의 M}} \qquad (7-22)$$

예제 7.4

자기 인덕턴스 L_1, L_2가 각각 4 mH, 9 mH인 두 코일이 완전 결합되었다면 상호 인덕턴스 M은 얼마인가 ?

[풀이] 상호 인덕턴스 $M = k\sqrt{L_1 L_2} = (1)\sqrt{(4 \times 10^{-3})(9 \times 10^{-3})} = 6$ mH

요 약

1. 두 코일이 서로 인접하여 한쪽 코일에 흐르는 전류에 의해서, 인접한 다른 코일에 유도전압을 발생시키는 도체의 능력을 상호 인덕턴스(mutual inductance)라고 한다.

2. 유도적으로 결합된 두 코일에서 한쪽 코일에 의해 발생된 자속중 인접한 다른 코일과 쇄교하는 자속의 비율을 결합계수라 한다.

7.5 상호유도작용과 코일의 극성

1차 코일에 흐르는 전류를 i_1, 상호인덕턴스를 M이라 하면 파라데이의 법칙에 의하여 2차 코일에 유기되는 전압 v_{12}는

$$v_{12} = \frac{d(n_2\phi_{12})}{dt} = M\frac{di_1}{dt} \qquad (7-23)$$

마찬가지로 2차 코일에 흐르는 전류를 i_2에 의하여 1차 코일에 유기되는 전압 v_{21}은

$$v_{21} = M\frac{di_2}{dt} \qquad (7-24)$$

가 된다.

유도결합회로의 해석에서 상호유도전압의 방향은 대단히 중요하며 혼란을 일으키기 쉬운 것이므로 주의해야 한다. 상호유도전압의 방향은 권선의 방향과 흐르는 전류의 방향에 따라 결정된다. 그러므로 회로해석에 앞서 두 코일의 상대적 권선방향이 지정되어야 하므로 코일의 어느 한 단자에 점을 찍어 표시하는데, 이를 코일의 극성표시라 한다.

점을 표시하는 규칙은 그림 7–6에서와 같이 점이 표시된 단자로부터 각 코일에 유입되는 전류에 의해서 생기는 자속이 같은 방향이 되도록 점을 표시한다. 그림 7–6(a)에서 전류 i_1에 의한 자속의 방향과 i_2에 의한 자속이 일치하므로, 점은 단자 1과 2(또는 1'

와 2')에 찍어야 한다. 그리고 그림 7-6(b)에서와 같이 한쪽 코일의 감긴 방향이 반대가 되면, 자속의 방향도 반대가 되므로 점은 단자 1과 2'(또는 1'와 2)에 찍어야 한다. 이와 같이 한 쌍의 점으로 코일의 극성을 표시할 경우 한쪽 점은 임의로 찍을 수 있으나, 다른 한쪽 점은 두 코일의 상대적 방향을 고려하여 찍어야 한다.

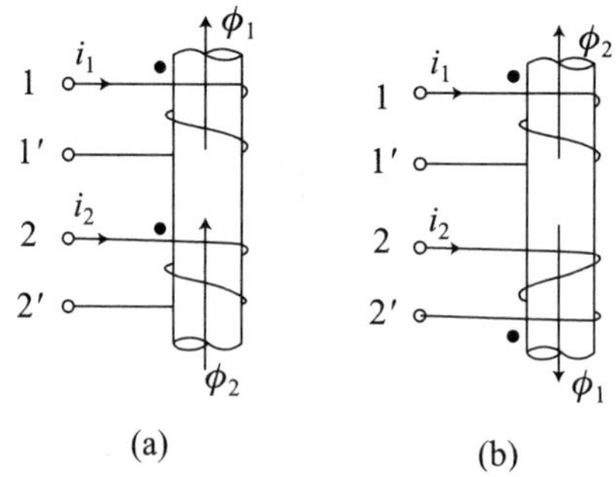

▌그림 7-6▐ 코일의 극성 표시

코일의 극성표시로부터 상호유도전압의 방향을 결정하는 것은 렌츠의 법칙(Lenz's law)에 따른다. 그림 7-7에서 1차 코일의 전류 i_1이 증가하면 쇄교자속 ϕ_m도 증가하므로 2차 코일에는 ϕ_m의 증가를 억제하는 방향으로 전류 i_2가 흐른다. 즉, 상호인덕턴스를 갖는 한 쌍의 코일에 있어서 한쪽 코일의 점이 찍힌 단자로 유입하는 전류가 증가하면 다른 코일에서 상호유도에 의하여 점이 안 찍힌 단자에서 점이 찍힌 단자쪽으로 전압상승이 일어난다(또는 점이 찍힌 단자에서 안 찍힌 단자쪽으로 전압강하가 일어난다). 반대로 한쪽 코일의 점이 찍힌 단자로 유출하는 전류가 증가하면 다른 코일에는 점이 찍힌 단자에서 점이 안 찍힌 단자쪽으로 전압상승이 일어난다(또는 점이 안찍힌 단자에서 찍힌 단자쪽으로 전압강하가 일어난다).

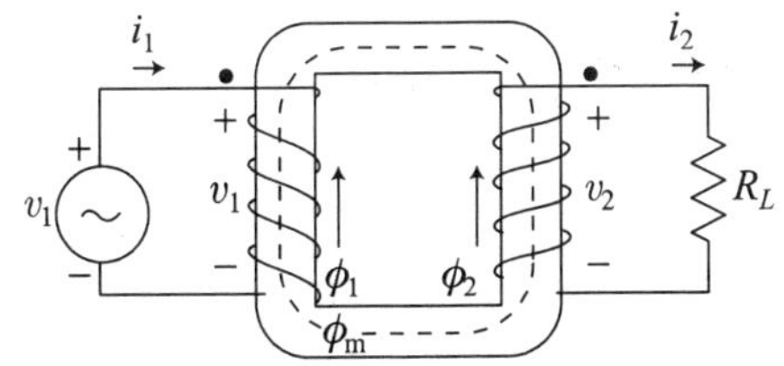

❙그림 7-7❙ 코일의 극성 표시와 전류의 방향

예제 7.5

두 코일의 상호 인덕턴스가 0.25 H일 때 한 코일의 전류가 24 A/s의 비율로 변화한다면, 다른 코일에 유도되는 전압의 크기를 구하라.

[풀이] 유도전압은 $v = M\dfrac{di}{dt}$ 이므로

$$v = 0.25 \times 24 = 6 \text{ V}$$

요 약

1. 변압기는 두 코일이 유도적으로 결합되어 있는 대표적인 유도결합회로이다.
2. 유도적으로 결합된 상호유도전압의 극성은 권선의 방향과 흐르는 전류의 방향에 따라 결정된다.

7.6 변압기에서의 전압-전류

그림 7-8은 두 코일이 유도적으로 결합되어 있는 대표적인 유도결합회로로서 하나의 변압기(transformer)를 형성하고 있다. 1차측에는 전원이 연결되어 있고 2차측에는 부하가 연결되어 있으므로 두 코일에는 전류가 흐른다.

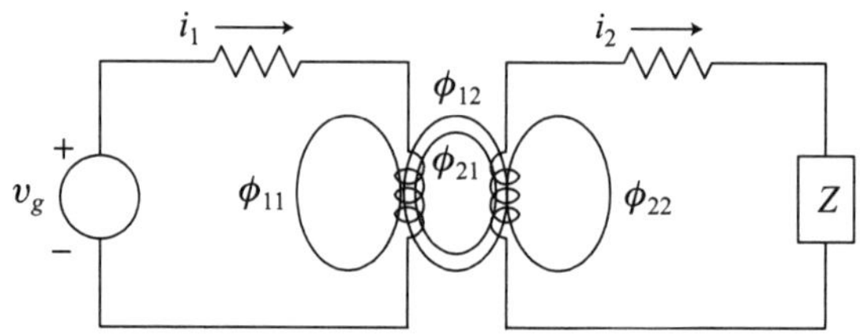

| 그림 7-8 | 코일의 극성 표시과 전류의 방향

각 전류에 의하여 생기는 자속을 상호자속과 누설자속으로 분해하면 1차 코일의 총쇄교 자속수 λ_1은

$$\lambda_1 = n_1(\phi_{11} + \phi_{12} \pm \phi_{21}) = n_1\phi_1 \pm n_1\phi_{21}$$

$$= L_1 i_1 \pm M_{21} i_2 \qquad (7-25)$$

여기서 ±의 기호는 두 전류에 의한 자속이 같은 방향이면 +, 반대 방향이면 −가 된다.

지금 1차 코일에 흐르는 전류 i_1에 의해 발생하는 전압강하를 v_1이라 하면 파라데이의 법칙에 의하여

$$v_1 = \frac{d\lambda_1}{dt} = L_1\frac{di_1}{dt} \pm M\frac{di_2}{dt} \qquad (7-26)$$

마찬가지 방법으로 2차 코일의 총쇄교자속수 λ_2는

$$\lambda_2 = n_2(\phi_{22} + \phi_{21} \pm \phi_{12}) = n_2\phi_2 \pm n_2\phi_{12}$$
$$= L_2 i_2 \pm M_{12} i_1 \qquad (7-27)$$

가 되고 2차 코일에 흐르는 전류 i_2에 의해 발생하는 전압강하를 v_2라 하면

$$v_2 = \frac{d\lambda_2}{dt} = L_2\frac{di_2}{dt} \pm M\frac{di_1}{dt} \qquad (7-28)$$

가 된다. 식 (7–26)과 (7–28)에서 제1항은 자기유도에 의한 전압강하이고 제2항은 상호유도에 의한 전압강하이다.

만일 그림 7–9(a), (c)의 경우에는 i_1, i_2가 다같이 점이 찍힌 단자로 유입하므로 극성표시의 규정에 의하여 두 전류에 의한 자속은 같은 방향이고 따라서 윗식에서 부호는 +가 된다. 따라서

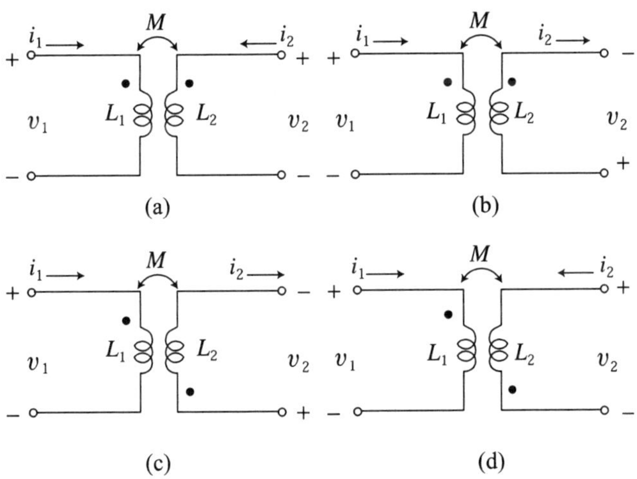

▌그림 7–9▐ 코일의 극성과 전압, 전류

$$v_1 = L_1\frac{di_1}{dt} + M\frac{di_2}{dt} \quad (7-29)$$

$$v_2 = L_2\frac{di_2}{dt} + M\frac{di_1}{dt} \quad (7-30)$$

가 된다. 또한 그림 7-9(b), (d)와 같이 한쪽 전류는 점이 찍힌 단자로 유입하고, 다른 쪽 전류는 점이 찍힌 단자로 유출하므로 두 전류에 의한 자속은 서로 반대 방향이고 따라서 윗식에서 부호는 –가 된다. 따라서

$$v_1 = L_1\frac{di_1}{dt} - M\frac{di_2}{dt} \quad (7-31)$$

$$v_2 = L_2\frac{di_2}{dt} - M\frac{di_1}{dt} \quad (7-32)$$

가 된다.

예제 7.6

그림 7−10과 같은 회로에서 $i_1 = I_m \cos\omega t$일 때 개방된 2차 단자에 나타나는 유도전압 v_2는 얼마인가 ?

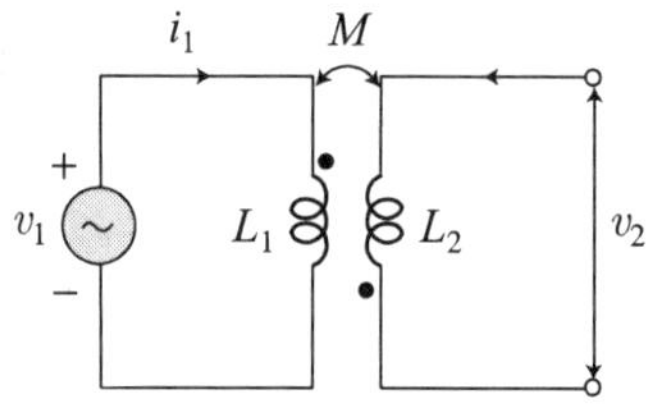

▌그림 7−10▐

[풀이] $v_2 = -M\frac{di_1}{dt} = -M\frac{d}{dt}(I_m \cos\omega t) = \omega M I_m \sin\omega t$

유도결합회로에 대한 폐로방정식

예를 들어, 그림 7-11의 회로에 대한 폐로방정식을 구해 보자. 우선 그림과 같은 시계 방향의 폐로전류를 i_1, i_2라고 가정하자. 그리고 i_1, i_2에 의한 각 코일의 전압강하를 각각 v_1, v_2라고 하면, i_1은 점이 표시된 단자로 유입되지만, i_2는 점이 표시된 단자에서 유출되고 있다.

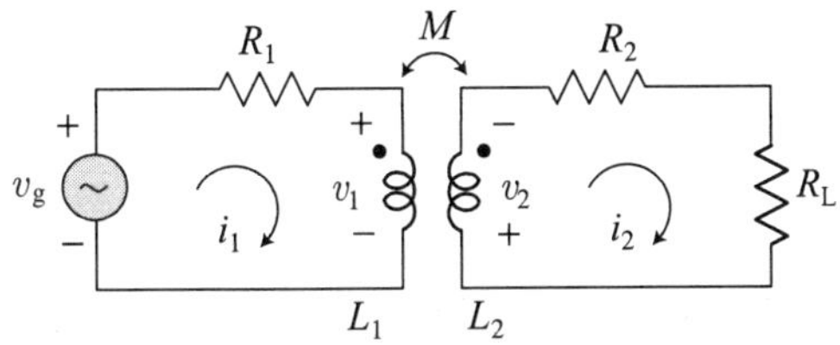

| 그림 7-11 | 유도결합회로

따라서

$$v_1 = L_1\frac{di_1}{dt} - M\frac{di_2}{dt} \tag{7-33a}$$

$$v_2 = L_2\frac{di_2}{dt} - M\frac{di_1}{dt} \tag{7-33b}$$

이다. 또한 1차 회로와 2차 회로에서 폐로전류의 방향으로 일주하면서 키르히호프의 전압법칙을 적용하면 다음과 같이 표시할 수 있다.

$$R_1 i_1 + v_1 = v_g \tag{7-34a}$$

$$R_2 i_2 + R_L i_2 + v_2 = 0 \tag{7-34b}$$

따라서 식 (7-33)을 식 (7-34)에 대입하면 다음과 같은 관계식이 얻어진다.

$$R_1 i_1 + L_1 \frac{di_1}{dt} - M\frac{di_2}{dt} = v_g \tag{7-35a}$$

$$R_2 i_2 + R_L i_2 + L_2 \frac{di_2}{dt} - M\frac{di_1}{dt} = 0 \tag{7-35b}$$

이것이 두 개의 폐로를 갖는 유도결합회로의 폐로방정식이다.

예제 7.7

두 코일이 결합된 상호유도회로에서 코일 1의 전류는 100 A/s의 비율로 변화하고, 자기 인덕턴스는 200 mH이다. 또한 상호유도작용에 의해 −12 V의 기전력이 발생하였다면 코일 1에서의 총 전압강하 v_1은 얼마인가 ?

[풀이] $v_1 = L_1 \frac{di_1}{dt} - M\frac{di_2}{dt} = L_1 \frac{di_1}{dt} - v_{21}$

$v_1 = 0.2 \times 100 - 12 = 8$ V

요 약

1. 두 코일의 전류를 점이 표시된 방향으로 모두 흘러 들어가거나 또는 모두 흘러 나오는 경우, M의 부호는 +가 된다.
2. 한 코일의 전류는 점이 표시된 방향으로 흘러 나오게 하고, 다른 코일의 전류는 점이 표시된 방향으로 흘러 들어가게 하면 M의 부호는 −가 된다.

7.7 인덕터의 직렬접속

그림 7-12(a)에서 두 코일의 자기 인덕턴스는 각각 L_1, L_2이고, 상호 인덕턴스는 M이다. 이 두 코일을 그림 7-12(b) 또는 (c)와 같이 직렬접속한 경우에 대하여 개방단자에서의 합성 인덕턴스를 구해 보자.

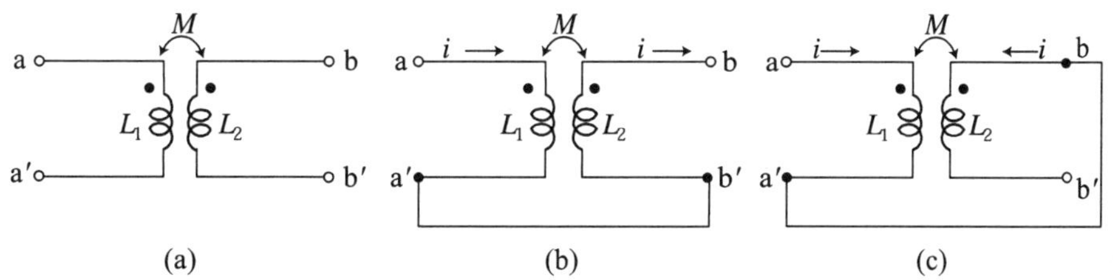

▌그림 7-12▌ 인덕터의 직렬접속

우선 그림 7-12(b)에서 두 코일에 공통으로 흐르는 전류 i의 정방향을 그림과 같이 가정하고, 각 코일 양단에 i의 정방향으로 생기는 전압강하를 각각 v_1, v_2라고 하면, 단자 a, b 양단의 전압강하 $v_{ab} = v_1 + v_2$이다. 이 때 좌측 코일에서는 전류가 점이 표시된 단자로 유입되지만, 우측 코일에서는 점이 표시된 단자에서 유출되므로, 전압강하 v_1, v_2는 각각 다음과 같다.

$$v_1 = L_1 \frac{di}{dt} - M\frac{di}{dt} \tag{7-36a}$$

$$v_2 = L_2 \frac{di}{dt} - M\frac{di}{dt} \tag{7-36b}$$

그러므로 단자 a, b 양단의 전압강하 v_{ab}는 다음과 같이 표시된다.

$$v_{ab} = v_1 + v_2 = (L_1 + L_2 - 2M)\frac{di}{dt}$$
$$= L^- \frac{di}{dt} \tag{7-37}$$

여기서 L^-는 개방단자 a–b에서의 합성 인덕턴스이다. 즉,

$$L^- = L_1 + L_2 - 2M \tag{7-38}$$

같은 방법으로 그림 7–13(c)에서 전류 i는 양 코일에서 모두 점이 표시된 단자로 유입되므로, 식 (7–36)에서 $-M$ 대신 $+M$으로 바꾸면, 개방단자 a–b'에서의 합성 인덕턴스 L^+는 다음과 같이 표시된다.

$$L^+ = L_1 + L_2 + 2M \tag{7-39}$$

식 (7–38)과 (7–39)로부터 상호 인덕턴스 M을 유도하면 다음과 같은 관계식이 얻어진다.

$$M = \frac{L^+ - L^-}{4} \tag{7-40}$$

식 (7–40)은 두 코일 사이의 상호 인덕턴스를 측정하는 데 이용할 수 있다. 이 방법에 의해 M의 크기뿐만 아니라, 코일의 극성도 동시에 알 수 있다. 즉, 합성 인덕턴스가 L^-인 접속에서 두 개방단자 쪽의 코일에 각각 점을 표시하면 된다.

예제 7.8

그림 7-13과 같은 결합회로의 합성 인덕턴스를 구하라.

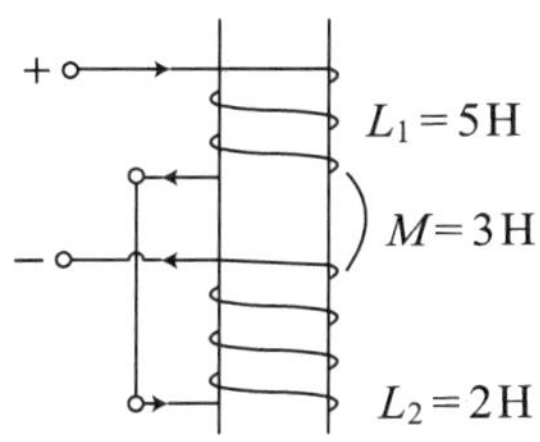

▌그림 7-13▐

[풀이] 합성 인덕턴스 $L^- = L_1 + L_2 - 2M$

$= 5+2-2\times3$

$= 1$ H

요 약

1. 자기 인덕턴스가 각각 L_1, L_2, 두 코일 사이의 상호 인덕턴스가 0인 두 코일을 직렬로 접속하였을 때의 합성 인덕턴스 $L_S = L_1 + L_2$이다.
2. 자기 인덕턴스가 L_1, L_2, 상호 인덕턴스가 M인 두 코일을 직렬로 접속하였을 때의 합성 인덕턴스는 자속이 증가할 경우 $L^+ = L_1 + L_2 + 2M$이고, 자속이 감소할 경우$L^- = L_1 + L_2 - 2M$이다.

7.8 인덕터의 병렬접속

1. 상호자속이 없는 경우

그림 7-14(a)에서와 같이 상호 인덕턴스가 없는 L_1과 L_2를 병렬로 접속한 경우의 개방단자에서의 합성 인덕턴스를 구해 보자.

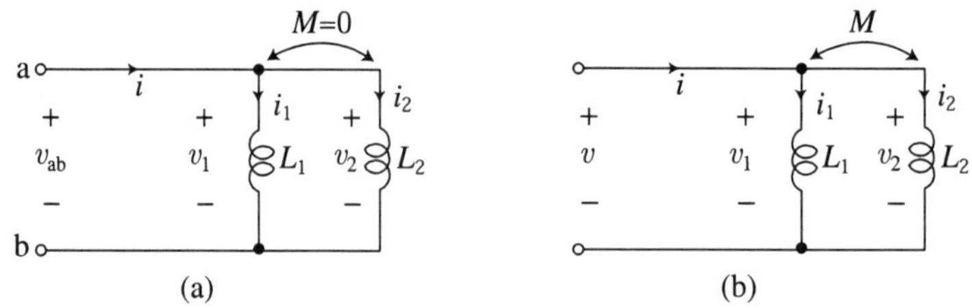

❙그림 7-14❙ 인덕터의 병렬접속

그림 7-14(a)에서 각 코일 양단의 전압강하를 v_1, v_2, 개방단자 a, b 양단의 전압강하를 v_{ab}라고 하면

$$v_{ab} = v_1 = v_2 \tag{7-41}$$

이다. 병렬접속된 두 코일의 합성 인덕턴스를 L_p라고 하면, 식 (7-41)은

$$L_p \frac{di}{dt} = L_1 \frac{di_1}{dt} = L_2 \frac{di_2}{dt} \tag{7-42}$$

이다. 그리고 각 지로에 흐르는 전류를 각각 i_1, i_2라고 하면

$$i = i_1 + i_2 \tag{7-43}$$

이다. $v_{ab} = L_p \frac{di}{dt}$이므로,

$$\begin{aligned}\frac{v_{ab}}{L_p} &= \frac{di}{dt} \\ &= \frac{di_1}{dt} + \frac{di_2}{dt} = \frac{v_{ab}}{L_1} + \frac{v_{ab}}{L_2}\end{aligned} \tag{7-44}$$

로 주어진다. 따라서 병렬접속된 두 코일의 합성 인덕턴스 L_p는

$$\frac{1}{L_p} = \frac{1}{L_1} + \frac{1}{L_2} \tag{7-45}$$

가 된다.

예제 7.9

두 코일 사이의 상호 자속이 없고, 자기 인덕턴스가 각각 2 mH와 4 mH인 두 코일을 병렬로 접속하였을 때의 합성 인덕턴스를 구하라.

[풀이] $\frac{1}{L_p} = \frac{1}{L_1} + \frac{1}{L_2}$이므로,

합성 인덕턴스 $L_p = \frac{(2\times10^{-3})(4\times10^{-3})}{(2\times10^{-3}+4\times10^{-3})} = 1.33 \text{ mH}$

2. 상호자속 M이 존재할 경우

그림 7-14(b)에서와 같이 상호 인덕턴스 M이 존재할 경우에는

$$v = L_1\frac{di_1}{dt} \pm M\frac{di_2}{dt} \tag{7-46a}$$

$$v = L_2\frac{di_2}{dt} \pm M\frac{di_1}{dt} \tag{7-46b}$$

윗 식에서 자속이 증가하는 경우에는

$$v = L_1\frac{di_1}{dt} + M\frac{di_2}{dt} \tag{7-47a}$$

$$v = L_2\frac{di_2}{dt} + M\frac{di_1}{dt} \tag{7-47b}$$

이고 합성 인덕턴스를 L_a라면 $v = L_a\frac{di}{dt}, i = i_1 + i_2$에서

$$\begin{aligned}\frac{v}{L_a} &= \frac{di}{dt} = \frac{di_1}{dt} + \frac{di_2}{dt} \\ &= \frac{(L_2 - M)v}{(L_1L_2 - M^2)} + \frac{(L_1 - M)v}{(L_1L_2 - M^2)}\end{aligned} \tag{7-48}$$

이므로

$$L_a = \frac{L_1L_2 - M^2}{L_1 + L_2 - 2M} \tag{7-49}$$

또 자속이 감소하는 경우에는 식 (7-47)에서 (-)의 부호를 취하여 합성 인덕턴스를 L_d라 하면

$$L_d = \frac{L_1L_2 - M^2}{L_1 + L_2 + 2M} \tag{7-50}$$

가 된다.

요 약

1. 자기 인덕턴스가 각각 L_1, L_2이고, 두 코일 사이의 상호 인덕턴스가 없는 두 코일을 병렬로 접속하였을 때의 합성 인덕턴스는 $\frac{1}{L_p} = \frac{1}{L_1} + \frac{1}{L_2}$이다.
2. 자기 인덕턴스가 L_1, L_2, 상호 인덕턴스가 M인 두 코일을 병렬로 접속하였을 때의 합성인덕턴스는 자속이 증가할 경우 $L_a = \frac{L_1L_2 - M^2}{L_1 + L_2 - 2M}$이고, 자속이 감소할 경우 $L_d = \frac{L_1L_2 - M^2}{L_1 + L_2 + 2M}$이다.

연습문제

1. 자기장 내에 놓여 있는 50회 감은 코일 양단에 유도되는 전압이 250 V일 때, 자속의 변화율을 구하라.

[답] $v_L = N\dfrac{d\phi}{dt}$ 이므로

$$\frac{d\phi}{dt} = \frac{v_L}{N} = \frac{250\ \text{V}}{50} = 5\ \text{Wb/s}$$

2. 코일에 흐르는 전류가 20 A/s의 비율로 변화할 때 코일 양단에 유도된 전압은 −2 V였다. 이 코일의 인덕턴스는 얼마인가?

[답] 0.1 H

3. 100 mA의 전류가 흐르는 인덕터에 0.1 J의 에너지가 축적되었을 때, 인덕턴스를 구하라.

[답] 20 H

4. 그림 7−15와 같은 직렬접속된 인덕터에 대한 전체 합성 인덕턴스를 구하라.

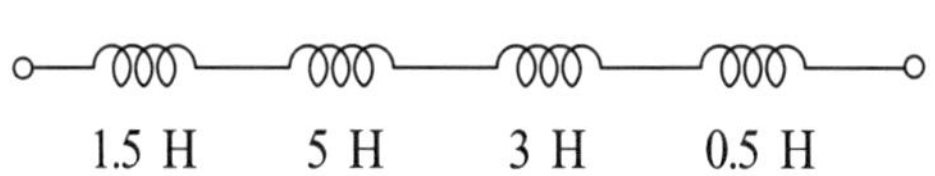

▎그림 7−15▎

[답] 10 H

5. 그림 7-16과 같은 회로에 대한 합성 인덕턴스 L_T를 구하라.

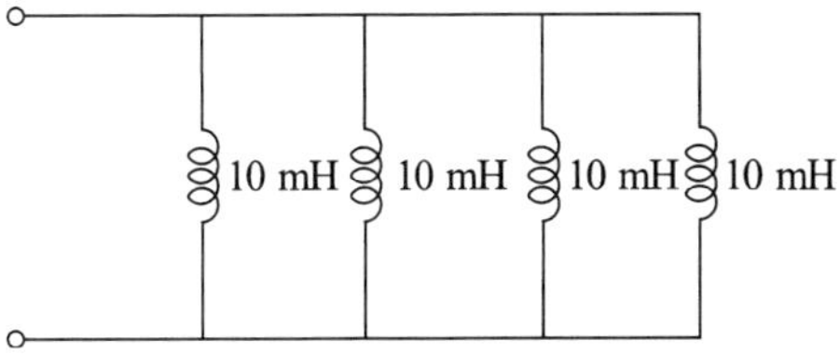

▌그림 7-16▌

[답] 2.5 mH

6. 두 코일의 자기 인덕턴스가 각각 100 μH, 25 μH이고 상호 인덕턴스가 10 μH일 때, 결합계수는 얼마인가?

[답] 0.2

7. 두 코일의 자기 인덕턴스가 각각 10 H, 50 H일 때, 상호 인덕턴스의 최대값은 얼마인가?

[답] 22.4 H

8. 30 mH의 두 개의 자기인덕턴스가 있다. 결합계수를 0.1부터 0.9까지 변화시킬 수 있다면 이것을 접속시켜 얻을 수 있는 합성 인덕턴스의 최대치와 최소치의 비는 얼마인가 ?

[답] 19 : 1

9. 두 개의 코일 a, b가 있다. 두 개를 직렬로 접속하였더니 합성 인덕턴스가 119 mH였다. 극성을 반대로 하였더니 인덕턴스가 11 mH이고, 코일 a의 자기 인덕턴스 L_a =20 mH라면 결합계수 k는 얼마인가 ?

[답] 0.9

제 8 장

커패시터

8.1 커패시터의 구조 및 종류

1. 커패시터의 기본구조

일반적으로 인덕터는 자기 에너지를 축적하는 소자이고, 커패시터는 전기 에너지를 축적하는 소자이다. 기본적인 평행판 커패시터는 그림 8-1(a)에 나타난 바와 같이 두 극판 사이에 유전체라 불리는 절연체가 채워져 있다. 극판은 보통 리드선이 부착된 얇은 금속판을 사용하며, 유전체는 종이, 운모, 공기, 유리, 세라믹, 전해질(electrolytic) 등과 같은 절연체를 사용한다. 그림 8-1(b)는 커패시터의 기호를 나타낸 것이다.

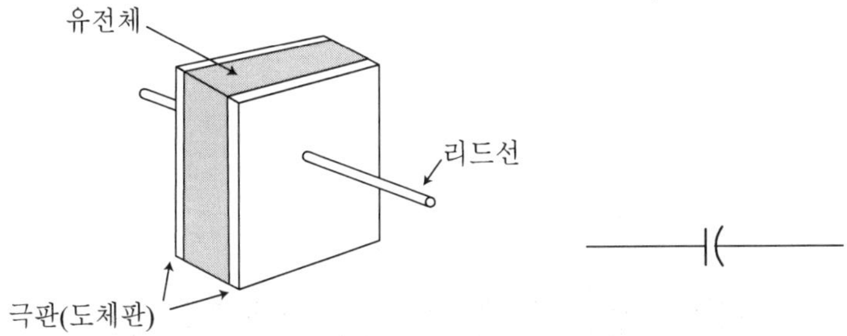

(a) 구조 (b) 기호

▌그림 8-1▐ 커패시터의 구조 및 기호

2. 커패시터의 종류

커패시터는 크게 고정 커패시터와 가변 커패시터로 분류할 수 있고, 고정 커패시터는 사용된 유전체의 종류에 따라 공기 커패시터, 운모 커패시터, 세라믹 커패시터, 플라스틱-필름 커패시터 그리고 전해(electrolytic) 커패시터 등으로 분류할 수 있다.

운모(mica) 커패시터는 운모를 유전체로 사용하는 커패시터로서 그림 8-2에 나타나 있는 바와 같이 여러 장의 얇은 운모를 금속편(metal foil) 사이에 번걸아 포개어 층을 이루게 하여 커패시터로 사용하고 있다. 이때 금속편의 수가 많을수록 극판 면적이 증가되므로 커패시턴스는 더욱 증가한다. 운모 커패시터는 보통 50 V에서 1,000 V 범위의 정격전압과 3 pF에서 0.01 μF까지의 커패시턴스 값을 갖는 것이 많이 이용되고 있다.

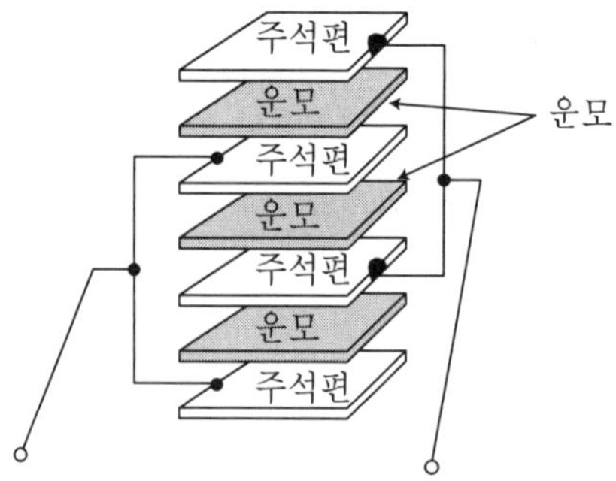

(a) 기본구조

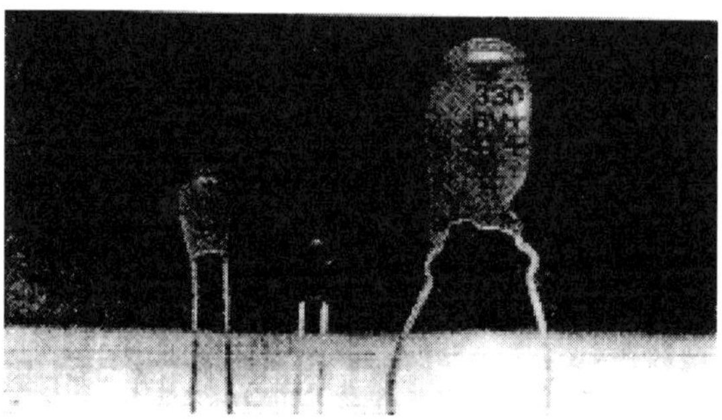

(b) 외형

▌그림 8-2▐ 운모 커패시터

세라믹 커패시터는 티탄산 바륨 등의 세라믹(ceramic)을 유전체로 사용하며, 비유전률이 높은 세라믹 양쪽에 금속판을 부착시킨 딥형(dipped)과 비유전률이 낮은 세라믹을 몰딩(molding)시킨 몰딩형이 있다. 세라믹 커패시터는 소형인데 비하여 용량이 1 pF에서 1.5 μF 정도로 비교적 크고, 정격전압은 25 V에서 500 V 정도이다.

전해 커패시터(electrolytic capacitor)는 그림 8-3과 같이 순도가 높은 알루미늄(또는 탄탈륨) 표면에 전해 작용으로 산화막을 만들고, 이것을 유전체로 이용하는 커패시터를 말한다. 산화막은 대단히 얇고 소형으로 대용량의 커패시터를 만드는 데 적합하지만, 절연저항이 작으므로 절연파괴나 누전 등이 발생하는 결점이 있다. 따라서 전극을 서로 떼어 놓을 목적으로 전해액이나 페이스트(paste)를 적신 종이를 사이에 끼운다.

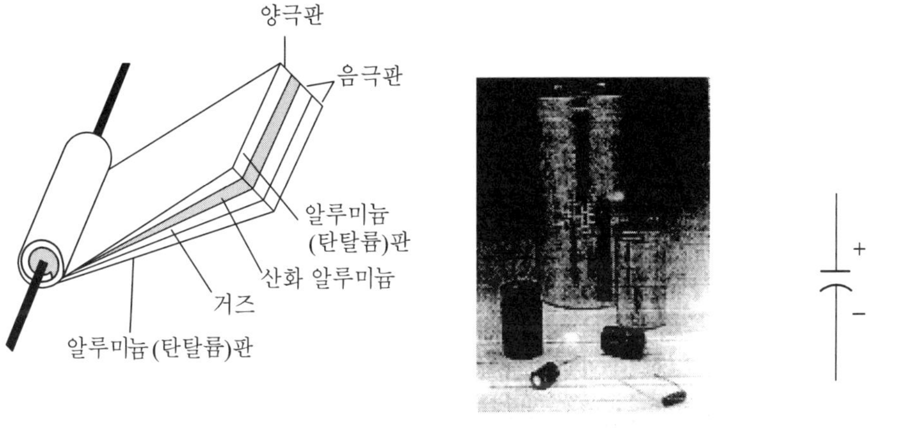

(a) 기본구조 (b) 외형 (c) 기호

▌그림 8-3▐ 전해 커패시터

산화막이 붙어있는 쪽을 +로 하면 전류가 흐르지 않지만, 반대로 하면 대전류가 흘러서 파손되는 경우가 있으므로 주의해야 한다. 이러한 이유로 리드선은 (+), (−)의 극성 구분이 있으며, 이것이 전해 커패시터의 가장 큰 특징이다.

현재 사용되고 있는 전해 커패시터는 대부분 알루미늄 전해 커패시터이다. 알루미늄

표면에 산화막을 만들어서, 이것을 양극으로 사용한다. 전해 커패시터는 산화막의 비유전율이 매우 높으므로, 소형이면서도 0.47 μF ~ 2,000 μF 정도의 대용량 커패시터를 만들 수 있다. 정격전압의 범위는 수 V ~ 500 V 정도로 그렇게 높지 않으므로 전압변동, 서어지(surge) 전압 등을 잘 고려하여 조금 여유를 가지고 사용하지 않으면 절연파괴를 일으킬 수 있음으로 주의해야 한다.

그리고 가변 커패시터(variable capacitor)는 라디오나 TV 동조회로에서와 같이 수동이나 자동으로 커패시턴스 값을 조정할 필요가 있을 때 사용한다. 그림 8-4는 가변 공기

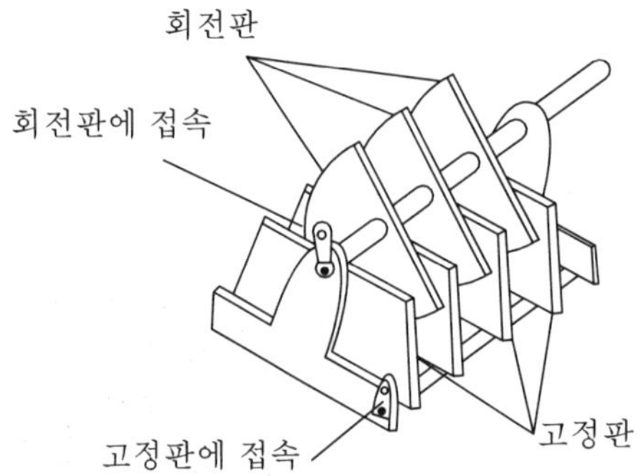

(a) 기본구조

(b) 외형

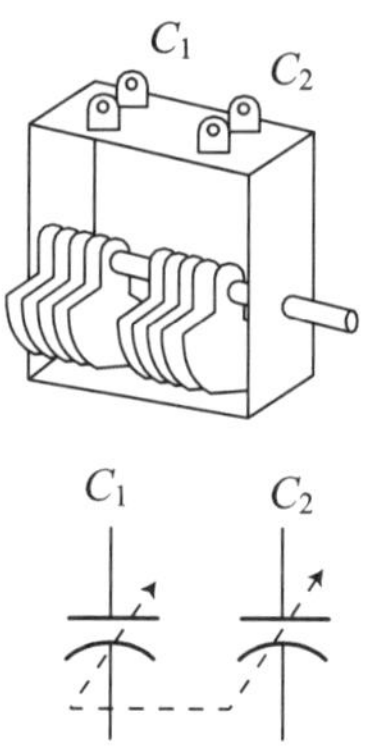

(c) 기호

❙그림 8-4❙ 가변 공기 커패시터

커패시터(또는 바리콘)의 외형 및 기호를 나타낸 것이다. 이 구조에서는 극판의 한 면은 고정하고 다른 면은 움직일 수 있게 하여, 실효 극판면적을 변화시켜 정전용량을 변화시킬 수 있도록 하였다. 유전체로 공기대신 비유전률이 높은 폴리에틸렌이나 폴리스티롤을 이용한 폴리바리콘도 있다.

그 외의 가변 커패시터로는 두 극판 사이의 전압을 변화시킴으로써 정전용량을 가변시킬 수 있는 바랙터(varactor)와 나사 모양의 정밀 조정기에 의해 가변되는 트리머(trimmer)가 있다. 트리머는 미세 용량 가변 커패시터로서 2 ~ 50 pF 정도의 용량이 주로 이용되며, 동조회로의 보정이나 트래킹 조정 등에 많이 이용된다.

요 약

1. 인덕터는 자기 에너지를 축적하는 소자이고, 커패시터는 전기 에너지를 축적하는 소자이다.
2. 커패시터는 정전용량이 일정한 고정 커패시터와 정전용량을 변화시킬 수 있는 가변 커패시터로 분류할 수 있다.
3. 고정 커패시터는 사용된 유전체의 종류에 따라 공기 커패시터, 운모 커패시터, 세라믹 커패시터, 플라스틱-필름 커패시터 그리고 전해 커패시터 등으로 불리어진다.

8.2 커패시터의 충전과 방전

1. 충전

커패시터 양단에 전압을 인가하지 않으면, 각 극판은 그림 8-5(a)에 나타난 바와 같이 전기적으로 중성이다. 그러나 그림 8-5(b)와 같이 극판 양단에 전압원을 인가하면 극판 B의 자유전자는 극판 A로 이동하게 된다. 따라서 극판 A에는 음의 전하가 축적되고, 극판 B에는 양의 전하가 축적된다. 이러한 과정을 커패시터의 충전(charge)이라 하고, 이 때 흐르는 전류를 충전전류라 한다. 이와 같은 충전전류는 일시적이거나 과도적으로 흐르며, 단지 커패시터 양단의 전압이 인가전압과 같아질 때까지만 지속되고, 충전이 끝나면 더 이상 충전전류가 흐르지 않게 된다.

커패시터에 전하가 축적된다는 것은 그림 8-9(c)에서와 같이 전압원을 제거하여도 전하가 그대로 유지되는 것을 의미한다.

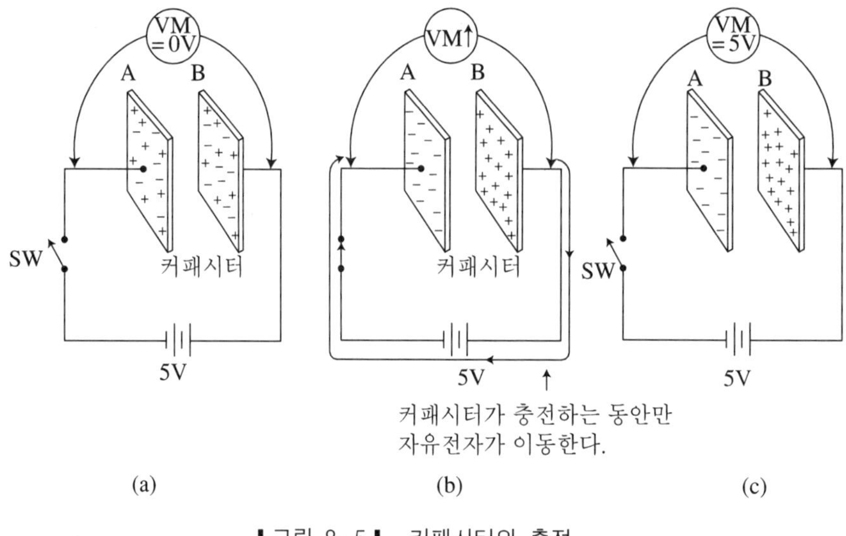

▌그림 8-5▐ 커패시터의 충전

2. 방전

그림 8–6(a)에서와 같이 전하가 충전된 커패시터 양단에 그림 8–6(b)에서와 같이 도선을 연결하면, 극판의 양전하와 음전하는 서로 중화되어 전하가 소멸된다. 이때 흐르는 전류를 방전전류(discharge current)라 하고, 이와 같은 작용을 커패시터의 방전이라 한다.

커패시터가 완전히 방전하여 유전체 내에 더 이상의 순전하가 존재하지 않으면, 커패시터 양단의 전위차는 그림 8–6(c)와 같이 0 V가 되고, 더 이상의 방전전류는 흐르지 않게 된다.

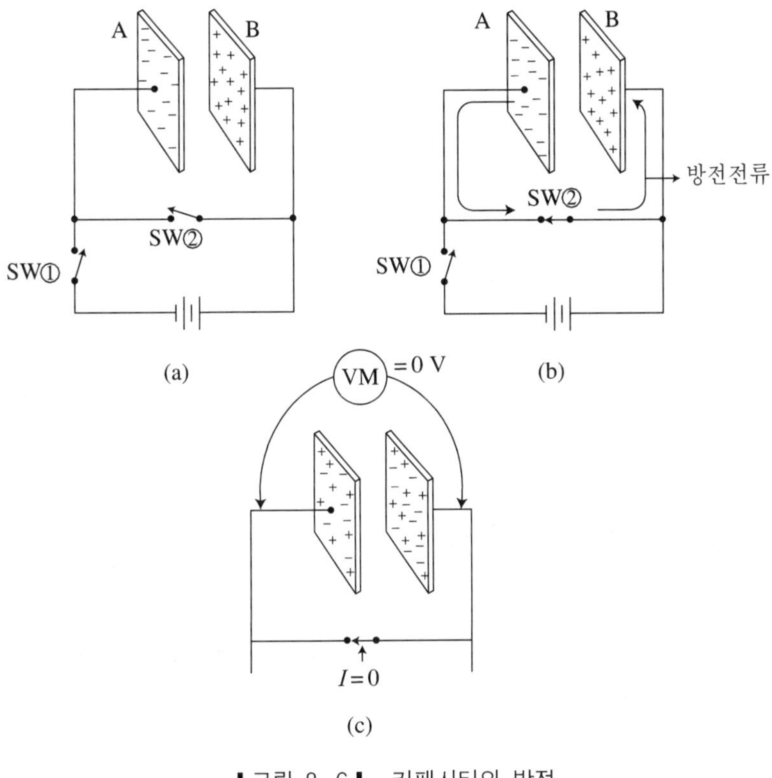

❙그림 8–6❙ 커패시터의 방전

예제 8.1

20 mA의 전류가 0.1 μF의 커패시터에 0.5 ms 동안 충전되었다면, 커패시터 양단의 전압의 크기는 얼마인가 ?

[풀이]

$$Q = It = (20\times10^{-3})(0.5\times10^{-3})$$
$$= 10\ \mu\text{C}$$
$$V = \frac{Q}{C} = \frac{10\times10^{-6}}{0.1\times10^{-6}}$$
$$= 100\ \text{V}$$

요 약

1. 충전전류는 커패시터 양단의 전압이 인가전압과 같아질 때까지만 일시적으로 지속되고, 충전이 끝나면 더 이상 흐르지 않게 된다.
2. 커패시터 극판의 양전하와 음전하는 서로 중화되어 전하가 소멸되는 과정을 방전이라 한다.

8.3 커패시터의 정전용량

커패시터에 축적되는 전하량 Q는 인가전압의 크기에 비례하며 다음과 같이 나타낼 수 있다.

$$Q = CV \qquad (8-1)$$

여기서 비례상수 C를 커패시턴스(capacitance)라고 하며, 커패시터가 전하를 축적하는 능력을 나타낸다. 커패시턴스의 단위는 [F]를 사용하고 있으나, 이 단위는 너무 커서 μF(1μF=1×10^{-6}F) 또는 pF(1pF=1×10^{-12}F) 등을 주로 사용한다.

1 [F]은 1 [V]의 전압에 의해 1 [C]의 전하을 축적할 수 있는 커패시턴스를 나타낸다. 커패시턴스가 클수록 동일한 전압에 대하여 축적되는 전하량은 증가한다. 식 (8-1)로부터 다음과 같은 식을 유도할 수 있다.

$$C = \frac{Q}{V} \qquad (8-2)$$

$$V = \frac{Q}{C} \qquad (8-3)$$

그리고 커패시터에서 커패시턴스를 결정하는 중요한 요소에는 극판의 면적, 극판 사이의 거리, 유전율 등이 있다. 일반적으로 평행판 커패시터의 커패시턴스는 극판의 면적과 유전율의 크기에 비례하고, 극판 사이의 거리에 반비례한다. 극판의 면적을 S [m^2], 간격을 d [m]라고 하면, 커패시턴스는 다음과 같이 표시된다.

$$C = \varepsilon \frac{S}{d} = \varepsilon_0 \varepsilon_r \frac{S}{d} \text{ [F]} \qquad (8-4)$$

여기서 ε는 유전체의 유전율, ε_0는 진공의 유전율, ε_r은 유전체의 비유전율(또는 유전상수)이다.

극판의 면적, 극판 사이의 거리, 유전상수가 커패시턴스에 미치는 영향을 좀 더 자세히 설명하면 다음과 같다.

① 커패시턴스는 극판면적에 비례한다. 즉, 극판면적이 증가하면 커패시턴스는 증가하고, 극판면적이 감소하면 커패시턴스도 감소한다. 극판의 실효 면적을 변화시켜 커패시턴스를 변화시킬 수 있도록 만든 커패시터를 가변 커패시터 또는 바리콘이라

고 하며 라디오의 동조회로 등에 많이 이용된다.

② 커패시턴스는 극판 사이의 거리에 반비례한다. 즉, 극판 사이의 거리가 증가하면 커패시턴스는 감소하고, 극판 사이의 거리가 감소하면 커패시턴스는 증가한다. 다시 말하면 커패시터 양단의 전압이 일정하더라도 두 극판 사이의 거리가 짧아지면 전하의 축적능력이 증가하게 되고, 결국 커패시턴스가 증가하게 된다.

③ 유전상수가 클수록 커패시턴스가 증가한다. 예를 들어 운모의 유전상수를 5라고 하면, 이것은 같은 물리적인 크기를 갖고 같은 전압을 인가했을 때, 진공(또는 공기)에서 축적되는 전하량의 5배에 해당하는 전하를 축적시킨다는 의미이다.

표 8-1에 나타낸 바와 같이 일반적으로 절연체는 1보다 큰 유전상수를 갖고 있다.

▎표 8-1 ▎ 유전체의 유전상수

물질	비유전율
공 기(0°C, 1 atm)	1.0006
수 소	1.0003
탄산가스	1.0009
폴리에틸렌	2.1~2.5
고 무	2.3~2.6
석 영	3.5~4.0
소 금	5.5~5.8
암모니아(액체)	22
물	80.7
세라믹	8,000

예제 8.2

정전용량 0.01 μF의 커패시터가 있다. 여기에 전압 1000 V를 인가했을 때 축적되는 전하량을 구하라.

[풀이] 커패시터에 축적되는 전하량 Q는

$$Q = CV = (0.01\times 10^{-6})(1000)$$
$$= 10^{-5}$$
$$= 10\ \mu\text{C}$$

예제 8.3

극판면적이 2 cm^2, 간격이 2 mm인 평행판 커패시터의 커패시턴스를 구하라. 단, 유전체는 유전상수가 5.0인 운모를 사용하였다.

[풀이]

$$C = \varepsilon_0 \varepsilon_r \frac{S}{d} = (8.85\times 10^{-12})(5.0)\frac{2\times 10^{-4}}{2\times 10^{-3}}$$
$$= 4.425\times 10^{-12}$$
$$= 4.425\ \text{pF}$$

예제 8.4

1. 커패시턴스는 유전체의 전하축적 능력을 의미하며, 단위는 [F]를 사용한다.
2. 커패시터에 축적되는 전하량 Q는 커패시턴스 C와 인가전압 V의 곱에 비례한다.
3. 커패시턴스는 유전체의 유전상수와 커패시터의 극판면적에 비례하고, 극판 사이의 거리에 반비례한다.

8.4 커패시터의 직렬접속

커패시터가 그림 8-7(a)와 같은 형태로 접속하는 것을 직렬접속이라 한다. A, B 두 단자 사이에 전압 V_S를 인가하면 정전유도에 의하여 각 커패시터의 두 극판에는 각각 $+Q$, $-Q$의 전하가 축적된다. 그리고 그림 8-7(a)에서 각 커패시터에 축적되는 전하량을 각각 Q_1, Q_2, Q_3 그리고 두 단자 A, B 사이의 순 전하량을 Q_S라 하면 이들 사이에는 다음과 같은 관계식이 성립한다.

$$Q_S = Q_1 = Q_2 = Q_3 = Q \qquad (8-5)$$

그리고 키르히호프 전압법칙에 따르면, 인가전압 V_S와 각 커패시터 양단의 전압강하 V_1, V_2, V_3 사이에는 다음과 같은 관계식이 성립한다.

$$V_S = V_1 + V_2 + V_3 \qquad (8-6)$$

식 (8-3)에서 $V = \dfrac{Q}{C}$ 이므로, 이를 (8-6)에 적용하면

$$\frac{Q_S}{C_S} = \frac{Q_1}{C_1} + \frac{Q_2}{C_2} + \frac{Q_3}{C_3}$$

$$\frac{Q}{C_S} = Q\left(\frac{1}{C_1} + \frac{1}{C_2} + \frac{1}{C_3}\right) \qquad (8-7)$$

이다. 따라서 직렬접속된 커패시터의 합성 커패시턴스 C_S는 다음과 같이 나타낼 수 있다.

$$\frac{1}{C_s} = \frac{1}{C_1} + \frac{1}{C_2} + \frac{1}{C_3} \tag{8-8}$$

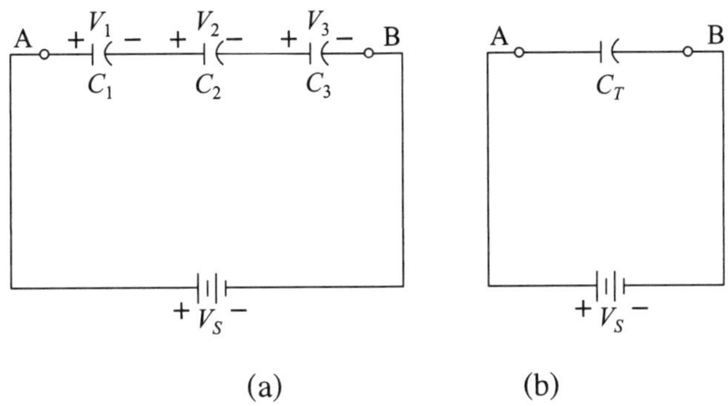

❙그림 8-7❙ 커패시터의 직렬접속

그리고 $Q = CV$를 식 (8-5)에 적용하면, $C_S V_S = C_1 V_1$이 된다. 이 식으로부터 커패시터 C_1 양단의 전압강하를 구하면 다음과 같다.

$$V_1 = \frac{C_S}{C_1} V_S \tag{8-9}$$

또한 같은 방법으로 커패시터 C_2, C_3 양단의 전압강하 V_2, V_3를 구하면

$$V_2 = \frac{C_S}{C_2} V_S \tag{8-10}$$

$$V_3 = \frac{C_S}{C_3} V_S \tag{8-11}$$

가 된다.

예제 8.4

용량이 각각 20 pF와 30 pF인 두 커패시터가 직렬로 접속되어 있다. 합성 커패시턴스는 얼마인가?

[풀이] 식 (8−8)에 의하면

$$\frac{1}{C_S} = \frac{1}{C_1} + \frac{1}{C_2} = \frac{C_1 + C_2}{C_1 C_2}$$

$$C_S = \frac{C_1 C_2}{C_1 + C_2} = \frac{20 \times 30}{20 + 30}$$

$$= 12 \text{ pF}$$

예제 8.5

5 μF와 어떤 커패시터를 직렬로 접속하였을 때 합성 커패시턴스는 3 μF였다. 다른 하나의 커패시턴스는 얼마인가 ?

[풀이] $C_1 = 5$ μF라고 하면, $C_S = \frac{C_1 C_2}{C_1 + C_2}$ 로부터

$$C_2 = \frac{C_1 C_S}{C_1 - C_S} = \frac{(5)(3)}{5 - 3}$$

$$= 7.5 \ \mu\text{F}$$

요 약

1. 커패시터가 직렬로 접속되면 유전체의 두께가 증가되는 효과가 나타난다.

8.5 커패시터의 병렬접속

커패시터가 그림 8-8(a)와 같은 형태로 접속하는 것을 병렬접속이라 한다. 그림 8-7(b)와 같이 극판 간격이 동일한 커패시터를 병렬로 접속하면, 실효 극판면적이 증가하는 효과가 나타난다. 병렬접속된 커패시터의 합성 커패시턴스 C_p는 증가된 실효 극판면적에 비례하므로, 다음과 같이 나타낼 수 있다.

$$C_p = \varepsilon\frac{S}{d} = \varepsilon\frac{S_1 + S_2}{d}$$

$$= \varepsilon\frac{S_1}{d} + \varepsilon\frac{S_2}{d}$$

$$= C_1 + C_2 \qquad (8-12)$$

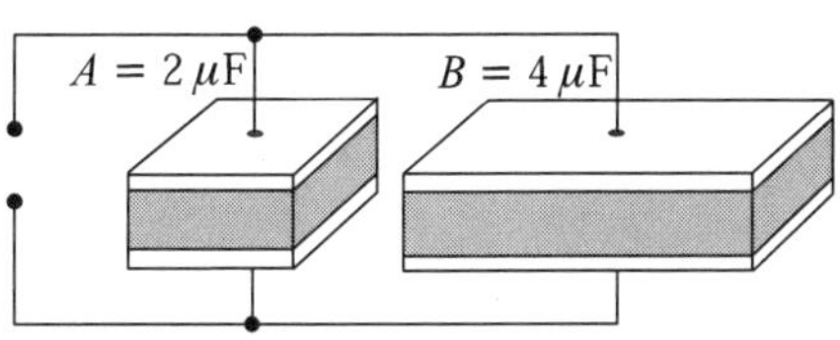

(a)

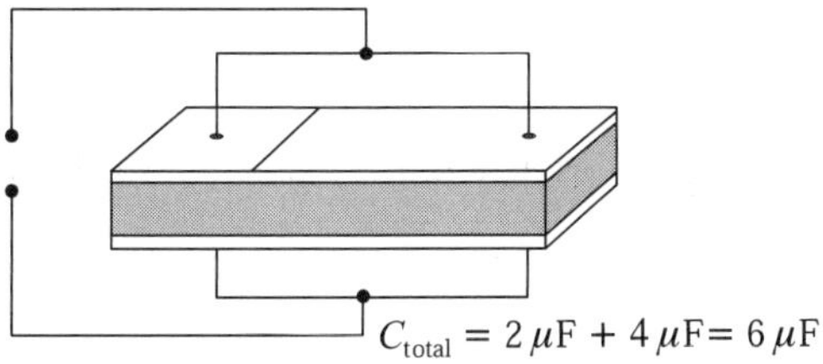

(b)

그림 8-8 커패시터의 병렬접속

여기서 S_1과 S_2는 각 커패시터의 극판면적을 나타낸다. 예를 들어, 그림 8-8(a)와 같이 2 μF와 4 μF의 커패시터를 병렬로 접속하면 합성 커패시턴스는 그림 8-8(b)와 같이 6 μF이 된다.

예제 8.6

그림 8-9와 같이 극판간격 d인 평행판 커패시터에서 극판면적 S_1, S_2, S_3인 부분의 유전체의 유전율을 각각 ε_1, ε_2, ε_3라 할 때 단자 사이의 합성 커패시턴스를 구하라 ?

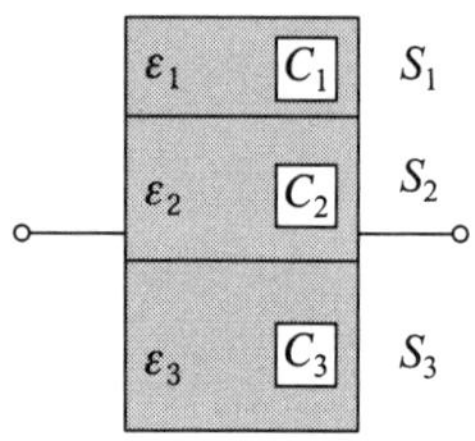

▎그림 8-9▎

[풀이] 식 (8-12)에 의하면

$$C_p = C_1 + C_2 + C_3$$
$$= \varepsilon_1 \frac{S_1}{d} + \varepsilon_2 \frac{S_2}{d} + \varepsilon_3 \frac{S_3}{d} \text{ [F]}$$

병렬접속된 커패시터의 합성 커패시턴스를 구하는 또 다른 방법은 다음과 같다. 그림 8-8에서 병렬접속된 커패시터의 두 단자 A, B 사이에 전압 V를 인가하면, 각 커패시터 C_1, C_2에 축적되는 전하량은 각각 다음과 같다.

$$Q_1 = C_1 V \tag{8-13a}$$

$$Q_2 = C_2 V \tag{8-13b}$$

$$Q_p = C_p V \tag{8-13c}$$

병렬접속된 커패시터에 축전되는 총 전하량은 각 커패시터에 축적되는 전하량을 합한 것과 같다.

$$Q_p = Q_1 + Q_2 \tag{8-14}$$

식 (8–14)에 식 (8–13)을 대입하면

$$\begin{aligned} C_p V &= C_1 V + C_2 V \\ &= (C_1 + C_2) V \end{aligned} \tag{8-15}$$

가 된다. 그러므로 병렬접속된 커패시터의 합성 커패시턴스 C_p는 다음과 같다.

$$C_p = C_1 + C_2 \tag{8-16}$$

따라서 병렬접속시 합성 커패시턴스는 각 커패시턴스의 합과 같다.
그리고 각 커패시터에 축적되는 전하량은 식 (8–13)으로부터

$$Q_1 = C_1 V = C_1 \frac{Q_p}{C_p} \tag{8-17}$$

이므로 이 식에 식 (8–16)을 대입하면

$$Q_1 = \frac{C_1}{C_1 + C_2} Q_p \tag{8-18}$$

가 된다. 마찬가지 방법으로

$$Q_2 = \frac{C_2}{C_1 + C_2} Q_p \tag{8-19}$$

가 된다. 따라서 병렬접속시 각 커패시터에 축적되는 전하량은 각 커패시터의 용량에 비례하여 분배됨을 알 수 있다.

예제 8.7

용량이 각각 20 pF과 30 pF인 두 커패시터가 병렬접속되어 있다. 전체 합성 커패시턴스는 얼마인가 ?

[풀이] $C_p = C_1 + C_2$ = 20 pF+ 30 pF = 50 pF

요 약

1. 커패시터를 병렬로 접속하면 실효 극판면적이 증가하는 효과가 나타낸다.

2. 병렬접속된 커패시터의 합성 커패시턴스는 각 커패시턴스의 합과 같다.

연습문제

1. 어떤 커패시터에 200 V를 인가하였을 때 축적되는 전하량은 10 μC이었다. 이 때 커패시터의 정전용량을 구하라.

   [답] 0.05 μF

2. 공기를 유전체로 사용한 커패시터의 극판의 면적이 10 cm^2이고, 극판 사이의 간격은 0.5 cm이다. 커패시터의 정전용량을 구하라?

   [답] 1.77 pF

3. 용량 30 pF의 커패시터 3개가 직렬로 접속되어 있다. 합성 커패시턴스는 얼마인가?

   [답] 10 pF

4. 5 μF와 어떤 커패시터를 직렬로 접속하였을 때 합성 커패시턴스는 3 μF였다. 다른 하나의 커패시턴스는 얼마인가?

   [답] 7.5 μF

5. 그림 8-9에서 C_1 양단의 전압은 얼마인가?

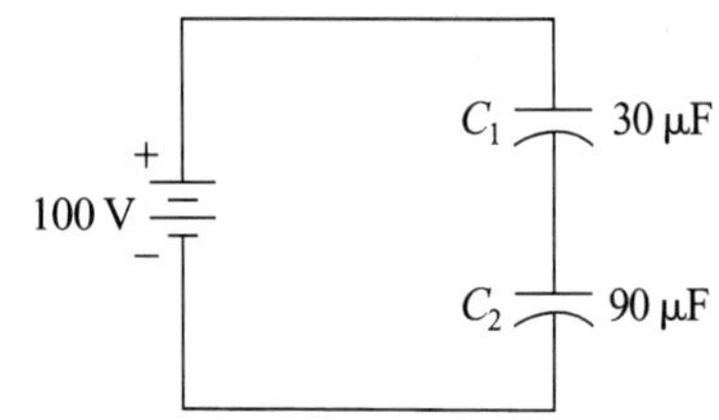

▌그림 8-9▐

[답] 75 V

6. 용량 30 pF의 커패시터 3개가 병렬로 접속되어 있다. 합성 커패시턴스는 얼마인가?

[답] 90 pF

7. 0.24 μF과 어떤 커패시터를 병렬로 접속하였을 때 합성 커패시턴스는 0.5 μF였다. 다른 하나의 커패시턴스는 얼마인가?

[답] 0.26 μF

8. 용량이 각각 0.1 μF, 0.2 μF, 0.3 μF인 커패시터 3개를 병렬로 접속하고, 여기에 500 V의 전압을 인가하였다. 이 때 커패시터에 축적되는 전체전하량을 구하라.

[답] 300 μC

제 9 장
기본 교류회로

9.1 저항회로

그림 9-1(a)와 같은 저항회로에 정현파 전압 $v = V_m \sin \omega t = \sqrt{2}\, V \sin \omega t$ [V]를 인가하였을 때, 회로에 흐르는 순시전류 i는 다음과 같다.

$$i = \frac{v}{R} = \frac{V_m \sin \omega t}{R} \tag{9-1a}$$

$$= I_m \sin \omega t \tag{9-1b}$$

$$= \sqrt{2} I \sin \omega t \ \text{[A]} \tag{9-1c}$$

여기서 전압과 전류의 최대값 V_m, I_m 및 실효값 V, I 사이의 관계는 다음과 같다.

$$I_m = \frac{V_m}{R} \tag{9-2a}$$

$$I = \frac{V}{R} \tag{9-2b}$$

또한 저항만의 회로에서 전압 $\mathbf{V}$와 전류 $\mathbf{I}$는 동상이므로, 이들 사이의 관계를 복소기호법으로 나타내면 다음과 같다.

$$\mathrm{V} = R\mathrm{I} \tag{9-3a}$$

$$\mathrm{V}/\mathrm{I} = R \tag{9-3b}$$

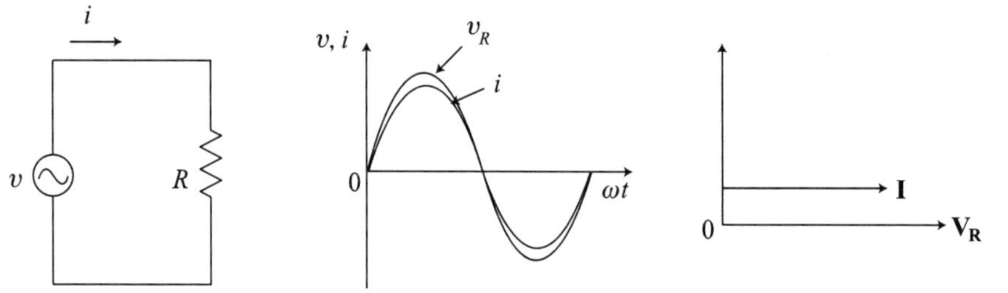

(a) 저항회로 (b) 파형 (c) 페이저

▌그림 9-1▐ 저항회로에서의 전압과 전류의 관계

그림 9-1(b)와 (c)는 저항만의 교류회로에서 전압과 전류의 파형 및 페이저도를 나타낸 것이다. 저항만을 갖는 교류회로의 특징은 다음 3가지로 요약할 수 있다.

① 전압과 전류는 동일 주파수의 정현파이다.
② 전압과 전류는 동상(in phase)이다.
③ 전압과 전류의 최대값 또는 실효값의 비는 저항 R이다.

예제 9.1

50 Ω의 저항회로에 100 V, 60 Hz의 정현파 전압을 인가할 때, 회로에 흐르는 순시전류 i를 구하라

[풀이]

100 V, 60 Hz의 정현파 전압은

$$\begin{aligned} v = V_m \sin \omega t &= 100\sqrt{2} \sin \omega t \\ &= 100\sqrt{2} \sin (2\pi \cdot 60)t \\ &= 100\sqrt{2} \sin 377t \text{ V} \end{aligned}$$

따라서 순시전류 i는

$$i=\frac{v}{R}=\frac{100\sqrt{2}\sin 377t}{50}$$
$$=2\sqrt{2}\sin 377t \text{ A}$$

요 약

1. 저항만의 교류회로에서 전압과 전류는 동상이다.
2. 저항만의 교류회로에서 전압과 전류의 최대값 또는 실효값의 비는 저항 R이다.

9.2 인덕터회로

그림 9-2(a)와 같은 인덕터회로에 정현파 전류 $i=I_m\sin\omega t=\sqrt{2}I\sin\omega t$ [A]가 흐를 때, 인덕터양단의 전압강하 v는 다음과 같다.

$$v=L\frac{di}{dt}=L\frac{d}{dt}(I_m\sin\omega t) \tag{9-4a}$$

$$=\omega LI_m\cos\omega t \tag{9-4b}$$

$$=V_m\sin(\omega t+\frac{\pi}{2}) \tag{9-4c}$$

$$=\sqrt{2}V\sin(\omega t+\frac{\pi}{2}) \tag{9-4d}$$

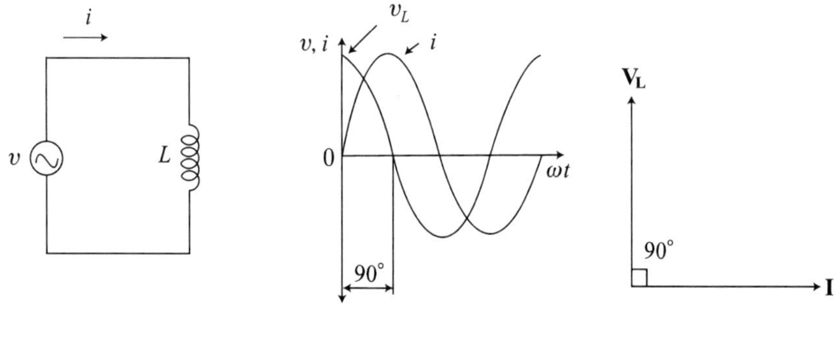

(a) 인덕터회로 (b) 파형 (c) 페이저

▌그림 9-2▐ 인덕터 회로에서의 전압과 전류의 관계

여기서 전압과 전류의 최대값 V_m, I_m 및 실효값 V, I 사이의 관계는 다음과 같다.

$$V_m = \omega L I_m \quad \text{또는} \quad I_m = V_m / \omega L \tag{9-5a}$$

$$V = \omega L I \quad \text{또는} \quad I = V / \omega L \tag{9-5b}$$

식 (9–4)에서 전압 v는 전류 i보다 $\pi/2$ [rad] 앞선다(또는 전류 i는 전압 v보다 $\pi/2$ [rad] 뒤진다). 이러한 관계를 파형 및 페이저로 표시하면 그림 9–2(b) 및 (c)와 같다. 인덕터만을 갖는 교류회로의 특징은 다음 3가지로 요약할 수 있다.

① 전압과 전류는 동일 주파수의 정현파이다.
② 전압은 전류보다 위상이 $\pi/2$ [rad] 앞선다.
③ 전압과 전류의 최대값 또는 실효값의 비는 ωL 이다.

그리고 식 (9–5)와 식 (9–2)를 비교하면 ωL은 인덕터회로에서 전류를 제한하는 일종의 교류저항임을 알 수 있다. 그러나 이것은 보통의 저항과는 달리, 전압과 전류 사이에 $\pi/2$ [rad]의 위상차를 발생시키는 효과가 있다. 따라서 ωL을 유도성 리액턴스

(inductive reactance)라 하며 보통 X_L로 표시한다. 이 유도성 리액턴스의 단위는 저항과 동일한 [Ω]을 사용한다. 다시 말하면 전압이 전류보다 $\pi/2$ [rad] 앞선 파형에서의 전압과 전류의 최대값 또는 실효값의 비를 유도성 리액턴스라 한다. 따라서 유도성 리액턴스 X_L은 다음과 같이 나타낼 수 있다.

$$X_L = \omega L = 2\pi f L \tag{9-6}$$

$$V = X_L I \quad \text{또는} \quad V/I = X_L \tag{9-7}$$

그림 9-3은 유도성 리액턴스와 전류의 주파수특성을 나타낸 것이다. 그림에서 알 수 있는 바와 같이 유도성 리액턴스 X_L은 주파수가 높을수록 그 값은 커진다. 특히 주파수가 0인 직류인 경우에는 유도성 리액턴스가 0이므로, 이 때 리액턴스 양단의 전압강하는 0이 된다.

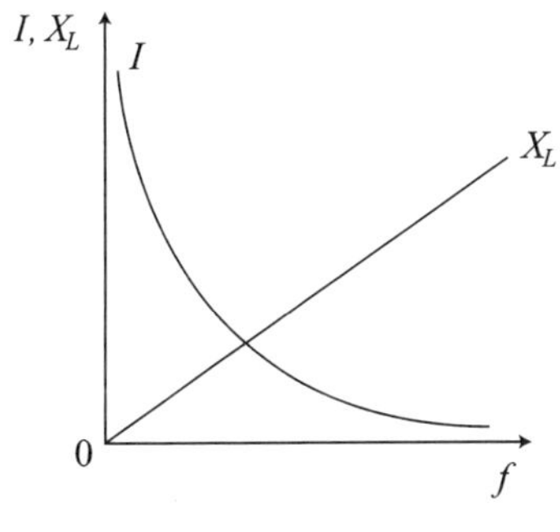

▌그림 9-3▌ 유도성 리액턴스와 전류의 주파수특성

또한 인덕터만을 갖는 교류회로에서 전압과 전류 사이의 관계를 복소기호법으로 나타내면 다음과 같다.

$$V = j\omega L I \tag{9-8a}$$

$$V/I = j\omega L = jX_L \tag{9-8b}$$

예제 9.2

50 mH의 인덕터에 20 V, 100 Hz의 정현파 전압을 인가할 때, 인덕터에 흐르는 전류의 실효값을 구하라.

[풀이]

유도성 리액턴스를 구하면

$$X_L = 2\pi f L = 2\pi(100\,\mathrm{Hz})(50\times 10^{-3}\,\mathrm{H}) = 31.4\ \Omega$$

인덕터에 흐르는 전류의 실효값은

$$I = \frac{V}{X_L} = \frac{V}{2\pi f L} = \frac{20\,\mathrm{V}}{31.4\,\Omega} = 0.64\ \mathrm{A}$$

요 약

1. 인덕터만의 교류회로에서 전압은 전류보다 $\pi/2$ [rad] 앞선다.
2. 인덕터만의 교류회로에서 전압과 전류의 최대값 또는 실효값의 비는 ωL이다.
3. ωL은 인덕터회로에서의 전류를 제한하는 일종의 교류저항으로, 유도성 리액턴스라 부르며 X_L로 표시한다.

9.3 커패시터회로

그림 9–4(a)와 같은 커패시터회로에 정현파 전압 $v = V_m \sin \omega t = \sqrt{2}\, V \sin \omega t$ [V]를 인가하였을 때, 커패시터를 통해 흐르는 순시전류 i는 다음과 같다.

$$i = C\frac{dv}{dt} = C\frac{d}{dt}(V_m \sin \omega t) \quad (9-9a)$$

$$= \omega C V_m \cos \omega t \quad (9-9b)$$

$$= I_m \sin\left(\omega t + \frac{\pi}{2}\right) \quad (9-9c)$$

$$= \sqrt{2} I \sin\left(\omega t + \frac{\pi}{2}\right) \text{ [A]} \quad (9-9d)$$

여기서 전압과 전류의 최대값 V_m, I_m 및 실효값 V, I 사이의 관계는 다음과 같다.

$$V_m = \left(\frac{1}{\omega C}\right) I_m \qquad \text{또는} \qquad I_m = \omega C V_m \quad (9-10a)$$

$$V = \left(\frac{1}{\omega C}\right) I \qquad \text{또는} \qquad I = \omega C V \quad (9-10b)$$

식 (9–9)로부터 전류 i는 전압 v보다 $\pi/2$ [rad] 앞서고, 식 (9–10)에서 전압과 전류의 최대값 또는 실효값의 비는 $1/\omega C$가 됨을 알 수 있다. 이러한 관계를 파형 및 페이저로 표시하면 그림 9–4(b) 및 (c)와 같다. 커패시터만을 갖는 교류회로의 특징은 다음 3가지로 요약할 수 있다.

① 전압과 전류는 동일 주파수의 정현파이다.

② 전류는 전압보다 위상이 $\pi/2$ [rad] 앞선다.

③ 전압과 전류의 최대값 또는 실효값의 비는 $1/\omega C$이다.

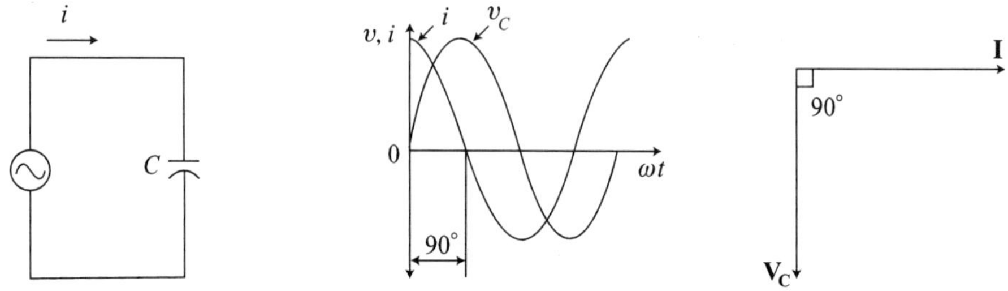

(a) 커패시터회로 (b) 파형 (c) 페이저

▌그림 9-4▌ 커패시터회로에서의 전압과 전류의 관계

식 (9-10)을 식 (9-2)와 비교하면 $1/\omega C$은 커패시터회로에서 전류의 흐름을 제한하는 일종의 교류저항임을 알 수 있다. 또한 이것은 유도성 리액턴스와 마찬가지로 전압과 전류 사이에 $\pi/2$ [rad]의 위상차를 발생시킨다. 따라서 $1/\omega C$을 용량성 리액턴스(capacitive reactance)라 하며 X_C로 표시하고, 단위는 [Ω]을 사용한다.

$$X_C = \frac{1}{\omega C} = \frac{1}{2\pi fC} \ [\Omega] \tag{9-11}$$

위의 식을 이용하면 식 (9-10)은 다음과 같이 다시 나타낼 수 있다.

$$V_m = X_C I_m \quad \text{또는} \quad I_m = \frac{V_m}{Xc} \tag{9-12a}$$

$$V = X_C I \quad \text{또는} \quad I = \frac{V}{Xc} \tag{9-12b}$$

그림 9-5는 용량성 리액턴스와 전류의 주파수특성을 나타낸 것이다. 그림에서 알 수 있는 바와 같이 용량성 리액턴스 X_C는 주파수가 높을수록 그 값은 감소한다. 특히 주파수가 0인 직류인 경우에는 용량성 리액턴스가 무한대이므로 전류가 흐를 수 없게 된다.

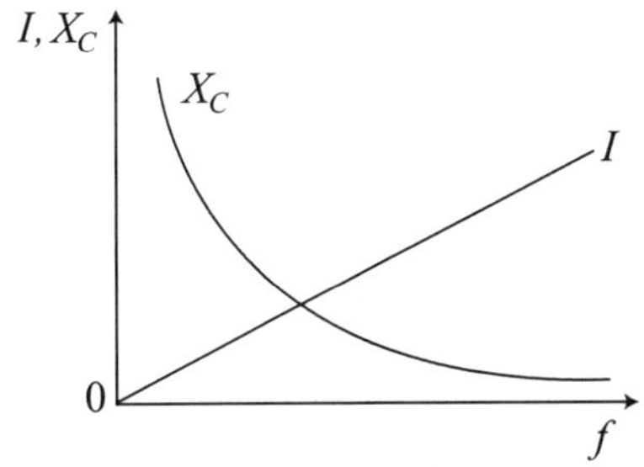

❙그림 9-5❙ 용량성 리액턴스와 전류의 주파수특성

또한 커패시터만을 갖는 교류회로에서 전압과 전류 사이의 관계를 복소수 기호법으로 나타내면 다음과 같다.

$$\mathrm{I} = j\omega C\mathrm{V} \quad [\mathrm{A}] \qquad (9-13a)$$

$$\mathrm{V}/\mathrm{I} = \frac{1}{j\omega C} = -j\frac{1}{\omega C} = -jX_C \; [\Omega] \qquad (9-13b)$$

예제 9.3

5,000 pF의 커패시터에 30 V, 10 kHz의 정현파 전압을 인가할 때, 커패시터에 흐르는 전류의 실효값을 구하라.

[풀이]

$$I = \frac{V}{X_C} = 2\pi fCV$$
$$= 2\pi(10\times10^3\ \mathrm{Hz})(5{,}000\times10^{-12}\ \mathrm{F})(30\ \mathrm{V}) = 9.42\ \mathrm{mA}$$

요 약

1. 커패시터만의 교류회로에서 전류는 전압보다 $\pi/2$ [rad] 앞선다.
2. 커패시터만의 교류회로에서 전압과 전류의 최대값 또는 실효값의 비는 $1/\omega C$이다.
3. $1/\omega C$은 커패시터회로에서의 전류를 제한하는 일종의 교류저항으로, 용량성 리액턴스라 부르며 X_C로 표시한다.

9.4 *RL* 직렬회로

앞 절에서는 하나의 수동소자로 구성된 회로에서의 전압과 전류 사이의 관계를 살펴 보았다. 다음으로 2개 이상의 수동소자가 직렬 또는 병렬로 연결된 회로에서의 전압과 전류 사이의 관계를 고찰한다. 먼저 그림 9-6(a)와 같이 저항 R과 인덕터 L이 직렬로 접속된 회로에 흐르는 전류 i는 $i=I_m \sin \omega t$ [A]로 가정한다. 이 전류에 의해 저항 R과 인덕터 L에서의 전압강하 v_R과 v_L은 각각 다음과 같다.

$$v_R = Ri = RI_m \sin \omega t \text{ [V]} \tag{9-14a}$$

$$v_L = L\frac{di}{dt} = \omega L I_m \cos \omega t = X_L I_m \cos \omega t \text{ [V]} \tag{9-14b}$$

이 회로에 인가된 전압을 v라 하면, 키르히호프의 전압법칙에 의해 v, v_R, v_L 사이에는 다음과 같은 관계식이 성립한다.

$$v = v_R + v_L = I_m(R \sin \omega t + X_L \cos \omega t) \tag{9-15}$$

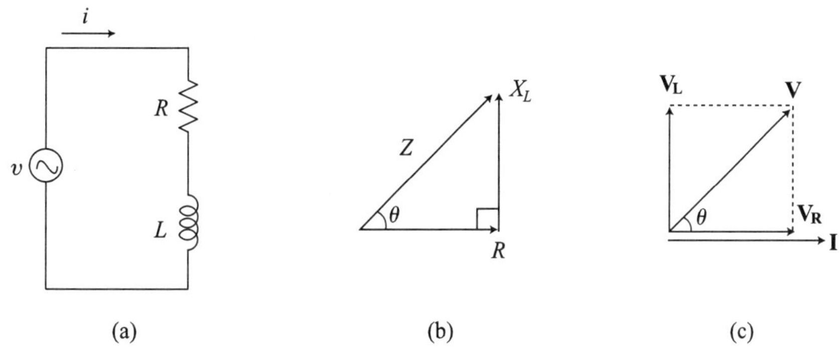

❙그림 9-6❙ *RL* 직렬회로

RL 직렬회로에서 전압과 전류의 관계를 복소수 기호법으로 구해 보기로 하자. 그림 9-6(a)와 같이 저항 R과 인덕터 L이 직렬로 접속된 회로에 각주파수가 ω [rad/s]인 정현파 전압 v를 인가하였다. 이 때 R과 L에 흐르는 전류를 **I**라 하고, R과 L 양단의 전압을 각각 V_R, V_L이라 하면, 이들 사이에는 복소수 기호법으로 다음과 같은 관계가 성립한다.

$$V_R = RI \tag{9-16a}$$

$$V_L = j\omega LI \tag{9-16b}$$

그리고 인가전압 V는 키르히호프의 전압법칙에 의해

$$V = V_R + V_L = RI + j\omega LI \tag{9-17a}$$

$$= (R + j\omega L)I \tag{9-17b}$$

$$= ZI \text{ [V]} \tag{9-17c}$$

이므로

$$Z = R + j\omega L \tag{9-18a}$$

$$= R + jX_L \text{ [}\Omega\text{]} \tag{9-18b}$$

여기서 Z를 임피던스(impedance)라 하고, 특히 복소수 기호법으로 표시된 임피던스를 복소 임피던스라 한다.

보통 임피던스는 크기와 각으로 나타낼 수 있으며, 임피던스의 크기는 전압과 전류의 비를 나타내며 보통 Z로 표시하고 단위는 [Ω]을 사용한다. 그리고 임피던스의 위상각은 전압과 전류의 위상차를 나타내며 보통 θ로 표시하고 단위는 라디안[rad]을 사용한다. 즉,

$$\mathrm{Z} = R + j\omega L = Z\angle\,\theta \tag{9-19}$$

여기서, $$Z = \sqrt{R^2 + (\omega L)^2} \tag{9-20}$$

$$\theta = \tan^{-1}\left(\frac{\omega L}{R}\right) \tag{9-21}$$

임피던스 Z는 일반적인 교류회로에서 전류를 제한하는 일종의 교류저항이다. 그림 9-6(b)는 RL 직렬회로에서의 임피던스 삼각형을 나타낸 것이다.

그리고 인가전압 $\mathrm{V} = V\angle 0°$를 기준으로 할 때, 회로에 흐르는 전류 I는

$$\mathrm{I} = \frac{\mathrm{V}}{\mathrm{Z}} = \frac{V\angle 0°}{R + j\omega L} \tag{9-22a}$$

$$= \frac{V\angle 0°}{Z\angle\theta} = \frac{V}{Z}\angle -\theta \text{ [A]} \tag{9-22b}$$

가 된다. 즉, 전류 I는 전압 V보다 θ만큼 뒤지고, 크기는 V/Z이다. 또한 저항 양단의 전압강하 V_R은 전류 I와 동상이고, 인덕터 양단의 전압강하 V_L은 전류 I보다 90° 앞선다. 그림 9-6(c)는 이들 사이의 관계를 페이저도로 나타낸 것이다.

예제 9.4

R=20 Ω, L=40 mH인 RL 직렬회로가 있다. 이 회로에 100 V, 60 Hz의 정현파 전압을 인가할 때, 이 회로의 임피던스의 크기와 위상각을 구하라.

[풀이]

60 Hz에 대해서는 $\omega = 2\pi f = 2\pi(60\ \text{Hz}) = 377\ \text{rad/s}$

$X_L = \omega L = (377\ \text{rad/s})(40\times 10^{-3}\ \text{H}) = 15.1\ \Omega$

임피던스의 크기는 $Z = \sqrt{R^2 + X_L^2} = \sqrt{(20\ \Omega)^2 + (15.1\ \Omega)^2} = 25.1\ \Omega$

임피던스의 위상각은 $\theta = \tan^{-1}\left(\frac{\omega L}{R}\right) = \tan^{-1}\left(\frac{15.1\ \Omega}{20\ \Omega}\right) = 37.1^\circ$

요 약

1. 일반적인 교류회로의 전류를 제한하는 일종의 저항을 임피던스 Z라 한다.
2. RL 직렬회로에서 임피던스는 $Z = R + j\omega L$이다.
3. RL 직렬회로에서 임피던스의 크기는 $Z = \sqrt{R^2 + (\omega L)^2}$, 위상각은 $\theta = \tan^{-1}\left(\frac{\omega L}{R}\right)$ 이다.

9.5 RC 직렬회로

그림 9-7(a)와 같이 저항 R과 커패시터 C가 직렬로 접속된 회로에 $i = I_m \sin \omega t$ [A]의 전류가 흐를 때, 이 전류에 의해 저항 R과 커패시터 C에서의 전압강하 v_R과 v_C는 각각 다음과 같다.

$$v_R = Ri = RI_m \sin\omega t \ [\mathrm{V}] \tag{9-23}$$

$$v_C = \frac{1}{C}\int i dt = \frac{1}{C}\int (I_m \sin\omega t) dt \tag{9-24a}$$

$$= -\left(\frac{1}{\omega C}\right) I_m \cos\omega t \tag{9-24b}$$

$$= -X_C I_m \cos\omega t \ [\mathrm{V}] \tag{9-24c}$$

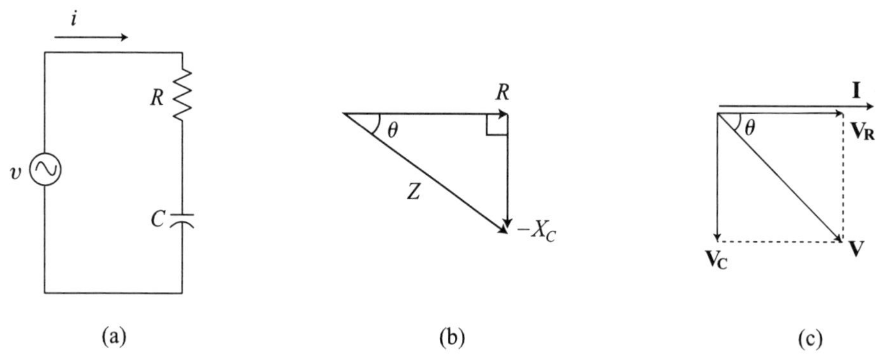

▌그림 9-7▐ *RC* 직렬회로

RC 직렬회로에서 전압과 전류의 관계를 복소수 기호법으로 구해 보기로 하자. 그림 9-7(a)와 같이 저항 R과 커패시터 C가 직렬로 접속된 회로에 각주파수가 ω[rad/s]인 정현파 전압 v를 인가하였다. 이 때 R과 C에 흐르는 전류를 I라 하고, R과 C 양단의 전압을 각각 $\mathrm{V_R}$, $\mathrm{V_C}$라 하면, 이들 사이에는 복소수 기호법으로 다음과 같은 관계가 성립한다.

$$\mathrm{V_R} = R\mathrm{I} \tag{9-25a}$$

$$\mathrm{V_C} = \left(\frac{1}{j\omega C}\right)\mathrm{I} = -j\left(\frac{1}{\omega C}\right)\mathrm{I} \tag{9-25b}$$

그리고 인가전압 V는 키르히호프의 전압법칙에 의해

$$V = V_R + V_C = RI - j\left(\frac{1}{\omega C}\right)I \qquad (9-26a)$$

$$= RI - j\left(\frac{1}{\omega C}\right)I \qquad (9-26b)$$

$$= ZI \qquad (9-26c)$$

이므로

$$Z = R - j\left(\frac{1}{\omega C}\right) \qquad (9-27a)$$

$$= R - jX_C \ [\Omega] \qquad (9-27b)$$

여기서 Z는 임피던스이고, RC 직렬회로에서 임피던스 Z의 크기와 위상각은 다음과 같이 나타낼 수 있다.

$$Z = R - j\left(\frac{1}{\omega C}\right) = Z\angle\theta \qquad (9-28)$$

$$\text{여기서, } Z = \sqrt{R^2 + \left(\frac{1}{\omega C}\right)^2} \qquad (9-39)$$

$$\theta = -\tan^{-1}\left(\frac{1}{\omega RC}\right) \qquad (9-30)$$

그리고 인가전압 $V = V\angle 0°$를 기준으로 할 때, RC 직렬회로에 흐르는 전류 I는

$$I = \frac{V}{Z} = \frac{V\angle 0°}{R - j\left(\frac{1}{\omega C}\right)} \qquad (9-31a)$$

$$= \frac{V\angle 0°}{Z\angle\theta} = \frac{V}{Z}\angle -\theta \ [A] \qquad (9-31b)$$

따라서 식 (9–31b)에서 전류 I의 크기는 다음과 같다.

$$I = \frac{V}{\sqrt{R^2 + \left(\frac{1}{\omega C}\right)^2}} \qquad (9-32)$$

$$\theta = -\tan^{-1}\left(\frac{1}{\omega RC}\right) \qquad (9-33)$$

그림 9-7(b)는 RC 직렬회로에서의 임피던스 삼각형이고, 그림 9-7(c)는 전류 I를 기준으로 한 페이저도이다. 페이저도에서 저항에서의 전압강하 $\mathbf{V_R}$은 전류 **I**와 동상이고, 커패시터에서의 전압강하 $\mathbf{V_C}$는 전류 **I**보다 위상이 90° 뒤진다.

예제 9.5

$R = 30\ \Omega$, $C = 66.3\ \mu$F인 RC 직렬회로가 있다. 이 회로에 100 V, 60 Hz의 정현파 전압을 인가할 때, 이 회로의 임피던스 크기와 위상각을 구하라.

[풀이]

60 Hz에 대해서는 $\omega = 2\pi f = 377$ rad/s이므로

$$X_C = \frac{1}{\omega C} = \frac{1}{(377\ \text{rad/s})(66.3 \times 10^{-6}\ \text{F})} = 40\ \Omega$$

임피던스의 크기는 $Z = \sqrt{R^2 + X_C^2} = \sqrt{(30\ \Omega)^2 + (40\ \Omega)^2} = 50\ \Omega$

임피던스의 위상각은 $\theta = -\tan^{-1}\left(\frac{X_C}{R}\right) = -\tan^{-1}\left(\frac{40\ \Omega}{30\ \Omega}\right) = -53.1^\circ$

요 약

1. RC 직렬회로에서 임피던스는 $Z = R - j\left(\frac{1}{\omega C}\right)$이다.

2. RC 직렬회로에서 임피던스의 크기는 $Z = \sqrt{R^2 + \left(\frac{1}{\omega C}\right)^2}$, 위상각은 $\theta = -\tan^{-1}\left(\frac{1}{\omega RC}\right)$이다.

9.6 RLC 직렬회로

R, L, C가 직렬로 연결된 회로에서의 전압과 전류 사이의 위상관계를 살펴보자. 그림 9-8(a)와 같은 RLC 직렬회로에 $i=I_m \sin\omega t$ [A]인 교류전류가 흐를 때, 각 소자 양단에서의 전압강하를 각각 v_R, v_L, v_C라 하면 다음과 같이 표시된다.

$$v_R = Ri = RI_m \sin \omega t \qquad (9-34)$$

$$v_L = L\frac{di}{dt} = \omega L I_m \cos \omega t \qquad (9-35)$$

$$v_C = \frac{1}{C}\int idt = -\left(\frac{1}{\omega C}\right) I_m \cos\omega t \qquad (9-36)$$

또한 이 회로에서 각 소자 양단의 전압과 전류 사이의 관계를 나타내면 그림 9-8(b) 및 (c)와 같다. 전류 i는 저항 양단의 전압 v_R과는 동상이고, 인덕터 양단의 전압 v_L과는 90° 뒤지고, 커패시터 양단의 전압 v_C와는 90° 앞선다.

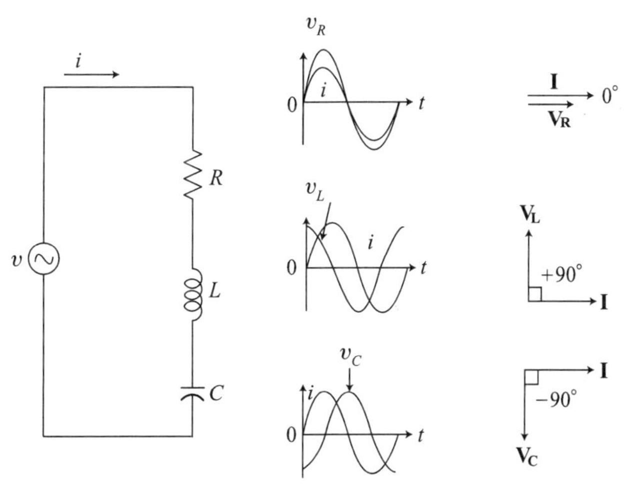

▌그림 9-8▌ RLC 직렬회로에서의 전압과 전류 사이의 관계

RLC 직렬회로에서 전류를 I라 하고, R, L, C 양단의 전압을 각각 V_R, V_L, V_C라 하면, 이들 사이에는 복소수 기호법으로 다음과 같은 관계가 성립한다.

$$V_R = RI \tag{9-37a}$$

$$V_L = j\omega L I \tag{9-37b}$$

$$V_C = \left(\frac{1}{j\omega C}\right) I \tag{9-37c}$$

키르히호프의 전압법칙에 의해 인가전압 V는

$$V = V_R + V_L + V_C \tag{9-38}$$

으로 주어진다. 식 (9–37)을 식 (9–38)에 대입하면

$$V = RI + j\omega LI + \left(\frac{1}{j\omega C}\right) I \tag{9-39a}$$

$$= \left[R + j\left(\omega L - \frac{1}{\omega C}\right)\right] I \tag{9-39b}$$

$$= [R + j(X_L - X_C)] I \tag{9-39c}$$

$$= ZI \tag{9-39d}$$

가 된다. 여기서 RLC 직렬회로의 임피던스 Z는

$$Z = R + j\left(\omega L - \frac{1}{\omega C}\right) \tag{9-40a}$$

$$= R + j(X_L - X_C) \tag{9-40b}$$

$$= R + jX \tag{9-40c}$$

이다. 따라서 임피던스의 크기와 위상각은 각각 다음과 같다.

$$Z = \sqrt{R^2 + X^2} \tag{9-41}$$

$$\theta = \tan^{-1}\left(\frac{X}{R}\right) \tag{9-42}$$

그리고 인가전압 $\mathbf{V} = V\angle 0°$를 기준으로 할 때, 회로에 흐르는 전류 $\mathbf{I}$는

$$\mathbf{I} = \frac{\mathbf{V}}{\mathbf{Z}} = \frac{V\angle 0°}{Z\angle \theta} = \frac{V}{Z}\angle -\theta \tag{9-43}$$

가 된다.

그림 9-9는 RLC 직렬회로에서 전류 $\mathbf{I}$를 기준으로 한 페이저도를 나타낸 것이다. 특히 $X_L - X_C = 0$ 즉, $\omega L = 1/\omega C$인 경우는 리액턴스 성분이 0이 되어 전압과 전류가 동상이 된다. 이 상태를 직렬공진(series resonance) 또는 간단히 공진(resonance)이라 하고, 이때 흐르는 전류를 공진전류(resonant current)라 한다. 이와 같이 회로가 공진되는 주파수를 공진주파수(resonant frequency)라고 한다. RLC 직렬회로에서 공진시의 각속도를 ω_o, 공진주파수를 f_o라 하면 $X_L = X_C$이므로, $\omega_o L = \dfrac{1}{\omega_o C}$로부터

$$\omega_o = \frac{1}{\sqrt{LC}} \tag{9-44}$$

$$f_o = \frac{1}{2\pi\sqrt{LC}} \tag{9-45}$$

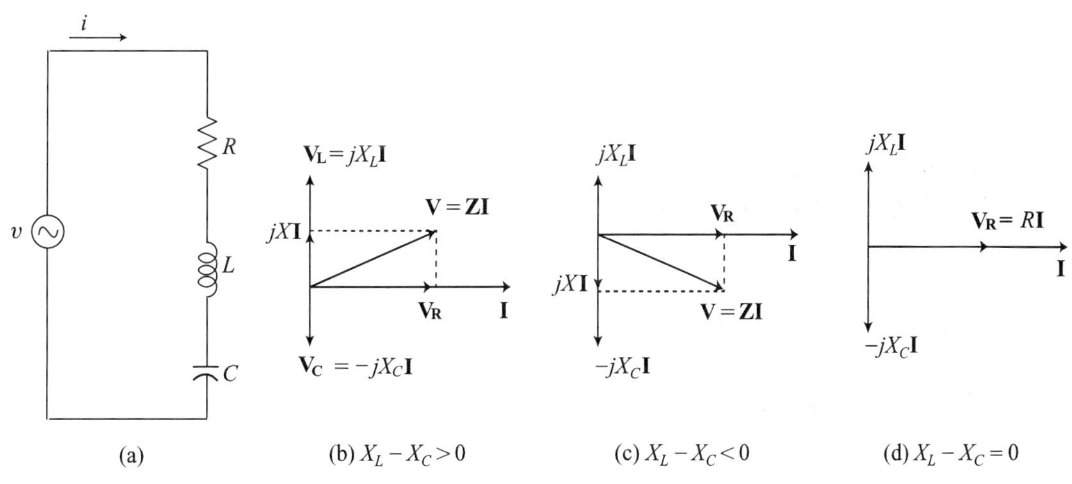

| 그림 9-9 | RLC 직렬회로의 페이저도

그림 9-10은 전원의 각주파수 ω의 변화에 따른 RLC 직렬회로의 리액턴스의 변화를 나타낸 것이다. 낮은 주파수에서는 용량성 리액턴스의 값이 크므로 $X_L < X_C$이고, 높은 주파수에서는 유도성 리액턴스의 값이 크므로 $X_L > X_C$이다. 그리고 리액턴스 X가 0이 되는 점 즉, $X_L = X_C$인 점이 존재하며, 이 점에서의 주파수를 공진주파수라 한다. 공진주파수에서 임피던스 Z는 순 실수가 되고, 단자 전압과 전류는 서로 동상이다.

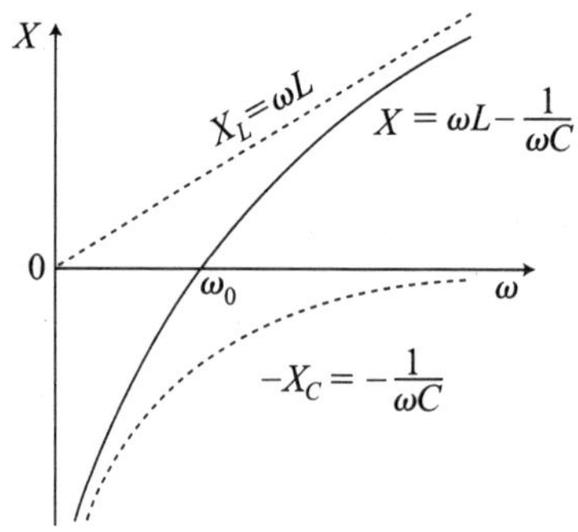

| 그림 9-10 | RLC 직렬회로의 리액턴스와 주파수 관계

예제 9.6

$R = 30\ \Omega$, $L = 40$ mH, $C = 100\ \mu$F인 RLC 직렬회로가 있다. 이 회로에 100 V, 60 Hz의 정현파 전압을 인가할 때, 이 회로의 임피던스의 크기와 위상각을 구하라.

[풀이]

$X_L = \omega L = 2\pi(60\,\text{Hz})(40\times10^{-3}\text{H}) = 15.1\ \Omega$

$X_C = \dfrac{1}{\omega C} = \dfrac{1}{2\pi(60\,\text{Hz})(100\times10^{-6}\ \text{F})} = 26.5\ \Omega$

임피던스의 크기는 $Z = \sqrt{R^2 + (X_L - X_C)^2} = \sqrt{(30\ \Omega)^2 + (15.1\ \Omega - 26.5\ \Omega)^2} = 32.1\ \Omega$

임피던스의 위상각은 $\theta = \tan^{-1}\left(\dfrac{X}{R}\right) = \tan^{-1}\left(\dfrac{-11.4\ \Omega}{30\ \Omega}\right) = -20.8°$

예제 9.7

$R=50\ \Omega$, $L=10\ \text{mH}$, $C=100\ \mu\text{F}$인 RLC 직렬공진회로가 있다. 이 회로에 100 V, 60 Hz의 정현파 전압을 인가할 때, 이 회로의 공진주파수를 구하라.

[풀이]

$$f_0=\frac{1}{2\pi\sqrt{LC}}=\frac{1}{2\pi\sqrt{(10\times10^{-3}\ \text{H})(100\times10^{-6}\ \text{F})}}=159\ \text{Hz}$$

요 약

1. RLC 직렬회로에서 $\omega L > 1/\omega C$인 경우 유도성 회로가 되고, 전압은 전류보다 θ 만큼 앞선다.
2. $\omega L < 1/\omega C$인 경우 용량성 회로가 되고, 전압은 전류보다 θ만큼 뒤진다.
3. $\omega L = 1/\omega C$인 경우 공진상태가 되어 저항만의 회로와 같고, 전압과 전류는 동상이다.
4. $X_L = X_C$인 점의 주파수를 공진주파수라 하고, $f_o=\dfrac{1}{2\pi\sqrt{LC}}$이다.

연습문제

1. 60 mH의 인덕터에 220 V, 60 Hz의 정현파 전압을 인가하였다. 인덕터의 유도성 리액턴스를 구하라.

   [답] 22.6 Ω

2. 50 mH의 인덕터에 $i = 7.5 \sin 377t$ A의 정현파 전류가 흐를 때, 인덕터 양단의 순시전압을 구하라.

   [답] $v = 141.8 \sin(377t + \pi/2)$ V

3. 50 μF의 커패시터에 100 V, 60 Hz의 정현파 전압을 인가하였다. 커패시터의 용량성 리액턴스를 구하라.

   [답] 53.1 Ω

4. 20 μF의 커패시터에 100 V, 1 kHz의 정현파 전압을 인가하였다. 커패시터에 흐르는 전류의 실효값을 구하라.

[답] 12.56 A

5. 10 μF의 커패시터에 $v = 141.4\sin 377t$ V의 정현파 전압을 인가하였다. 커패시터에 흐르는 순시전류를 구하라.

[답] $i = 0.533\sin(377t + \pi/2)$ A

6. $R = 30\ \Omega$, $X_L = 40\ \Omega$인 RL 직렬회로에 100 V, 60 Hz의 정현파 전압을 인가할 때, 회로의 임피던스의 크기와 위상각은 얼마인가?

[답] 임피던스의 크기 $Z = \sqrt{R^2 + X_L^2} = \sqrt{(30\ \Omega)^2 + (40\ \Omega)^2} = 50\ \Omega$

임피던스의 위상각 $\theta = \tan^{-1}\left(\frac{\omega L}{R}\right) = \tan^{-1}\left(\frac{40\ \Omega}{30\ \Omega}\right) = 53.1^\circ$

7. $R = 30\ \Omega$, $L = 50$ mH인 RL 직렬회로에 100 V, 60 Hz의 정현파 전압을 인가할 때, 인가전압을 기준으로 회로에 흐르는 전류의 크기와 위상각을 구하라.

[답] $\mathrm{I} = \frac{\mathrm{V}}{\mathrm{Z}} = \frac{100\angle 0^\circ\ \mathrm{V}}{35.5\angle 32.2^\circ\ \Omega} = 2.8\angle -32.2^\circ$ A

8. $R = 60\ \Omega$, $X_C = 80\ \Omega$인 RC 직렬회로에 100 V, 60 Hz의 정현파 전압을 인가할 때, 회로의 임피던스의 크기와 위상각은 얼마인가?

[답] 임피던스의 크기 $Z = \sqrt{R^2 + X_C^2} = \sqrt{(60\ \Omega)^2 + (80\ \Omega)^2} = 100\ \Omega$

임피던스의 위상각

$$\theta = -\tan^{-1}\left(\frac{X_C}{R}\right) = -\tan^{-1}\left(\frac{80\ \Omega}{60\ \Omega}\right) = -53.1°$$

9. $R = 40\ \Omega$, $C = 100\ \mu$F인 RC 직렬회로에 100 V, 60 Hz의 정현파 전압을 인가할 때, 인가전압을 기준으로 회로에 흐르는 전류의 크기와 위상각을 구하라?

[답] $\mathrm{I} = \dfrac{\mathrm{V}}{\mathrm{Z}} = \dfrac{100\angle 0°\ \mathrm{V}}{47.9\angle -33.3°\ \Omega} = 2.1\angle 33.3°\ \mathrm{A}$

10. $R = 40\ \Omega$, $X_L = 70\ \Omega$, $X_C = 30\ \Omega$인 RLC 직렬회로에서 복소 임피던스 Z를 구하라.

[답] $40 + j40\ \Omega$

11. $R = 20\ \Omega$, $L = 30$ mH, $C = 50\ \mu$F인 RLC 직렬공진회로에 100 V의 정현파 전압을 인가할 때, 공진주파수에서의 전류를 구하라.

[답] 5 A

12. 문제 10의 RLC 직렬회로에 100 V, 60 Hz의 정현파 전압을 인가할 때, 인가전압을 기준으로 회로에 흐르는 전류의 크기와 위상각을 구하라.

[답] $\mathrm{I} = \dfrac{\mathrm{V}}{\mathrm{Z}} = \dfrac{100\angle 0°\ \mathrm{V}}{56.6\angle 45°\ \Omega} = 1.8\angle -45°\ \mathrm{A}$

제 10 장

RLC 병렬회로

10.1 RL 병렬회로

그림 10-1(a)와 같이 저항 R과 인덕터 L이 병렬로 접속된 RL 병렬회로에 $v = V_m \sin \omega t$ [V]의 정현파 전압을 인가하였을 때, 각 소자에 흐르는 전류를 각각 $\mathrm{I_R}$, $\mathrm{I_L}$이라 하면

$$\mathrm{I_R} = \left(\frac{1}{R}\right)\mathrm{V} \tag{10-1}$$

$$\mathrm{I_L} = \left(\frac{1}{jX_L}\right)\mathrm{V} \tag{10-2a}$$

$$= \left(\frac{1}{j\omega L}\right)\mathrm{V} \tag{10-2b}$$

$$= -j\left(\frac{1}{\omega L}\right)\mathrm{V} \tag{10-2c}$$

가 된다. 전체전류 $\mathrm{I_T}$는 키르히호프의 전류법칙에 의해 $\mathrm{I_R}$과 $\mathrm{I_L}$의 합이 된다. 그림 10-1(b)는 이와 같은 관계를 페이저도로 표시한 것이다. 즉,

$$\mathrm{I_T} = \mathrm{I_R} + \mathrm{I_L} = \left[\frac{1}{R} - j\left(\frac{1}{\omega L}\right)\right]\mathrm{V} \tag{10-3a}$$

$$= I_T \angle \theta \tag{10-3b}$$

이다. 따라서 인가전압 $\mathrm{V} = V\angle 0°$를 기준으로 할 때, 회로에 흐르는 전체전류 $\mathrm{I_T}$의 크기와 위상각은 각각 다음과 같다.

$$I_T = \sqrt{I_R^2 + I_L^2} = V\sqrt{\left(\frac{1}{R}\right)^2 + \left(\frac{1}{\omega L}\right)^2} \tag{10-4}$$

$$\theta = \tan^{-1}\left(-\frac{R}{\omega L}\right) = -\tan^{-1}\left(\frac{R}{\omega L}\right) \tag{10-5}$$

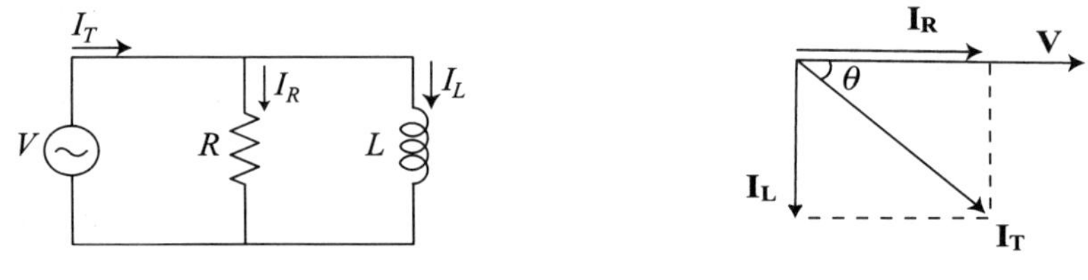

(a) (b)

▌그림 10-1▐ *RL* 병렬회로 및 페이저도

식 (10-3)에서 전류에 대한 전압의 비를 어드미턴스(admittance)라고 하며, 보통 **Y**로 표시한다.

$$Y = \frac{I_T}{V} = \frac{1}{R} - j\left(\frac{1}{\omega L}\right) \tag{10-6a}$$

$$Y = \frac{1}{Z} = \frac{1}{|Z| \angle \theta} = \frac{1}{|Z|} \angle -\theta \tag{10-6b}$$

이다. 전압, 전류 사이에는 다음과 같은 관계가 성립한다.

$$Y = I_T/V, \qquad I_T = YV, \qquad V = I_T/Y \tag{10-7}$$

복소 어드미턴스의 물리적 의미는 임피던스의 반대 개념으로, 동일 전압에 대해 전류를 잘 흘릴 수 있는 정도를 나타낸다. 또한 복소 어드미턴스 **Y**를 직각좌표 형식으로 표시하면

$$Y = G + jB \tag{10-8}$$

로 나타낼 수 있다. 여기서 G는 어드미턴스의 실수부로 컨덕턴스(conductance)라고 하며, B는 어드미턴스의 허수부로 서셉턴스(susceptance)라고 한다. **Y**, G, B의 단위는 모두 지멘스 [S] 또는 mho [℧]를 사용한다.

RL 병렬회로의 어드미턴스 Y에 대한 식 (10-6a)를 G와 B로 나타내면 다음과 같다.

$$\mathrm{Y} = \frac{1}{R} - j\left(\frac{1}{\omega L}\right) = G - jB_L \quad (10-9a)$$

$$= |Y| \angle \theta \quad (10-9b)$$

위 식 (10-9a)로부터 G와 B_L의 크기는

$$G = \frac{1}{R} \quad (10-10)$$

$$B_L = \frac{1}{\omega L} \quad (10-11)$$

가 된다. 여기서 B_L을 유도성 서셉턴스(inductive susceptance)라 한다.

따라서 식 (10-9a)로부터 어드미턴스 Y의 크기와 위상각을 구하면 각각 다음과 같다.

$$|Y| = \sqrt{G^2 + B_L^2} = \sqrt{\left(\frac{1}{R}\right)^2 + \left(\frac{1}{\omega L}\right)^2} \quad (10-12)$$

$$\theta = \tan^{-1}\left(\frac{-B_L}{G}\right) = -\tan^{-1}\left(\frac{R}{\omega L}\right) \quad (10-13)$$

예제 10.1

그림 10-2의 회로에서 복소 어드미턴스와 임피던스를 구하라.

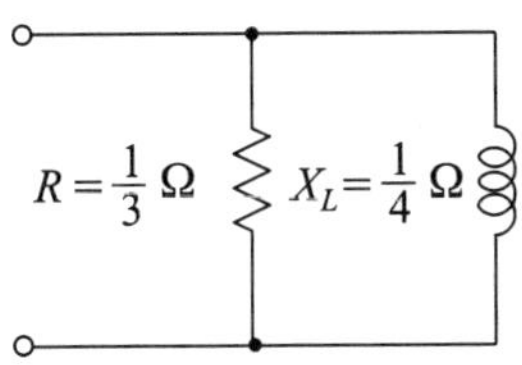

❙ 그림 10-2 ❙

[풀이]

먼저, 복소 어드미턴스를 구하면

$$Y = \frac{1}{R} - j\left(\frac{1}{X_L}\right) = 3 - j4 \text{ S}$$

복소 임피던스는

$$Z = \frac{1}{Y} = \frac{1}{3 - j4} = \frac{3 + j4}{(3 - j4)(3 + j4)} = \frac{3 + j4}{25} = 0.12 + j0.16 \ \Omega$$

요 약

1. 복소 어드미턴스는 임피던스의 반대 개념으로, 동일 전압에 대해 전류를 잘 흘릴 수 있는 정도를 나타낸다.
2. 직각좌표 형식의 복소 어드미턴스는 $Y = G + jB$로 표시되고, 실수부 G를 컨덕턴스(conductance), 허수부 B를 서셉턴스(susceptance)라고 한다.
3. RL 병렬회로에서 어드미턴스는 $Y = \frac{1}{R} - j\frac{1}{\omega L} = G - jB_L$로 표시되고, B_L을 유도성 서셉턴스(inductive susceptance)라고 한다.

10.2 RC 병렬회로

그림 10-3(a)와 같이 저항 R과 커패시터 C가 병렬로 접속된 RC 병렬회로에 $v = V_m \sin \omega t$ [V]의 정현파 전압을 인가하였을 때, 각 소자에 흐르는 전류를 각각 I_R, I_C라 하면

$$I_R = \left(\frac{1}{R}\right)V \quad (10-14)$$

$$I_C = \left(\frac{1}{-jX_C}\right)V \quad (10-15a)$$

$$= \left[\frac{1}{-j(1/\omega C)}\right]V \quad (10-15b)$$

$$= j\omega C V \quad (10-15c)$$

가 된다. 전체전류 I_T는 키르히호프의 전류법칙에 의하여 I_R과 I_C의 합이 된다. 그림 10-3(b)는 이와 같은 관계를 페이저도로 표시한 것이다. 즉,

$$I_T = I_R + I_C = \left(\frac{1}{R} + j\omega C\right)V \quad (10-16a)$$

$$= I_T \angle \theta \quad (10-16b)$$

이다. 따라서 인가전압 $V = V\angle 0°$를 기준으로 할 때, 회로에 흐르는 전체전류 I_T의 크기와 위상각은 각각 다음과 같다.

$$I_T = \sqrt{I_R^2 + I_C^2} = V\sqrt{\left(\frac{1}{R}\right)^2 + (\omega C)^2} \quad (10-17)$$

$$\theta = \tan^{-1}\left(\frac{\omega C}{1/R}\right) = \tan^{-1}(\omega RC) \quad (10-18)$$

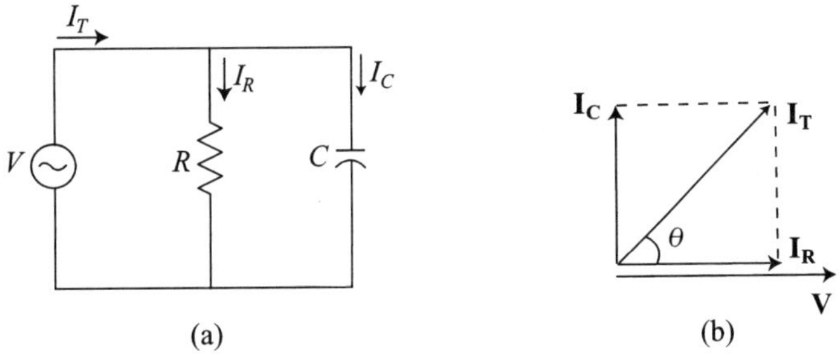

▌그림 10-3▌ *RC* 병렬회로 및 페이저도

식 (10–16a)로부터 RC 병렬회로의 어드미턴스 Y를 구하면

$$\mathrm{Y}=\frac{1}{R}+j\omega C=G+jB_C \tag{10-19a}$$

$$=Y\angle\theta \tag{10-19b}$$

위 식 (10–19a)로부터, G와 B_C의 크기는

$$G=\frac{1}{R} \tag{10-20}$$

$$B_C=\omega C \tag{10-21}$$

가 된다. 여기서 B_C를 용량성 서셉턴스(capacitive susceptance)라 한다.

따라서 식 (10–19a)로부터 어드미턴스 Y의 크기와 위상각을 구하면 각각 다음과 같다.

$$Y=\sqrt{G^2+B_C^2}=\sqrt{\left(\frac{1}{R}\right)^2+(\omega C)^2} \tag{10-22}$$

$$\theta=\tan^{-1}\left(\frac{B_C}{G}\right)=\tan^{-1}(\omega RC) \tag{10-23}$$

이 된다.

예제 10.2

$R=50\ \Omega$, $C=100\ \mu\mathrm{F}$인 RC 병렬회로가 있다. 이 회로에 100 V, 60 Hz의 정현파 전압을 인가할 때, 이 회로의 어드미턴스의 크기와 위상각을 구하라.

[풀이]

60 Hz에 대해서는 $\omega=2\pi f=377$ rad/s이므로

어드미턴스의 크기는 $Y=\sqrt{\left(\frac{1}{R}\right)^2+(\omega C)^2}=\sqrt{\left(\frac{1}{50\ \Omega}\right)^2+\ [(377\ \text{rad/s})(100\times10^{-6}\ \text{F})]^2}=0.04$ S

$\omega RC=(377\ \text{rad/s})(50\ \Omega)(100\times10^{-6}\ \text{F})=1.9$ 이므로

어드미턴스의 위상각은 $\theta=tan^{-1}(\omega RC)=\tan^{-1}(1.9)=62.2°$

요 약

1. RC 병렬회로에서 어드미턴스는 $\mathrm{Y}=\frac{1}{R}+j\omega C=G+jB_C$ 로 표시되고, B_C를 용량성 서셉턴스(capacitive susceptance)라고 한다.
2. RC 병렬회로에서 어드미턴스 Y의 크기는 $Y=\sqrt{\left(\frac{1}{R}\right)^2+(\omega C)^2}$, 위상각은 $\theta=\tan^{-1}(\omega RC)$이다.

10.3 *RLC* 병렬회로

그림 10-4(a)와 같은 RLC 병렬회로에서 각 소자에 흐르는 전류 $\mathrm{I_R}$, $\mathrm{I_L}$, $\mathrm{I_C}$는 각각

$$\mathrm{I_R}=\left(\frac{1}{R}\right)\mathrm{V} \tag{10-24a}$$

$$\mathrm{I_L}=\left(\frac{1}{j\omega L}\right)\mathrm{V} \tag{10-24b}$$

$$\mathrm{I_C}=j\omega C\mathrm{V} \tag{10-24c}$$

이다. 따라서 키르히호프의 전류법칙에 의해 전체전류 $\mathrm{I_T}$를 구하면

$$\mathrm{I_T}=\mathrm{I_R}+\mathrm{I_L}+\mathrm{I_C} \tag{10-25}$$

이다. 식 (10-24)를 식 (10-25)에 대입하면 다음과 같다.

$$\mathrm{I_T} = \left(\frac{1}{R} + \frac{1}{j\omega L} + j\omega C\right)\mathrm{V} \qquad (10-26a)$$

$$= \left[\frac{1}{R} + j\left(\omega C - \frac{1}{\omega L}\right)\right]\mathrm{V} \qquad (10-26b)$$

$$= \mathrm{YV} \qquad (10-26C)$$

여기서 RLC 병렬회로의 어드미턴스 Y는

$$\mathrm{Y} = \frac{1}{R} + j\left(\omega C - \frac{1}{\omega L}\right) \qquad (10-27a)$$

$$= G + j(B_C - B_L) \qquad (10-27b)$$

$$= G + jB \qquad (10-27c)$$

$$= Y\angle\theta \qquad (10-27d)$$

이다. 따라서 어드미턴스의 크기와 위상각은 각각 다음과 같다.

$$Y = \sqrt{G^2 + B^2} \qquad (10-28)$$

$$\theta = tan^{-1}\left(\frac{B}{G}\right) \qquad (10-29)$$

그리고 인가전압 $\mathrm{V} = V\angle 0°$를 기준으로 할 때, 회로에 흐르는 전체전류 $\mathrm{I_T}$는

$$\mathrm{I_T} = \mathrm{YV} = (Y\angle\theta)(V\angle 0°) = YV\angle\theta \qquad (10-30)$$

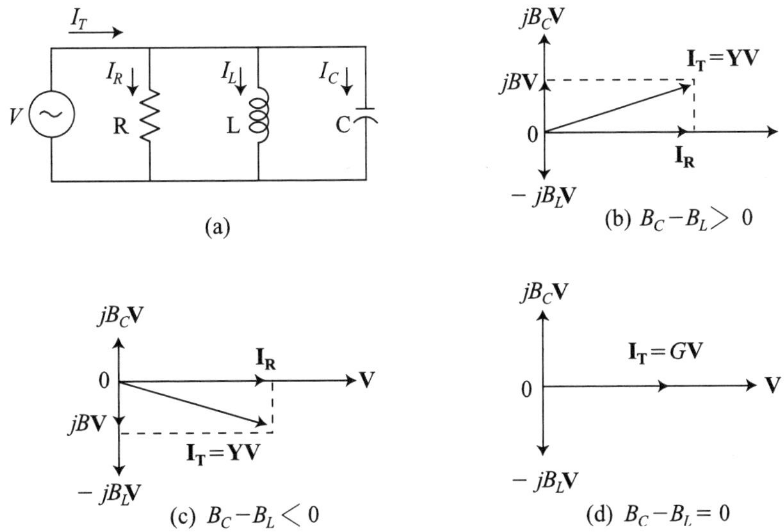

┃그림 10-4┃ *RLC* 병렬회로의 페이저도

그림 10-4는 전류 V를 기준으로 한 페이저도를 나타낸 것이다. 특히, $\omega C = 1/\omega L$ 인 경우 즉, 서셉턴스 성분이 0이 되어 전압과 전류가 동상이 되는 상태를 병렬공진(parallel resonance)이라 한다. 또한 직렬공진을 간단히 공진이라 부르는 데 비해, 병렬공진을 반공진(antiresonance)이라 부르기도 한다. 병렬공진시의 각주파수를 ω_o, 공진주파수를 f_o라 하면 $B_C = B_L$이므로, $\omega_o C = \dfrac{1}{\omega_o L}$ 로부터

$$\omega_0 = \frac{1}{\sqrt{LC}} \qquad (10-31)$$

$$f_0 = \frac{1}{2\pi\sqrt{LC}} \qquad (10-32)$$

으로 되어, 직렬공진시의 식과 같은 형태가 된다.

예제 10.3

$R=25\ \Omega$, $L=53$ mH, $C=66.3\ \mu$F인 RLC 병렬회로가 있다. 이 회로에 100 V, 60 Hz의 정현파 전압을 인가할 때, 이 회로에 흐르는 전체전류를 구하라.

[풀이]

60 Hz에 대해서는 $\omega=2\pi f=377$ rad/s이므로

$$X_L=\omega L=(377\ \text{rad/s})(53\times10^{-3}\ \text{H})=20\ \Omega$$

$$X_C=\frac{1}{\omega C}=\frac{1}{(377\ \text{rad/s})(66.3\times10^{-6}\ \text{F})}=40\ \Omega$$

$$\mathrm{I_R}=\frac{1}{R}\mathrm{V}=\frac{100\ \text{V}}{25\ \Omega}=4\ \text{A}$$

$$\mathrm{I_L}=\frac{1}{jX_L}\mathrm{V}=\frac{100\ \text{V}}{j20\ \Omega}=-j5\ \text{A}$$

$$\mathrm{I_C}=\frac{1}{-jX_C}\mathrm{V}=\frac{100\ \text{V}}{-j40\ \Omega}=j2.5\ \text{A}$$

$$\mathrm{I_T}=\mathrm{I_R}+\mathrm{I_L}+\mathrm{I_C}=4-j5+j2.5=4-j2.5\ \text{A}$$

전류의 크기는

$$I_T=\sqrt{(4\ \text{A})^2+(-2.5\ \text{A})^2}=4.72\ \text{A}$$

요 약

1. RLC 병렬회로에서 $\omega C>1/\omega L$인 경우 용량성 회로가 되며, 전압이 전류보다 위상이 뒤진다.
2. $\omega C<1/\omega L$인 경우 유도성 회로가 되며, 전압이 전류보다 위상이 앞선다.
3. $\omega C=1/\omega L$인 경우 병렬공진 상태가 되어 저항만의 회로와 같으며, 전압과 전류는 동상이다.
4. 서셉턴스 성분이 0이 되어 전압과 전류가 동상이 되는 상태를 병렬공진(parallel resonance)이라 한다.

10.4 공진회로의 대역폭

1. 직렬공진회로

그림 10-5는 RLC 직렬공진회로의 주파수응답을 나타낸 것이다. RLC 직렬회로에 흐르는 전류는 공진주파수에서 최대가 되고, 공진주파수보다 크거나 낮은 주파수에서는 전류가 감소한다. 전류가 최대값의 70.7%로 감소할 때 회로에서의 전력은 최대값의 50 %로 감소한다.

전류가 최대값의 0.707배로 되는 두 주파수를 반전력 주파수(half-power frequency) 또는 차단주파수(cutoff frequency)라 하고, f_1과 f_2로 표시한다. 이 때 f_1은 하위 차단주파수(lower cutoff frequency), f_2는 상위 차단주파수(upper cutoff frequency)라 부른다.

또한 차단주파수에서의 전력 P_c는 다음과 같다.

$$P_m = I_m^2 R \qquad (10-33)$$

$$P_c = (0.707 \times I_m)^2 R \qquad (10-34a)$$

$$= 0.5\, I_m^2 R \qquad (10-34b)$$

$$= 0.5 P_m \qquad (10-34c)$$

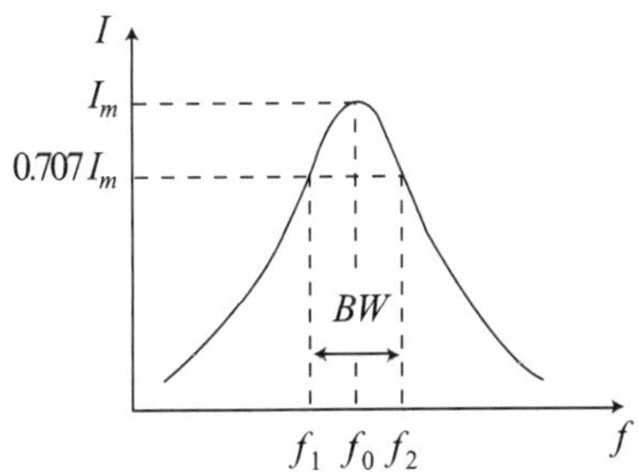

❙그림 10-5❙ 직렬공진회로의 주파수응답

대역폭(bandwidth)은 공진회로의 특성을 나타내는 중요한 항목으로, 최대 전류의 70.7% 이상이 되는 전류가 흐르는 주파수의 범위로 정의되고 보통 BW로 표시한다. 하위 차단주파수를 f_1, 상위 차단주파수를 f_2라 하면, 공진회로의 대역폭은 다음과 같이 표시된다.

$$BW = f_2 - f_1 \tag{10-35}$$

그리고 공진회로에서 대역폭에 대한 공진주파수의 비를 선택도라 하며, Q로 표시한다.

$$Q = \frac{f_o}{BW} \tag{10-36}$$

위의 식 (10-37)에서 알 수 있는 바와 같이 대역폭이 낮을수록 공진회로의 선택도는 커진다.

또한 차단주파수와 공진주파수 사이에는 다음과 같은 관계가 성립한다.

$$f_o = \sqrt{f_1 f_2} \tag{10-37}$$

한편 RLC 직렬공진회로에서 복소 임피던스 Z는 다음과 같이 나타낼 수 있다.

$$Z = R + jX = R + j\left(\omega L - \frac{1}{\omega C}\right) \tag{10-38}$$

공진주파수에서의 유도성 리액턴스를 X_L [Ω], 공진주파수에서의 용량성 리액턴스를 X_C [Ω]라 하면, 선택도 Q를 다음과 같이 나타낼 수 있다.

$$Q = \frac{X_L}{R} = \frac{\omega_o L}{R} \tag{10-39a}$$

$$= \frac{X_C}{R} = \frac{1}{R\omega_o C} \tag{10-39b}$$

$$= \frac{1}{R}\sqrt{\frac{L}{C}} \tag{10-39c}$$

예제 10.4

하위 차단주파수와 상위 차단주파수가 각각 100 kHz와 150 kHz인 RLC 직렬공진회로의 대역폭, 공진주파수 및 선택도 Q를 구하라.

[풀이]

대역폭은 $BW = f_2 - f_1 = 150\ \text{kHz} - 100\ \text{kHz} = 50\ \text{kHz}$

공진주파수는 $f_o = \sqrt{f_1 f_2} = \sqrt{(100\times10^3\ \text{Hz})(150\times10^3\ \text{Hz})} = 122.5\ \text{kHz}$

선택도는 $Q = \dfrac{f_o}{BW} = \dfrac{122.5\times10^3\text{Hz}}{50\times10^3\text{Hz}} = 2.45$

2. 병렬공진회로

그림 10-6은 RLC 병렬공진회로의 주파수응답을 나타낸 것이다. 그림 10-6(a)에서 알 수 있는 바와 같이, RLC 병렬회로에서는 공진주파수에서 최대 임피던스를 갖는다. 그리고 공진주파수 이하에서 병렬회로는 유도성이고, 공진주파수 이상에서는 용량성이다. 또한 그림 10-6(b)에서 알 수 있는 바와 같이 공진주파수에서 RLC 병렬공진회로의 전류는 최소값을 갖는다. 매우 높은 주파수에서는 커패시터가 단락된 것처럼 동작하므로, 전류는 매우 커지게 된다.

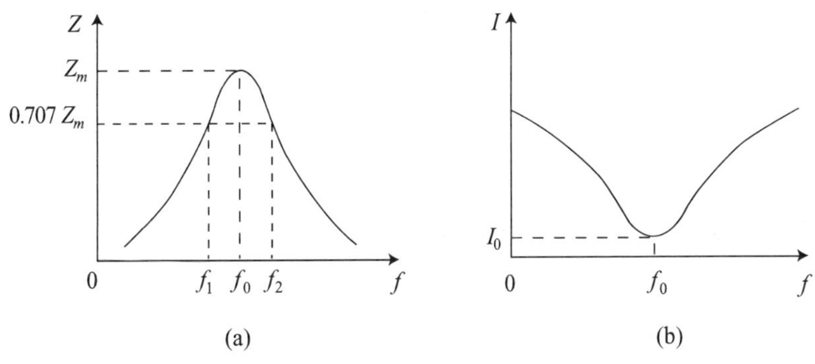

▌그림 10-6▐ 병렬공진회로의 주파수응답

병렬공진회로의 대역폭도 직렬공진회로에서와 같이 주파수 응답에서 두 차단주파수 사이의 주파수 대역으로 정의된다. 따라서 대역폭 BW는 다음과 같이 나타낼 수 있다.

$$BW = f_2 - f_1 \qquad (10-40)$$

$$= \frac{f_o}{Q} \qquad (10-41)$$

여기서 f_1은 하위 차단주파수, f_2는 상위 차단주파수, f_o는 공진주파수를 나타내고, Q는 선택도이다.

한편 RLC 병렬공진회로에서 복소 어드미턴스 Y는 다음과 같이 나타낼 수 있다.

$$\mathrm{Y} = \frac{1}{R} + j\left(\omega C - \frac{1}{\omega L}\right) \qquad (10-42)$$

공진주파수에서의 유도성 리액턴스를 X_L [Ω], 공진주파수에서의 용량성 리액턴스를 X_C [Ω]라 하면, 선택도 Q를 다음과 같이 나타낼 수 있다.

$$Q = \frac{B_L}{G} = \frac{R}{\omega_o L} \qquad (10-43a)$$

$$= \frac{B_C}{G} = \omega_o RC \qquad (10-43b)$$

$$= R\sqrt{\frac{C}{L}} \qquad (10-43c)$$

예제 10.5

RLC 병렬공진회로에서 공진주파수는 400 kHz이고 선택도 Q는 5이다. 이 회로의 대역폭은 얼마인가?

[풀이]

대역폭은 $BW = \frac{f_o}{Q} = \frac{400 \times 10^3 \mathrm{Hz}}{5} = 80$ kHz

요 약

1. RLC 직렬회로에 흐르는 전류는 공진주파수에서 최대가 되고, RLC 병렬회로에 흐르는 전류는 공진주파수에서 최소가 된다.
2. 공진회로의 대역폭은 주파수 응답에서 두 차단주파수 사이의 주파수 대역으로 정의되며, BW로 표시한다.
3. 선택도 Q가 높을수록 공진회로의 대역폭은 작아지고, 반대로 선택도 Q가 낮을수록 대역폭은 커진다.

10.5 임피던스회로

1. 임피던스 직렬회로

그림 10-7과 같이 여러 개의 임피던스를 직렬로 접속하고 교류전압 V를 인가하였을 때, 회로에 흐르는 전류를 I라고 하자. 이 회로에서 각 임피던스 양단의 전압강하를 각각 V_1, V_2, V_3, …, V_n이라 하면 이들 사이에는 다음과 같은 관계식이 성립한다.

$$V_1 = Z_1 I, \quad V_2 = Z_2 I, \quad V_3 = Z_3 I, \quad \cdots, \quad V_n = Z_n I \qquad (10-44)$$

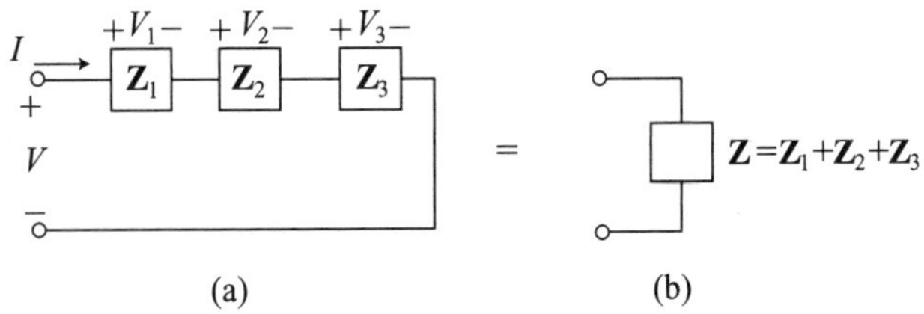

❙그림 10-7❙ 임피던스 직렬회로

또한 키르히호프의 전압법칙에 의해

$$V = V_1 + V_2 + V_3 + \cdots + V_n \tag{10-45a}$$

$$= Z_1I + Z_2I + Z_3I + \cdots + Z_nI \tag{10-45b}$$

$$= (Z_1 + Z_2 + Z_3 + \cdots + Z_n)I \tag{10-45c}$$

$$= ZI \tag{10-45d}$$

여기서, $$Z = Z_1 + Z_2 + Z_3 + \cdots + Z_n \tag{10-46}$$

이다. 즉, 여러 개의 임피던스가 직렬로 접속된 회로의 합성 임피던스는 각 임피던스의 합과 같음을 알 수 있다. 또한 여러 개의 임피던스가 직렬로 접속된 회로에 흐르는 전류 I는, 식 (10-45c)로부터 다음과 같이 유도된다.

$$I = V/(Z_1 + Z_2 + Z_3 + \cdots + Z_n) \tag{10-47a}$$

$$= V/Z \tag{10-47b}$$

또한 식 (10-47b)를 식 (10-44)에 대입하면, 각 임피던스 양단의 전압을 다음과 같이 구할 수 있다.

$$V_1 = \left(\frac{Z_1}{Z}\right)V,\ V_2 = \left(\frac{Z_2}{Z}\right)V,\ V_3 = \left(\frac{Z_3}{Z}\right)V,\ \cdots,\ V_n = \left(\frac{Z_n}{Z}\right)V \tag{10-48}$$

예제 10.6

그림 10-8과 같이 $R = 20\ \Omega$, $X_L = 50\ \Omega$, $X_C = 40\ \Omega$인 RLC 직렬회로에 100 V, 60 Hz의 정현파 전압을 인가할 때, 회로에 흐르는 전류의 크기 및 각 소자에서의 전압강하를 구하라.

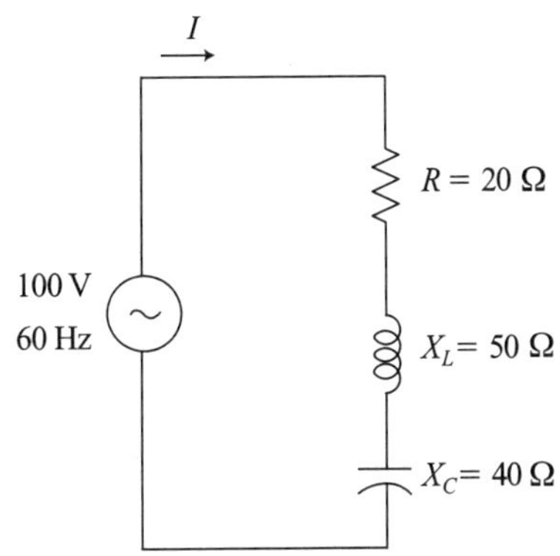

❙그림 10-8❙

[풀이]

$Z = R + j(X_L - X_C) = 20\ \Omega + j(50\ \Omega - 40\ \Omega) = 20 + j10\ \Omega$

임피던스의 크기는 $Z = \sqrt{R^2 + X^2} = \sqrt{(20\ \Omega)^2 + (10\ \Omega)^2} = 22.4\ \Omega$

임피던스의 위상각은 $\theta = \tan^{-1}\left(\frac{X}{R}\right) = \tan^{-1}\left(\frac{10\ \Omega}{20\ \Omega}\right) = 26.6°$

회로에 흐르는 전류는 $I = \frac{V}{Z} = \frac{100\ \text{V}}{22.4\ \Omega} = 4.5\ \text{A}$

각 소자에서의 전압강하는 다음과 같다.

$V_R = IR = (4.5\ \text{A})(20\ \Omega) = 90\ \text{V}$

$V_L = IX_L = (4.5\ \text{A})(50\ \Omega) = 225\ \text{V}$

$V_C = IX_C = (4.5\ \text{A})(40\ \Omega) = 180\ \text{V}$

2. 임피던스 병렬회로

그림 10-9와 같이 여러 개의 임피던스를 병렬로 접속하여 여기에 교류전압 V를 인가하였을 때 회로에 흐르는 전류를 I라고 하자. 이 회로에서 각 임피던스에 흐르는 전류를 I_1, I_2, I_3,⋯, I_n이라 하면 이들 사이에는 다음과 같은 관계식이 성립한다.

$$I_1=\left(\frac{1}{Z_1}\right)V=Y_1V,\ I_2=\left(\frac{1}{Z_2}\right)V=Y_2V,\ I_3=\left(\frac{1}{Z_3}\right)V=Y_3V,\ \cdots,$$

$$I_n=\left(\frac{1}{Z_n}\right)V=Y_nV \qquad (10-49)$$

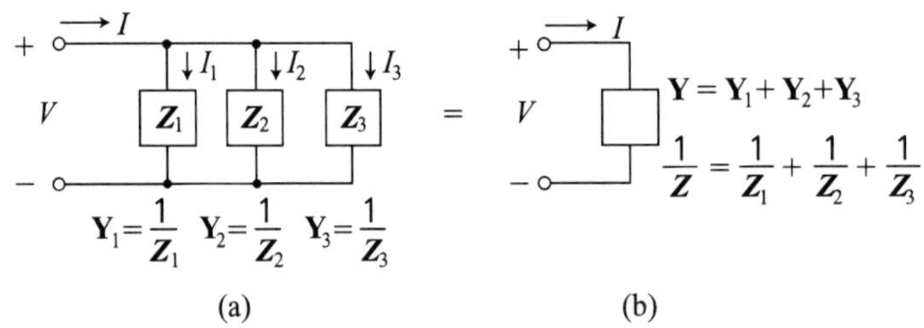

▌그림 10-9▐ 임피던스 병렬회로

또한 키르히호프의 전류법칙에 의해

$$I = I_1 + I_2 + I_3 + \cdots + I_n \qquad (10-50a)$$

$$= \frac{V}{Z_1}+\frac{V}{Z_2}+\frac{V}{Z_3}+\cdots+\frac{V}{Z_n} \qquad (10-50b)$$

$$= \left(\frac{1}{Z_1}+\frac{1}{Z_2}+\frac{1}{Z_3}+\cdots+\frac{1}{Z_n}\right)V \qquad (10-50c)$$

$$= \frac{V}{Z} \qquad (10-50d)$$

여기서, $1/Z = 1/Z_1 + 1/Z_2 + 1/Z_3 + \cdots + 1/Z_n$ (10−51)

또한 여러 개의 임피던스가 병렬로 접속된 회로에 흐르는 전류 **I**는, 식 (10−50c)로부터 다음과 같이 유도된다.

$$I = (Y_1 + Y_2 + Y_3 + \cdots + Y_n)V \qquad (10-52a)$$

$$= YV \qquad (10-52b)$$

$$\text{여기서, } Y = Y_1 + Y_2 + Y_3 + \cdots + Y_n \qquad (10-53)$$

또한 식 (10–50d)를 식 (10–49)에 대입하여 각 임피던스에 흐르는 지로전류를 구하면 다음과 같다.

$$I_1 = \left(\frac{Z}{Z_1}\right)I,\ I_2 = \left(\frac{Z}{Z_2}\right)I,\ I_3 = \left(\frac{Z}{Z_3}\right)I,\ \cdots,\ I_n = \left(\frac{Z}{Z_n}\right)I \qquad (10-54)$$

예제 10.7

그림 10−10과 같이 $R = 50\ \Omega$, $L = 50$ mH, $C = 100\ \mu$F인 RLC 병렬회로에 100 V, 60Hz의 정현파 전압을 인가할 때, 각 소자에 흐르는 전류 및 전체전류를 구하라?

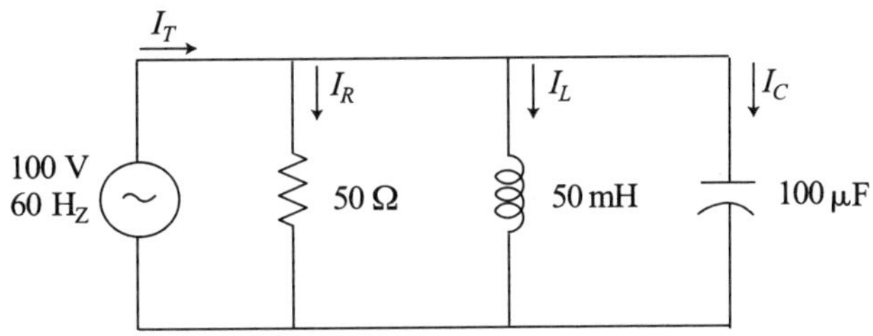

❙그림 10−10❙

[풀이]

60 Hz에 대해서는 $\omega = 2\pi f = 377$ rad/s이므로

$$X_L = \omega L = (377\text{ rad/s})(50\times10^{-3}\text{ H}) = 18.9\ \Omega$$

$$X_C = \frac{1}{\omega C} = \frac{1}{(377\text{ rad/s})(100\times10^{-6}\text{ F})} = 26.5\ \Omega$$

각 소자에 흐르는 전류는 다음과 같다.

$$I_R = \frac{V}{R} = \frac{100\text{ V}}{50\ \Omega} = 2\ \text{A}$$

$$I_L = \frac{V}{X_L} = \frac{100\ \text{V}}{18.9\ \Omega} = 5.3\ \text{A}$$

$$I_C = \frac{V}{X_C} = \frac{100\ \text{V}}{26.5\ \Omega} = 3.8\ \text{A}$$

$$I_X = I_C - I_L = 3.8\ \text{A} - 5.3\ \text{A} = -1.5\ \text{A}$$

전체전류 I_T는

$$I_T = \sqrt{I_R^2 + I_X^2} = \sqrt{(2\ \text{A})^2 + (-1.5\ \text{A})^2} = 2.5\ \text{A}$$

요 약

1. 여러 개의 임피던스가 직렬로 접속된 회로의 합성 임피던스는 각 임피던스의 합과 같다.
2. 여러 개의 어드미턴스가 병렬로 접속된 회로의 합성 어드미턴스는 각 어드미턴스의 합과 같다.

연습문제

1. $R = 20\ \Omega$, $X_L = 10\ \Omega$인 RL 병렬회로의 복소 어드미턴스를 구하라.

   [답] $\mathrm{Y} = 0.05 - j0.1\ \mathrm{S}$

2. $R = 40\ \Omega$, $L = 60\ \mathrm{mH}$인 RL 병렬회로에 100 V, 60 Hz의 정현파 전압을 인가할 때, 인가전압을 기준으로 회로에 흐르는 전체전류의 크기와 위상각을 구하라.

   [답] $\mathrm{I_T} = 5 \angle -60.5^\circ\ \mathrm{A}$

3. $R = 10\ \Omega$, $X_C = 10\ \Omega$인 RC 병렬회로의 복소 어드미턴스를 구하라.

   [답] $\mathrm{Y} = 0.1 + j0.1\ \mathrm{S}$

4. $R = 20\ \Omega$, $C = 100\ \mu$F인 RC 병렬회로에 100 V, 60 Hz의 정현파 전압을 인가할 때, 인가전압을 기준으로 회로에 흐르는 전체전류의 크기와 위상각을 구하라.

[답] $I_T = YV = (0.06\angle 37.2°)(100\angle 0°) = 6\angle 37.2°$ A

5. 그림 10-11과 같은 RLC 병렬공진회로의 공진주파수는 얼마인가?

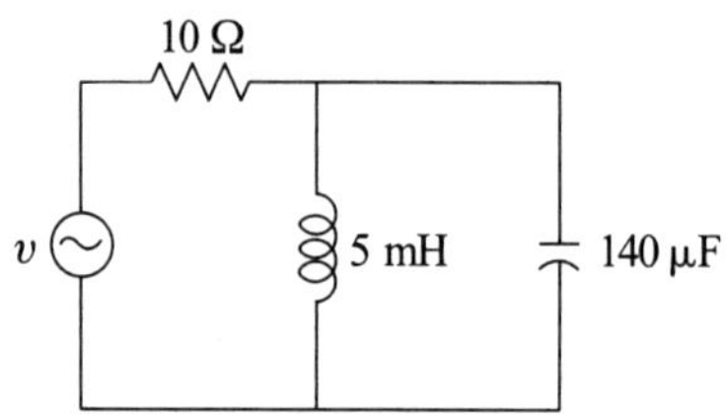

▌그림 10-11▐

[답] 190 Hz

6. $R = 50\ \Omega$, $X_L = 50\ \Omega$, $X_C = 20\ \Omega$인 RLC 병렬회로에서 복소 어드미턴스 Y의 크기와 위상각을 구하라.

[답] 어드미턴스의 크기 $Y = \sqrt{(0.02\ \text{S})^2 + (0.03\ \text{S})^2} = 0.04$ S

어드미턴스의 위상각 $\theta = \tan^{-1}\left(\frac{B}{G}\right) = \tan^{-1}\left(\frac{0.03\ \text{S}}{0.02\ \text{S}}\right) = 56.3°$

7. 문제 6의 RLC 병렬회로에 100 V, 60 Hz의 정현파 교류전압을 인가할 때, 인가 전압을 기준으로 회로에 흐르는 전체전류의 크기와 위상각을 구하라.

[답] $\mathrm{I_T} = \mathrm{YV} = (Y\angle\theta)(V\angle 0°)$

$= (0.04\angle 56.3°)(100\angle 0°)$

$= 4\angle 56.3°$ A

8. 그림 10-12와 같은 RLC 직렬공진회로의 공진주파수, 선택도 및 대역폭을 구하라.

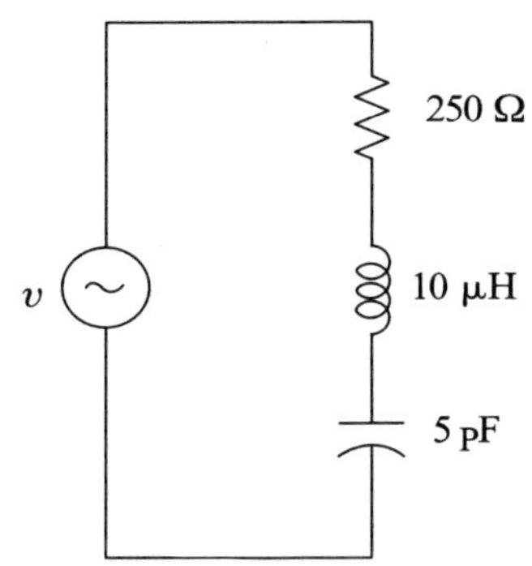

▌그림 10-12▐

[답] 공진주파수 $f_o = 22.5$ MHz

선택도 $Q = 5.66$

대역폭 $BW = \dfrac{f_o}{Q} = 3.98$ MHz

9. 그림 10-13과 같은 RLC 병렬공진회로의 공진주파수, 선택도 및 대역폭을 구하라.

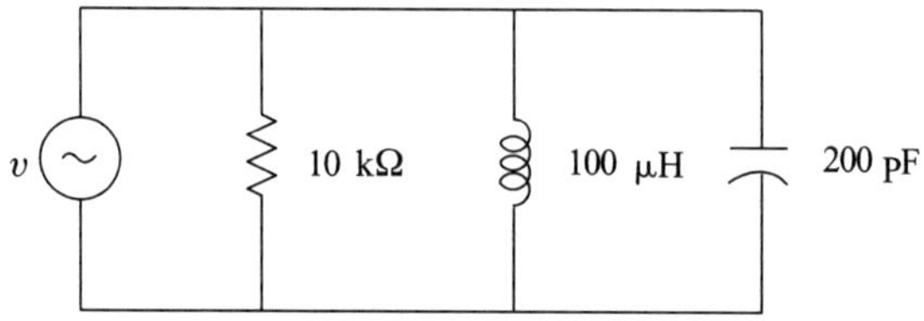

❙그림 10-13❙

[답] 공진주파수 $f_o = 1.13$ MHz

선택도 $Q = 14.1$

대역폭 $BW = \frac{f_o}{Q} = 80.1$ kHz

10. 그림 10-14와 같이 여러 개의 소자가 직렬로 연결된 회로의 합성 임피던스 및 회로에 흐르는 전류를 구하라.

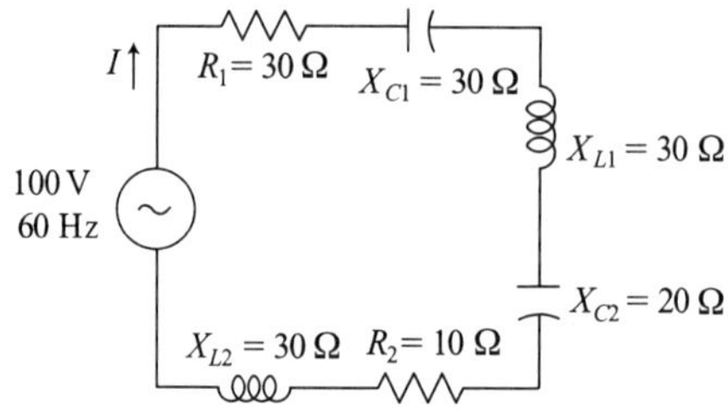

❙그림 10-14❙

[답] $R = R_1 + R_2 = 30\ \Omega + 10\ \Omega = 40\ \ \Omega$

$X = X_L - X_C = (X_{30} + X_{30}) - (X_{30} + X_{20}) = 10\ \ \Omega$

$Z = R + j(X_L - X_C) = 40 - j30\ \ \Omega$

$$I = \frac{V}{Z} = \frac{100\ \mathrm{V}}{\sqrt{(40\ \Omega)^2 + (-10\ \Omega)^2}} = 2\ \ \mathrm{A}$$

11. 그림 10-15와 같은 회로에서 전체 합성 임피던스 Z_T를 구하라?

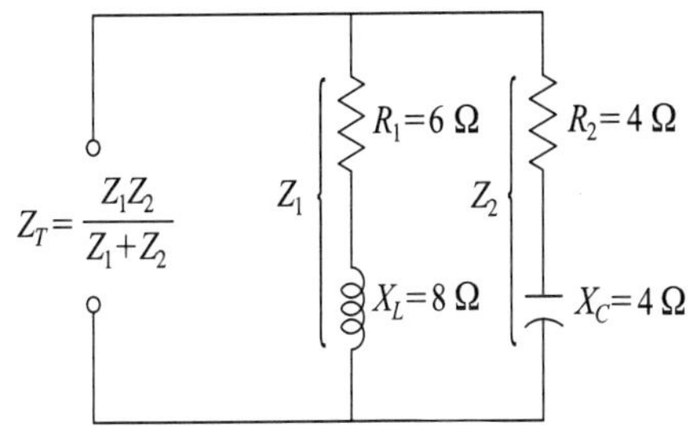

❚ 그림 10-15 ❚

[답] $$Z_T = \frac{Z_1\ Z_2}{Z_1 + \ Z_2} = \frac{(6 + j8)(4 - j4)}{(6 + j8) + (4 - j4)}$$

$$= \frac{56 + j8}{10 + j4} = \frac{56.6\angle 8.1^\circ}{10.8\angle 21.8^\circ}$$

$$= 5.2\angle -13.7^\circ\ \ \Omega$$

제 11 장

교류전력과 에너지

11.1 저항에서의 전력과 에너지

저항 R 양단에 $v=\sqrt{2}V\sin\omega t$ [V]의 전압을 인가하면, 이 회로에 흐르는 전류는 $i=\sqrt{2}I\sin\omega t$ [A]가 된다. 따라서 저항에서 소비되는 순시전력 p_R은 다음과 같다.

$$p_R = vi = (\sqrt{2}V\sin\omega t)(\sqrt{2}I\sin\omega t) \quad (11-1a)$$

$$= 2VI\sin^2\omega t = VI(1-\cos 2\omega t) \quad (11-1b)$$

$$= \frac{1}{2}V_mI_m(1-\cos 2\omega t) \quad [\mathrm{W}] \quad (11-1c)$$

위의 식에 나타난 바와 같이 순시전력 p_R은 일정한 크기 $VI(=V_mI_m/2)$를 갖는 항과, 순시전압의 2배의 주파수를 갖는 정현파 항의 합으로 표시된다. 따라서 저항에서의 평균전력 P_R은 1주기 동안 순시전력의 평균값이므로 다음과 같이 표시된다.

$$P_R = \frac{1}{T}\int_0^T p_R dt \quad (11-2a)$$

$$= \frac{1}{2\pi}\int_0^{2\pi} VI(1-\cos 2\omega t)d(\omega t) \quad (11-2b)$$

$$= VI = I^2R = \frac{V^2}{R} \quad (11-2c)$$

보통 전력이라 함은 이러한 평균전력을 의미하며, 기호는 순시전력 p와 구별하기 위하여 대문자 P를 사용한다.

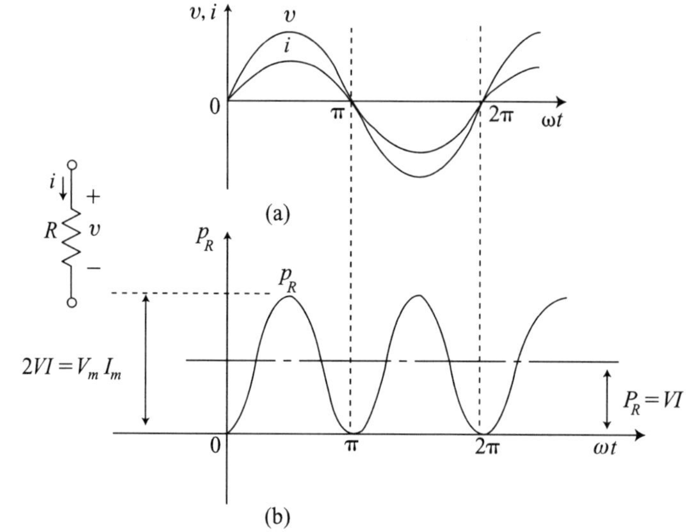

❙그림 11-1❙ 저항에서의 v, i, p_R의 변화

그림 11-1은 저항에서의 시간의 변화에 따른 v, i, p_R의 관계를 나타낸 것이다. 저항 R에서 전압 v와 전류 i는 동상이므로, 순시전력 p_R은 항상 양의 값을 갖는다. 이 그림에서 보는 바와 같이 순시전력 p_R은 평균값 $VI(=V_m I_m/2)$를 중심으로 상하로 최소 0에서부터 최대 $2VI(=V_m I_m)$까지 입력파형의 2배의 주파수를 갖는 정현파로 나타난다. 그리고 시간 t초 동안에 저항에서 소비되는 에너지 W_R은

$$W_R = P_R t \tag{11-3}$$

가 된다.

여기서 에너지의 단위는 [J]이지만, 이 단위는 너무 작으므로 실용 단위로 킬로와트시(kWh)를 많이 사용한다. 1킬로와트시(kWh)는 1 kW의 전력을 1시간 동안 사용했을 때의 에너지, 즉 전력량을 말한다.

$$1\ [\text{kWh}] = (1{,}000\ \text{W})(3{,}600\ \text{s}) \quad (11-4a)$$
$$= 3.6 \times 10^6\ \text{J} \quad (11-4b)$$
$$= 3.6\ \text{MJ} \quad (11-4c)$$

예제 11.1

어떤 저항회로에 $v = 250\sin\omega t$ V의 전압을 인가했을 때, $i = 40\sin\omega t$ mA의 전류가 흐른다. 이 저항회로에서 소비되는 평균전력 P_R은 몇 W인가?

[풀이]

$$P_R = VI = \frac{V_m I_m}{2}$$
$$= \frac{(250\ \text{V})(0.04\ \text{A})}{2}$$
$$= 5\ \text{W}$$

예제 11.2

60 W의 전등을 5일 동안 켜 두었다. 100[원/kWh]이라 할 때 전기요금은 얼마인가?

[풀이]

전력량 = (60 W)(5일)(24 h/일)

= 7.2 kWh

전기요금 = (7.2 kWh)(100원/kWh)

= 720원

요 약

1. 저항에서 전압과 전류는 동상이므로, 순시전력 p_R은 항상 양의 값을 갖는다.
2. 저항에서의 순시전력 p_R은 일정한 크기 $VI(=V_m I_m/2)$를 갖는 항과, 순시전압의 2배의 주파수를 갖는 정현파 항의 합으로 표시된다.
3. 1킬로와트시(kWh)는 1 kW의 전력을 1시간 동안 사용했을 때의 에너지 즉, 전력량을 말한다.

11.2 인덕터에서의 전력과 에너지

그림 11-2와 같이 인덕터 L에 $i=\sqrt{2}I\sin\omega t$ [A]의 전류가 흐를 때, 인덕터 양단에 나타나는 전압강하를 v라 하면

$$v=L\frac{di}{dt}=L\frac{d}{dt}(\sqrt{2}I\sin\omega t) \tag{11-5a}$$

$$=\sqrt{2}\,\omega LI\cos\omega t \tag{11-5b}$$

$$=\sqrt{2}\,V\sin(\omega t+90°) \tag{11-5c}$$

(여기서, $V=\omega LI$)

와 같이 표시된다. 이 때 인덕터에 공급되는 순시전력 p_L은

$$p_L=vi=\left(L\frac{di}{dt}\right)i \tag{11-6a}$$

$$=(\sqrt{2}\,V\cos\omega t)(\sqrt{2}\,I\sin\omega t) \tag{11-6b}$$

$$= 2VI(\cos\omega t)(\sin\omega t) \qquad (11-6c)$$

$$= VI\sin 2\omega t \text{ [W]} \qquad (11-6d)$$

이다. 따라서 $\sin 2\omega t$의 1주기 동안의 평균값은 0이므로, 인덕터에 공급되는 평균전력 P_L은 다음과 같이 0이 된다. 즉,

$$P_L = \frac{1}{T}\int_0^T p_L dt \qquad (11-7a)$$

$$= \frac{1}{2\pi}\int_0^{2\pi}(VI\sin 2\omega t)d(\omega t) = 0 \qquad (11-7b)$$

이다. 그리고 인덕터에 축적되는 에너지 w_L은

$$w_L = \int_0^t p_L dt = \int_0^t \left(L\frac{di}{dt}\right) i dt = L\int_0^i i di \qquad (11-8a)$$

$$= \frac{1}{2}Li^2 = \left(\frac{1}{2}L\right)(2I^2\sin^2\omega t) \qquad (11-8b)$$

$$= \frac{1}{2}LI^2(1-\cos 2\omega t) \text{ [J]} \qquad (11-8c)$$

이며, 1주기 동안의 평균값은 다음과 같다.

$$W_L = \frac{1}{T}\int_0^T w_L dt \qquad (11-9a)$$

$$= \frac{1}{2\pi}\int_0^{2\pi}\frac{1}{2}LI^2(1-\cos 2\omega t)d(\omega t) \qquad (11-9b)$$

$$= \frac{1}{2}LI^2 \text{ [J]} \qquad (11-9c)$$

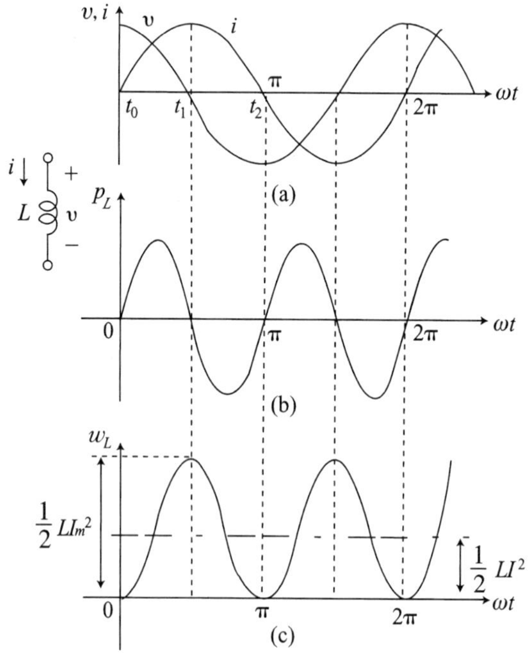

┃그림 11-2┃ 인덕터에서의 v, i, p_L, w_L의 변화

그림 11-2는 시간의 변화에 따른 인덕터에서의 v, i, p_L, w_L의 관계를 나타낸 것이다. 전압은 전류보다 위상이 90° 앞서 있고, 순시전력 p_L은 v, i의 2배의 주파수를 갖는 정현파로서 양(+), 음(−)의 값이 주기적으로 변화하는 것을 알 수 있다. p_L이 양(+)일 때는 외부회로(전원)로부터 인덕터에 에너지가 공급됨을 의미하고, p_L이 음(−)일 때는 인덕터로부터 외부회로(전원)로 에너지가 반환됨을 의미한다. 즉, 인덕터에 교류전류가 흐르면 외부회로와 인덕터 사이에 에너지를 주고 받기 때문에, 인덕터 자체에서는 에너지 소모가 없음을 알 수 있다.

한편 인덕터에 축적되는 에너지 w_L은 1주기 동안의 평균값($=LI^2/2$)을 중심으로, 0과 LI^2 사이를 변동하며 그 주파수는 v, i의 2배가 됨을 알 수 있다.

예제 11.3

인덕터 L만을 갖는 회로에 $i=0.2\sin 377t$ [A]의 전류가 흐를 때, 인덕터 양단에 $v=220\cos 377t$ [V]의 전압이 유도되었다. 인덕터에 공급되는 순시전력 p_L을 구하라?

[풀이]

$$p_L = vi = (220\cos 377t)(0.2\sin 377t)$$
$$= 22\sin 754t \text{ W}$$

요 약

1. 인덕터에서 순시전력 p_L은 전압과 전류의 2배의 주파수를 갖는 정현파로서, 양(+), 음(−)의 값이 주기적으로 변화한다.
2. 인덕터에 공급되는 평균전력 P_L은 0이다. 즉, 인덕터에 교류전류가 흐르면 외부회로와 인덕터 사이에 에너지를 주고 받기 때문에, 인덕터 자체에서는 에너지 소모가 없다.
3. 인덕터에 축적되는 에너지 w_L은 1주기 동안의 평균값($=LI^2/2$)을 중심으로, 0과 LI^2 사이를 변동하며, 그 주파수는 v, i의 2배가 된다.

11.3 커패시터에서의 전력과 에너지

그림 11-3과 같이 커패시터 C만을 갖는 회로에서도 평균전력은 0이 된다. 지금 커패시터에 $v=\sqrt{2}V\sin\omega t$ [V]의 정현파 전압을 인가하였을 때, 흐르는 전류 i는

$$i = C\frac{dv}{dt} = C\frac{d}{dt}(\sqrt{2}\,V\sin\omega t) \tag{11-10a}$$

$$= \sqrt{2}\,\omega CV\cos\omega t \tag{11-10b}$$

$$= \sqrt{2}\,I\sin(\omega t + 90°) \tag{11-10c}$$

(여기서, $I = \omega CV$)

와 같이 표시된다. 이 때 커패시터에 공급되는 순시전력 p_C는

$$p_C = vi = v\left(C\frac{dv}{dt}\right) \tag{11-11a}$$

$$= (\sqrt{2}\,V\sin\omega t)(\sqrt{2}\,I\cos\omega t) \tag{11-11b}$$

$$= 2VI(\sin\omega t)(\cos\omega t) \tag{11-11c}$$

$$= VI\sin 2\omega t \ \text{[W]} \tag{11-11d}$$

이다. 따라서 $\sin 2\omega t$의 1주기 동안의 평균값은 0이므로, 커패시터에 공급되는 평균전력 P_C는 다음과 같이 0이 된다. 즉,

$$P_C = \frac{1}{T}\int_0^T p_C\,dt \tag{11-12a}$$

$$= \frac{1}{2\pi}\int_0^{2\pi}(VI\sin 2\omega t)\,d(\omega t) = 0 \tag{11-12b}$$

이다. 그리고 커패시터에 축적되는 에너지 w_C는

$$w_C = \int_0^t p_C\,dt = \int_0^t v\left(C\frac{dv}{dt}\right)dt = C\int_0^v v\,dv \tag{11-13a}$$

$$= \frac{1}{2}Cv^2 = \left(\frac{1}{2}C\right)(2V^2\sin^2\omega t) \tag{11-13b}$$

$$= \frac{1}{2}CV^2(1 - \cos 2\omega t) \quad \text{[J]} \tag{11-13c}$$

이며, 1주기 동안의 평균값은 다음과 같다.

$$W_C = \frac{1}{T}\int_0^T w_C dt \tag{11-14a}$$

$$= \frac{1}{2\pi}\int_0^{2\pi}\frac{1}{2}CV^2(1-\cos 2\omega t)d(\omega t) \tag{11-14b}$$

$$= \frac{1}{2}CV^2 \text{ [J]} \tag{11-14c}$$

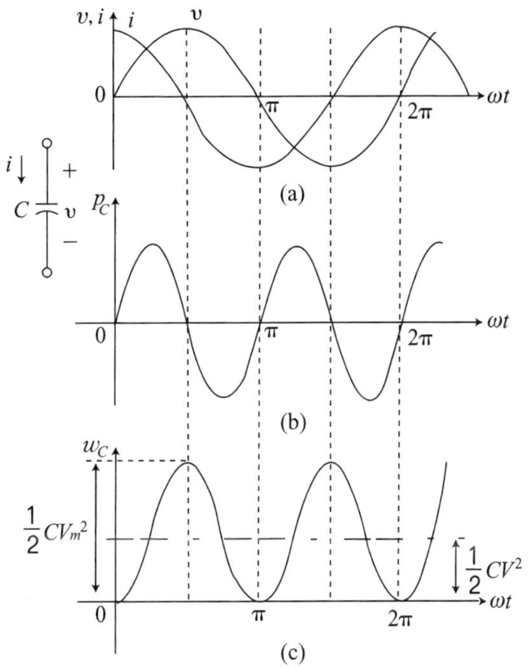

▌그림 11-3▐ 커패시터에서의 v, i, p_C, w_C의 변화

그림 11-3은 시간의 변화에 따른 커패시터에서의 v, i, p_C, w_C의 관계를 나타낸 것이다. 전류가 전압보다 위상이 90° 앞서 있다. 순시전력 p_C는 v, i의 2배의 주파수를 갖는 정현파로서 양(+), 음(−)의 값이 주기적으로 변화하는 것을 알 수 있다. p_C가 양(+)일 때

는 외부회로(전원)로부터 커패시터에 에너지가 공급됨을 의미하고, p_C가 음(−)일 경우는 외부회로(전원)로 에너지가 반환되어 커패시터 자체에서는 에너지의 소모가 없음을 알 수 있다.

한편 커패시터에 축적되는 에너지 w_C는 1주기 동안의 평균값($= CV^2/2$)을 중심으로, 0과 CV^2 사이를 변동하며 그 주파수는 v, i의 2배가 됨을 알 수 있다.

예제 11.4

$0.2\,\mu$F의 커패시터에 $v = 141 \sin 628t$ V의 정현파 전압을 인가하였다. 이 커패시터에 축적되는 에너지의 평균값은 얼마인가?

[풀이]

$$W_C = \frac{1}{2}CV^2 = \frac{1}{2}(0.2 \times 10^{-6}\ \text{F})(100\ \text{V})^2$$

$$= 1 \times 10^{-3}\ \text{J}$$

요 약

1. 커패시터에서 순시전력 p_C는 전압과 전류의 2배의 주파수를 갖는 정현파로서 양(+), 음(−)의 값이 주기적으로 변화한다.
2. 커패시터에 공급되는 평균전력 P_C는 0이므로, 커패시터 자체에서는 에너지의 소모가 없다.
3. 커패시터에 축적되는 에너지 w_C는 1주기 동안의 평균값($= CV^2/2$)을 중심으로, 0과 CV^2 사이를 변동하며 그 주파수는 v, i의 2배가 된다.

11.4 일반회로에서의 전력과 에너지

이제까지 우리는 하나의 소자만 연결된 회로에서의 전력과 에너지에 대해 고찰하였다. 이 절에서는 각 소자들이 임의로 접속된 일반회로에서의 전력과 에너지에 대해 살펴 보기로 한다. 일반회로에 순시전압 $v=\sqrt{2}\,V\sin\omega t$ [V]를 인가할 때 흐르는 전류 i는, 일반적으로 $i=\sqrt{2}I\sin(\omega t-\theta)$ [A]로 표시할 수 있다. 여기서 위상차 θ의 부호는 회로가 용량성이냐, 유도성이냐에 의해 결정된다. 이 경우의 순시전력 p는

$$p=vi=(\sqrt{2}\,V\sin\omega t)(\sqrt{2}I\sin(\omega t-\theta)) \qquad (11-15a)$$

$$=2VI(\sin\omega t)(\sin(\omega t-\theta)) \qquad (11-15b)$$

이다. 위의 식에 $2\sin A\sin B=\cos(A-B)-\cos(A+B)$를 적용하면, 순시전력 p는 다음과 같이 표시할 수 있다.

$$p=VI(\cos\theta-\cos(2\omega t-\theta)) \qquad (11-16)$$

이 식의 제1항은 시간에 관계없는 일정한 값이며, 제2항은 전압이나 전류의 2배의 주파수로 시간에 따라 변화하는 항으로 이루어진다. 이 경우 1주기 동안의 평균전력 P는 다음과 같다.

$$P=\frac{1}{T}\int_0^T p\,dt \qquad (11-17a)$$

$$=\frac{1}{2\pi}\int_0^{2\pi}[\,VI\cos\theta-VI\cos(2\omega t-\theta)]\,d(\omega t) \qquad (11-17b)$$

$$=VI\cos\theta \qquad (11-17c)$$

이 식은 매우 중요한 의미를 갖는다. 직류회로에서의 평균전력은 VI이지만 교류회로

에서의 평균전력은, 전류와 전압이 동상인 경우를 제외하고는 식 (11-17c)와 같이 반드시 전압, 전류의 실효값에 $\cos\theta$라는 계수를 곱해야 한다. 이 계수를 역률(power factor)이라고 하며 보통 $p.f.$로 나타낸다. 즉,

$$p.f. = \cos\theta = \frac{P}{VI} \tag{11-18}$$

이다. 여기서 θ는 전압과 전류의 위상차이다. 위상차와 역률의 범위는 각각 $-90° \le \theta \le 90°$와 $0 \le p.f. \le 1$이다. 따라서 저항회로에서와 같이 단자전압과 전류가 동상일 경우에는 $\theta = 0°$, $p.f. = 1$, $P = VI$가 된다. 그리고 순 리액턴스 회로에서와 같이 단자전압과 전류가 90°의 위상차를 가질 경우에는 $\theta = \pm 90°$, $p.f. = 0$, $P = 0$이 된다. 전압을 기준으로 할 때 $\theta > 0$이면 전류가 전압보다 위상이 뒤지므로, 이 때의 역률을 지상역률(lagging power factor)이라 한다. 그리고 $\theta < 0$이면 전류가 전압보다 위상이 앞서므로, 이 때의 역률을 진상역률(leading power factor)이라 한다.

역률을 구하는 또 다른 방법으로는 2 단자망의 임피던스 또는 어드미턴스를 알고 있을 때, 그림 11-4와 같은 임피던스 삼각형 또는 어드미턴스 삼각형으로부터 역률을 구하는 것이다. 즉,

$$p.f. = \cos\theta = \frac{R}{Z} = \frac{G}{Y} \tag{11-19}$$

이다. 또 이와 같은 관계식을 이용하면 평균전력은 다음과 같이 표시할 수 있다.

$$P = VI\cos\theta \tag{11-20a}$$

$$= VI\left(\frac{R}{Z}\right) = I^2R \tag{11-20b}$$

$$= VI\left(\frac{G}{Y}\right) = V^2G \tag{11-20c}$$

평균전력을 단순히 전력이라고도 부르며, 단위는 [W]를 사용한다.

▌그림 11-4▌ 임피던스 삼각형 및 어드미턴스 삼각형

일반적으로 전력계통의 공업용 부하는 대개 유도성 부하이므로, 전류가 전압보다 위상이 뒤지는 지상역률로서 대부분 낮은 역률을 갖는다. $I=\dfrac{P}{V\cos\theta}$ 의 관계식에서 보는 바와 같이 어떤 부하에 전력을 공급해야 할 때, 역률이 낮으면 동일 전압에서 큰 전류를 흘려야 한다. 그러나 큰 전류가 흐르게 되면 발전기, 변압기, 송전선 등을 포함한 송전계통에서의 열손실이 많아지고, 기기의 용량도 큰 것이 요구된다. 그뿐만 아니라 송전선에서의 전압강하가 증가하여 전압변동률이 나쁘게 된다.

지상역률을 갖는 유도성 부하의 역률을 개선하는 방법은 부하와 병렬로 커패시터를 접속하는 것이다. 부하와 병렬로 커패시터를 접속하면, 유도성 부하의 지상전류와 커패시터에 의해 발생되는 진상전류가 서로 상쇄되어 역률이 상당히 개선된다. 이와 같이 역률을 거의 1에 가깝게 만드는 것을 역률개선이라 하고, 실제에 있어서 역률개선은 0.9 이상을 목표로 하고 있다.

예제 11.5

어떤 회로에 $v=200\sin\omega t$ V의 전압을 인가했을 때 $i=2\sin(\omega t-\pi/3)$ A의 전류가 흘렀다면 회로의 역률은 얼마인가?

[풀이]

$p.f. = \cos\theta = \cos(\pi/3) = 0.5$

예제 11.6

$R = 100\ \Omega$, $L = 0.1$ H인 RL 직렬회로에 220 V, 60 Hz의 정현파 전압을 인가할 때, 이 회로의 역률은 얼마인가?

[풀이]

$\omega L = 2\pi f L = 2\pi(60\ \text{Hz})(0.1\ \text{H}) = 37.7\ \Omega$

$Z = R + j\omega L = 100 + j37.7 = 106.9\angle 20.7^\circ\ \Omega$

$p.f. = \cos\theta = \dfrac{R}{Z} = \dfrac{100\ \Omega}{106.9\ \Omega} = 0.94$

요 약

1. 교류회로에서의 평균전력은 전압, 전류의 실효값에 $\cos\theta$라는 계수를 곱하는 데, 이 계수를 역률(power factor)이라고 하며 보통 $p.f.$로 나타낸다.
2. 전압을 기준으로 할 때 $\theta > 0$이면 전류가 전압보다 위상이 뒤지므로, 이 때의 역률을 지상역률(lagging power factor)이라 한다. 그리고 $\theta < 0$이면 전류가 전압보다 위상이 앞서므로, 이 때의 역률을 진상역률(leading power factor)이라 한다.

11.5 유효전력과 무효전력

일반교류회로에 인가된 단자전압과 전류가 θ의 위상차를 갖고 있을 때, 그림 11-5(a)와 같이 전류를 전압과 동상인 성분과 90° 위상차를 갖는 성분으로 나누어 생각할 수 있다. 이 경우 $I\cos\theta$는 전압 V와 동상인 성분이고, $I\sin\theta$는 전압 V와 90°의 위상차를 갖는 성분이다. 전압 V와 $I\cos\theta$는 동상이므로, 이 성분에 의해 회로에 공급되는 평균전력은 $VI\cos\theta$이다. 그리고 $I\sin\theta$는 전압 V와 90°의 위상차를 가지므로, 이 성분에 의해 회로에 공급되는 평균전력은 0이다. 즉, 전압 V와 동상 성분인 $I\cos\theta$는 평균전력에 기여하는 반면, V와 90°의 위상차를 갖는 성분인 $I\sin\theta$는 평균전력에 기여하지 못한다.

이러한 의미에서 $I\cos\theta$를 유효전류, $I\sin\theta$를 무효전류라고 한다. 그리고 $P=VI\cos\theta$를 유효전력(active power)이라 하고, $Q=VI\sin\theta$를 무효전력(reactive power)이라 한다. 유효전력(평균전력 또는 간단히 전력)의 단위는 [W]를 사용하고, 무효전력의 단위는 [var]를 사용한다.

유효전력	$P=VI\cos\theta$	[W]	(11-21)
무효전력	$Q=VI\sin\theta$	[var]	(11-22)

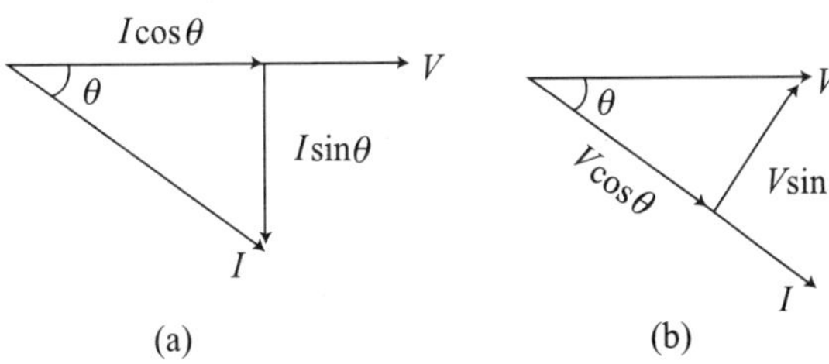

▌그림 11-5▌ 전압 및 전류의 유효성분과 무효성분

또 다른 방법으로 그림 11-5(b)에서와 같이 단자전압을 단자전류와 동상인 성분과 90° 위상차를 갖는 성분으로 나누고, 이 각 성분과 전류 I를 곱해 보면 $(V\cos\theta)I$, $(V\sin\theta)I$가 된다. 이것은 각각 앞에서 정의한 유효전력 및 무효전력과 동일하다. 즉, 전압, 전류의 동상 성분의 곱을 유효전력이라 하고, 90°의 위상차를 갖는 성분 사이의 전압, 전류의 곱을 무효전력이라 한다.

식 (11-18)에서 $\cos\theta$는 역률이라 불리는 데 비해, 무효전력의 계수 $\sin\theta$는 무효율 (reactive factor)이라고 하며 보통 $r.f.$로 나타낸다.

$$r.f. = \sin\theta \tag{11-23}$$

역률과 무효율 사이의 관계는 $\sin^2\theta + \cos^2\theta = 1$의 관계로부터 $\sin\theta = \sqrt{1-\cos^2\theta}$ 이므로

$$r.f. = \sin\theta = \sqrt{1 - p.f.^2} \tag{11-24}$$

이다. 또한 2단자망의 등가 임피던스 $Z = R + jX = |z| \angle\theta$ 또는 등가 어드미턴스 $Y = G + jB = |Y| \angle\theta'$를 알고 있을 경우, 무효율 $r.f.$는 다음과 같은 식으로 나타낼 수 있다.

$$r.f. = \sin\theta = \frac{X}{|Z|} = \frac{B}{|Y|} \tag{11-25}$$

또한 이 식을 이용하면 무효전력 Q는 다음과 같이 표시할 수 있다.

$$Q = VI\sin\theta = VI\left(\frac{X}{|Z|}\right) = XI^2 \tag{11-26a}$$

$$= VI\left(\frac{B}{|Y|}\right) = BV^2 \tag{11-26b}$$

예제 11.7

어떤 회로에 $v=200\sin\omega t$ V의 전압을 인가할 때 $i=2\sin(\omega t-\pi/4)$ A의 전류가 흐른다면, 이 회로에서의 유효전력 및 무효전력은 얼마인가?

[풀이]

유효전력 $P=VI\cos\theta=\left(\frac{200}{\sqrt{2}}\right)\left(\frac{2}{\sqrt{2}}\right)\cos\left(\frac{\pi}{4}\right)=141.4$ W

무효전력 $Q=VI\sin\theta=\left(\frac{200}{\sqrt{2}}\right)\left(\frac{2}{\sqrt{2}}\right)\sin\left(\frac{\pi}{4}\right)=141.4$ var

요 약

1. $P=VI\cos\theta$를 유효전력(active power)이라 하고, $Q=VI\sin\theta$를 무효전력(reactive power)이라 한다.
2. 유효전력(평균전력 또는 간단히 전력)의 단위는 [W]를 사용하고, 무효전력의 단위는 [var]를 사용한다.
3. 무효전력의 계수 $\sin\theta$는 무효율(reactive factor)이라고 하며 보통 $r.f.$로 표시한다.

11.6 피상전력과 복소전력

앞 절에서 평균전력에 기여하는 성분인 $P=VI\cos\theta$를 유효전력이라 하고, 평균전력에 기여하지 못하는 성분인 $Q=VI\sin\theta$를 무효전력이라고 하였다. 이러한 개념과는 별도로 교류회로에서 단자전압의 실효값과 전류의 실효값의 곱을 피상전력(apparent power 또는 volt-ampere)이라 하며 단위는 [VA]를 사용한다. 즉,

$$P_a = VI = ZI^2 = YV^2 \text{ [VA]} \tag{11-27}$$

유효전력 P, 무효전력 Q는 각각 식 (11-20)과 식 (11-26)에 의해 다음과 같이 나타나므로

$$P = VI\cos\theta = RI^2 \text{ [W]} \tag{11-28}$$

$$Q = VI\sin\theta = XI^2 \text{ [var]} \tag{11-29}$$

이것들과 피상전력 P_a 사이에는 다음과 같은 관계가 성립한다.

$$P^2 + Q^2 = (VI\cos\theta)^2 + (VI\sin\theta)^2 \tag{11-30a}$$

$$= (VI)^2 = P_a^2 \tag{11-30b}$$

그러므로 피상전력은 다음과 같이 나타낼 수 있다.

$$P_a = VI = \sqrt{P^2 + Q^2} \tag{11-31}$$

그림 11-6은 이들 사이의 관계를 나타낸 전력 삼각형이다.

▌그림 11-6▌ 전력 삼각형

그리고 유효전력 P를 실수부, 무효전력 Q를 허수부로 하여 나타내는 복소수를 복소전력(complex power)이라 한다. 복소전력은 보통 S라 표시하며, 식 (11-28)과 식 (11-29)에 의해 다음과 같이 나타낼 수 있다.

$$S = P + jQ \tag{11-32a}$$

$$= VI\cos\theta + jVI\sin\theta = VI\angle\theta \tag{11-32b}$$

$$= RI^2 + jXI^2 = ZI^2 \tag{11-32c}$$

예제 11.8

어떤 회로의 무효전력이 600 [var]일 때 역률이 0.8이라면, 피상전력과 유효전력은 각각 얼마인가?

[풀이]

무효전력 $Q = VI\sin\theta = VI\sqrt{1-p.f.^2}$

피상전력 $P_a = VI = \dfrac{Q}{\sqrt{1-p.f.^2}} = \dfrac{600}{\sqrt{1-0.8^2}} = 1{,}000$ [VA]

유효전력 $P = VI\cos\theta = 1{,}000 \times 0.8 = 800$ [W]

예제 11.9

유효전력 $P=100$ W, 무효전력 $Q=50$ var일 때, 복소전력 S와 피상전력 P_a를 구하라.

[풀이]

복소전력 $S = P + jQ = 100 + j50$

피상전력 $P_a = VI = \sqrt{P^2+Q^2} = \sqrt{100^2+50^2} = 111.8$ VA

요 약

1. 교류회로에서 단자전압의 실효값과 전류의 실효값의 곱을 피상전력(apparent power 또는 volt-ampere)이라 하며 단위는 [VA]를 사용한다.
2. 유효전력 P를 실수부, 무효전력 Q를 허수부로 하여 나타내는 복소수를 복소전력(complex power)이라 하고, 보통 S라 표시한다.

연습문제

1. 어떤 저항회로에 $v = 100\sin 628t$ V의 전압을 인가할 때 $i = 5\sin 628t$ A의 전류가 흐른다. 저항에서 소비되는 순시전력의 주파수는 얼마인가?

   [답] $f = 200$ Hz

2. 어떤 저항회로에 $v = 220\sin 377t$ V의 전압을 인가할 때 $i = 5\sin 377t$ A의 전류가 흐른다. 저항에서 소비되는 전력의 최소값과 최대값은 각각 얼마인가?

   [답] $P_{\text{min}} = 0$ W
   $P_{\text{max}} = 1{,}100$ W

3. 인덕터 L만을 갖는 회로에 $i = \sqrt{2} I \sin \omega t$ A의 전류가 흐를 때, 1주기 동안 인덕터에 공급되는 평균전력 P_L은 얼마인가?

   [답] 평균전력 $P_L = 0$ W

4. 커패시터 C만을 갖는 회로에 $v=141\sin 628t$ V의 정현파 전압을 인가할 때, 순시전력의 주파수는 얼마인가?

[답] $f=200$ Hz

5. 0.2 μF의 커패시터에 $v=141\sin 628t$ V의 정현파 전압을 인가하였다. 커패시터에 축적되는 에너지의 최대값은 얼마인가?

[답] $$w_{C\max}=CV^2=(0.2\times10^{-6}\ \text{F})(100\ \text{V})^2$$
$$=2\times10^{-3}\ \text{J}$$

6. 어떤 회로 양단에 $v=141\sin 377t$ V의 정현파 전압을 인가할 때, 회로에 흐르는 전류는 $i=4\sin(377t-\pi/3)$ A이다. 회로에 공급되는 평균전력을 구하라.

[답] $P=141$ W

7. 문제 6에서 순시전력의 최대값은 얼마인가?

[답] $p_{\max}=VI(\cos\theta+1)=423$ W

8. 1 kΩ의 저항 양단에 220 V, 60 Hz의 정현파 전압을 인가할 때, 저항에서 소비되는 유효전력을 구하라.

[답] 유효전력 $P = VI\cos\theta = 48.4$ W

9. $R = 40$ Ω, $L = 0.1$ H인 RL 직렬회로에 220 V, 60 Hz의 정현파 전압을 인가할 때, 회로의 무효전력은 얼마인가?

[답] 무효전력 $Q = VI\sin\theta = XI^2 = 603.2$ var

10. 어떤 회로에 $V = 220\angle 30°$ V의 전압을 인가할 때 $I = 5\angle -30°$ A의 전류가 흐른다. 회로에서 소비되는 유효전력은 몇 W인가?

[답] 유효전력 $P = VI\cos\theta = 550$ W

11. 어떤 회로에 $V = 100\angle 45°$ V의 전압을 인가할 때 회로에서 소비되는 유효전력이 400 W, 무효전력 0 var라면, 회로에 흐르는 전류는 얼마인가?

[답] $I = \dfrac{P}{V\cos\theta} = \dfrac{400\text{W}}{100\text{V}} = 4$ A

12. $R=8\ \Omega$, $L=50\ \text{mH}$, $C=100\ \mu\text{F}$가 직렬로 연결된 RLC 직렬회로가 있다. 회로에 220 V, 60 Hz의 정현파 전압을 인가할 때, 역률, 유효전력 및 무효전력을 구하라.

[답] 역률 $p.f. = \cos\theta = \frac{R}{Z} = \frac{8\ \Omega}{11\ \Omega} = 0.73$

유효전력 $P = VI\cos\theta = (220\ \text{V})(20\ \text{A})(0.73) = 3,212\ \text{W}$

무효전력 $Q = VI\sin\theta = VI\sqrt{1-p.f.^2}$

$= (220\ \text{V})(20\ \text{A})\sqrt{1-0.73^2} = 3,007\ \text{var}$

참 고 문 헌

1. 김종훈 저, 전자공학개론, 정림사, 2000.
2. 김종훈, 박욱동 공저, 전자통신기초실험, 그린, 2004.
3. 박송배 저, 회로이론, 문운당, 1995.
4. 박송배 저, 알기 쉬운 회로이론, 문운당, 2001.
5. Bernard Grob, Basic Electronics, 7th ed., McGraw–Hill, 1993.
6. Colin D. Simpson, Principles of DC/AC Circuits, Prentice–Hall, 1996.
7. Fredick W. Hughes, Fundamental DC/AC Circuits : Concepts and Experimentation, Prentice–Hall, 1990.
8. Nigel P. Cook, Practical Electricity, 2nd ed., Prentice–Hall, 2002.
9. Nigel P. Cook, Introductory DC/AC Electronics, 3rd ed., Prentice–Hall, 1996.
10. Paul B. Zbar, Basic Electricity : A Text–Lab Manual, 5th ed., McGraw–Hill, 1983.
11. Paul B. Zbar and Joseph Sloop, Electricity–Electronics Fundamentals : A Text–Lab Manual, 4th ed., McGraw–Hill, 1993.
12. Thomas L. Floyd, Principles of Electric Circuits, 4th ed., Prentice–Hall, 1995.
13. Thomas L. Floyd, Electric Circuits Fundamentals, 4th ed., Prentice–Hall, 1998.

찾 아 보 기

저자 약력

김 종 훈

경북대학교 전자공학과(공학박사)
현재 동양대학교 정보통신공학부 교수
저서 : 전자공학개론(정림사)
전자통신기초실험(그린)
전자회로(진영사)

박 욱 동

경북대학교 전자공학과(공학박사)
현재 동양대학교 철도운전제어학과 교수
저서 : 전자통신기초실험(그린)
역서 : 센서의 기초(대영사)
광센서기술(그린)

도서출판 그 린

기초전자공학(개정판)

초 판 인쇄일 ▶	2005년 8월 15일
개정판 발행일 ▶	2014년 2월 20일
저자 ▶	김종훈, 박욱동
발행처 ▶	도서출판 그린
발행인 ▶	윤 덕 우
출판등록 ▶	제8-161호(1995. 5. 3.)
주소 ▶	서울시 서대문구 연희동 219-20 (우)120-828
전화 ▶	02)333-2574, 2575
Fax ▶	02)333-2561
E-mail ▶	greenpress@greenpress.co.kr
Homepage ▶	http://www.greenpress.co.kr

정가 : 14,000원

ISBN : 978-89-5727-067-7